高职高专"十二五"规划教材

矿冶化学分析

主　编　李金玲　包丽明
副主编　吕国成　季德静

北京
冶金工业出版社
2013

内容提要

本书是由校企合作共同编写的基于生产过程的教材，按冶金、选矿行业化验员岗位工作所需的知识和技能要求构建知识体系与能力训练项目，以夯实基础、注重能力为主线，整合了钢铁冶金生产和选矿产品生产及化学检验工职业资格考试内容，设计模块化的学习内容和能力训练项目，形成了工作岗位与学习环境学做合一、理论与技能融通合一的内容体系。

本书可作为高职高专冶金技术专业、选矿技术专业、工业分析与检验专业的教材，冶金、选矿企业中级、高级化学检验工及技师培训教材，也可供相关技术人员和管理人员参考。

图书在版编目(CIP)数据

矿冶化学分析/李金玲，包丽明主编．—北京：冶金工业出版社，2013.4

高职高专"十二五"规划教材

ISBN 978-7-5024-6236-9

Ⅰ.①矿…　Ⅱ.①李…　②包…　Ⅲ.①冶金工业—化学分析—高等职业教育—教材　Ⅳ.①TF114.1

中国版本图书馆 CIP 数据核字(2013)第 059606 号

出版人　谭学余
地　　址　北京北河沿大街嵩祝院北巷 39 号，邮编 100009
电　　话　(010)64027926　电子信箱　yjcbs@cnmip.com.cn
责任编辑　马文欢　王雪涛　美术编辑　李　新　版式设计　葛新霞
责任校对　卿文春　责任印制　张祺鑫

ISBN 978-7-5024-6236-9
冶金工业出版社出版发行；各地新华书店经销；三河市双峰印刷装订有限公司印刷
2013 年 4 月第 1 版，2013 年 4 月第 1 次印刷
787mm×1092mm　1/16；12 印张；289 千字；181 页
26.00 元

冶金工业出版社投稿电话：(010)64027932　投稿信箱：tougao@cnmip.com.cn
冶金工业出版社发行部　电话：(010)64044283　传真：(010)64027893
冶金书店　地址：北京东四西大街 46 号(100010)　电话：(010)65289081(兼传真)
（本书如有印装质量问题，本社发行部负责退换）

前　言

随着国民经济的迅速发展，社会对矿物、钢铁品种的需求急剧增加，对钢铁、矿物产品质量的要求也越来越高。要想最大限度地提高有限矿产资源的综合利用程度，必然要对分析工作质量提出更高要求。进而，行业分析检验人员需求也随之扩大，这就要求有专门的人才满足矿物产品、冶金产品生产分析工作的需要，这种人才必须具备化验分析理论知识和全面的化验分析技能。“矿冶化学分析”作为高等院校冶金技术专业、选矿技术专业、工业分析与检验专业学生的必修课程，其价值在于能充分满足选矿、冶金、地质勘探等行业的生产和经营等相关质量控制活动的需要。

《矿冶化学分析》是满足国民经济迅速发展特别是选矿、冶金行业对分析人才的需求，基于生产过程、校企合作共同编写的教材。教材在编写过程中根据企业生产实际和岗位群的技能要求，以夯实基础、注重能力为主线，注重学生职业技能和动手能力的培养，设计模块化的学习内容和能力训练项目，可以形成学习环境与工作岗位的有效对接。

本书整合了钢铁冶金和选矿产品生产及化学检验工职业资格考试内容。其内容包括两大部分：基础篇和技能篇。基础篇包括4个模块：以矿冶产品为例认识化学分析，溶液配制与浓度的计算，分析测试的质量保证和数据处理，化学分析法基础；技能篇包括3个项目：矿石分析、炉渣分析、钢铁分析，5项学习性工作任务和4项技能实训，学生在完成各项知识学习和典型工作任务之后，集中进行综合性系统化训练，可进一步提高岗位适应能力。学生完成各项工作任务及技能训练之后，不但可以学会知识技能，而且培养了学习和工作的方法，培养了团结协作的社会能力。

本书由吉林电子信息职业技术学院李金玲、包丽明担任主编，吉林电子信息职业技术学院吕国成、季德静担任副主编，全书由李金玲统稿。其中模块4、项目2由李金玲编写，模块2、模块3由包丽明编写，模块1、项目1及附录表9～13由吕国成编写，项目3及附录表1～8由季德静编写。参加本书编写的还有延边职业技术学院周瑞明，吉林电子信息职业技术学院杨林，山东工业职业学院赵文泽。

在本书的编写过程中，明城建龙集团公司化验室孙继民主任，吉恩镍业有限公司化验室朱艳峰主任、矿产品化验室赵萍，吉林石化公司研究院分析室李秀梅、宁艳春提供了大量的资料并提出宝贵的建议，在此一并表示衷心的感谢！

受编者水平所限，书中难免有疏漏之处，恳切希望有关专家及广大读者批评指正，以便进一步修订。

编 者

2013 年 1 月

目录

基础篇

技　能　篇

基 础 篇

模块1 以矿冶产品为例认识化学分析

1.1 化学分析在矿冶工业生产与科研中的重要作用

矿冶化学分析简单地说就是应用于矿冶工业生产方面的分析。矿冶化学分析是分析化学的重要领域之一。它的任务是分析测定矿冶生产及科研过程中所涉及的各种物料的组成、含量及存在的状态，不断开发研究新的测定方法和分析技术，解决分析中的有关理论问题。

在矿冶生产中对原材料的选择、工艺流程的控制与改进、矿冶产品的检验、新产品的开发以及“三废”（废水、废气、废渣）处理与利用、环境的改善等，都必须以化学分析的结果为依据。例如，为了进行冶炼前的配料计算，必须对原料和辅助材料进行分析，以便能准确地知道这些材料的成分；为了控制冶炼条件和调整炉料成分，往往需要从冶炼炉中取出一些炉渣和金属进行分析；在湿法冶金过程中为了控制生产条件，保证最后产品的质量，需要对各种中间产物和溶液进行分析；为了评定矿冶产品的质量，需要对成品进行分析等。因此，矿冶化学分析是支持矿冶技术发展的重要因素之一，被誉为矿冶工业生产与科研的“眼睛”。

1.1.1 入厂原材料的检验

矿冶工业生产需要各种各样的原材料，如红土矿、铅锌矿、钼矿石、钼精矿、镍矿石、镍精矿、铁矿石（包括球团矿和矿砂等）、原煤、石灰石、白云石、蛇纹石、萤石、铁合金以及废钢铁等，这些材料的质量，特别是原料的品位等指标，不论是在买卖双方交易中，还是在矿冶生产中，都是重要的依据，稍有偏差就会造成交易中费用的变动和生产的损失，特别是因管理不善而造成原料的混乱，其影响和损失就更不堪设想。因此，原材料的入厂及管理过程中对原材料的认真检验是矿冶生产的先导。

1.1.2 中间控制分析

中间控制分析又称中控分析，是指在矿冶工业生产过程中各项工艺指标的检测控制分析，以确保工业生产稳定、产品合格。合格的原料经过一系列的变化、反应之后，最终生产出合格的产品。中间过程的反应条件指标直接影响下一道工序的正常进行，是矿冶工艺生产的关键。

1.1.3 成品分析

企业经过一系列工序生产出产品，其最终目标只有两个，即产品符合国家标准和成本最小化。成品分析是指产品按照国家标准进行检测、分析的过程，可确保不合格产品不能进入市场或者下一级工序。因为分析结果表示出化学成分调整的结果，反映出选矿、冶炼水平，更主要的是代表着钢铁成品的化学成分，是判断钢是否合格和材质好坏的依据，即判定是否可以出厂和进入下一道工序的依据。同时在加工处理过程中，对那些容易变化和偏析的元素要经常抽查。在产品的流动过程中，也要经常检查是否因管理和操作不当而造成混钢等。

此外，对各道加工工序中所用的冷却水、洗净液、表面处理液、加热用的燃料、退火用的保护气体等的分析，都是管理中不可缺少的，尤其是表面处理过程（酸洗、电镀……）中的操作管理项目与分析有着更密切的关系。

从环保的角度考虑，对水、气、渣的管理控制及排放都要做监测分析。

1.1.4 其他分析

1.1.4.1 环境监测

矿冶企业的固体废弃物主要来源于矿冶废渣，如尾矿、高炉矿渣、钢渣、各种有色金属渣、各种粉尘、污泥等，其中冶炼废渣中含有多种有毒物质。有毒物质一方面通过土壤进入水体，另一方面在土壤中累积而被农作物吸收，毒害农作物，进而危害人类。矿冶工业废气主要来源于原料、燃料在运输、装卸及加工过程中产生的大量含尘气体，工艺过程中排放的气体及冶炼厂的各种炉窑在生产过程中产生的大量含尘及有害气体。矿冶工业废水主要来源于工艺过程用水、设备与产品冷却水、烟气洗涤和场地冲洗水等。

矿冶工业生产中产生的大量废水、废气与废渣在排放时必须符合国家有关的法律法规所规定的标准，企业化验室必须对本企业的“三废”排放物进行监测，确保排放符合标准。

1.1.4.2 矿冶研究及新材料开发中的分析

在矿冶工业生产技术不断发展与产品质量不断完善与提高中及在新材料、新产品、新技术的开发与研究中，化学分析的作用更是显而易见。例如，20 世纪 50 年代，电镜观察技术和析出物分析、夹杂物分析、相分析等分析技术的迅速发展，对了解 S、Te、Pb 等元素在易切钢中的存在状态和改善切削性能作用的研究作出了重大贡献。通过对 Al、Ti、V、Nb 等元素对钢的细化作用分析研究及奥氏体结晶分析技术的研究，发展了高强度钢；利用它们的氧化物、碳化物、硫化物的析出和增溶反应发展了具有结构组织取向的新材料。又如微区分析的电子探针分析（electron probe micro - analyzer，EPMA）法的发展和应用，了解了钢水的脱氧机理及夹杂物的形成机理，并且建立了防止产生这些宏观夹杂物的技术。通过分析检测，了解和掌握了金属间化合物的析出弥散行为，不但可以显著提高热处理技术，而且开发出各种性能优异的析出碳化物型的合金钢，如低硫、超低硫钢、超低碳不锈钢等。可见化学分析在矿冶研究及新材料的开发中，已成为必不可少的基本手段。

1.2　矿冶产品化学分析方法的分类

1.2.1　快速分析法和标准分析法

矿冶产品化学分析中所用的方法按其在矿冶工业生产中所起的作用，可以分为快速分析法和标准分析法。

快速分析法主要是用于车间生产控制分析。这类方法的主要特点是快速，其测定结果往往是生产车间工艺过程是否正常或选矿、冶炼过程是否应该结束的依据。在此种情况下通常对准确度的要求可以降低，故快速分析法所容许的误差范围较大。

标准分析法主要是对原料、辅助材料、副产品、产品等所采用的分析方法。这类方法的主要特点是准确度很高，其测定结果是工艺计算、财务计算、评定产品质量等的重要依据。此种分析工作通常在中心化验室中进行。此类分析也常用于验证分析和仲裁分析。在仲裁分析中往往在进行测定时可能增添一些辅助操作，并将某些条件（例如取样的方式方法、测量器皿的校准、需用试剂的规格等）控制得更严格些，借以提高分析结果的准确度和可靠性。

1.2.2　无机分析法和有机分析法

这种分类方法是以分析对象的不同为依据。有机分析的对象是有机物，而无机分析的对象是无机物。这两类分析方法，原理上虽大致相同，但是在分析方法上各有特点，分析要求及分析手段有所不同。无机物所含的元素种类繁多，分析结果通常是用元素、离子、化合物或某一个相是否存在及其相对含量来表示，如矿石、原材料、钢铁、渣、溶液等样品中元素成分的测定。有机物虽组成元素很少，但由于结构复杂，化合物种类繁多，故分析方法不仅有元素分析，还有官能团分析和结构分析。矿冶产品化学分析主要涉及无机分析的问题。应当指出，有机物中所含微量无机成分的测定也应属于无机分析范畴。

1.2.3　化学分析法和仪器分析法

化学分析法是以物质的化学反应为基础而建立的分析或分离方法，如滴定分析法、重量分析法、以显色反应为基础的光度法等分析方法及化学定量分离（沉淀、萃取等）。这种方法历史悠久，仪器简单，结果准确，是分析化学的基础，所以又称经典分析法。化学分析法多为人工操作，费时，有些方法中使用有毒试剂，对操作者健康及环境均不利。

仪器分析是以物质的物理或物理化学性质为基础而建立起来的分析方法，通常不需要进行化学反应而直接进行鉴定和测定，具有简单、快速、灵敏、准确、省时及自动化程度高等许多优点，因此，在生产与科研中的应用日益广泛，发展日趋加快，如光学分析法（光电光谱分析、原子吸收光谱分析、X荧光光谱分析等）、电化学分析法、色谱分析法、质谱分析法、能谱分析法、热量分析法及放化分析法等。然而，这种分析方法通常需要特殊的仪器设备，有的仪器十分复杂、价格昂贵，在中小型试验室难以普及推广。

1.2.4　常量、半微量、微量、超微量分析及常量组分、微量组分、痕量组分分析

这是从分析时取样量或被测组分含量来区分的分类方法。随着现代科学技术的飞速发

展，电子技术的发展和应用以及分析化学进入更广泛的领域，常常要求分析工作者能够以极其少量的样品进行分析，或测定含量极低的组分，因而建立起一系列相应的分析方法。

日常的分析大多属于常量及半微量分析法。被测组分从主组分到痕量均有，痕量分析是矿冶产品化学分析发展的一个重要方向。

1.3 矿冶产品化学分析的特点及发展趋势

1.3.1 矿冶产品化学分析的特点

矿冶产品化学分析以各工业生产部门对生产过程的条件控制、产品质量的检测等为对象。由于生产的时间性、物料的复杂性、产品的多样性等，使矿冶产品化学分析具有以下特点：

（1）分析对象量大、组成复杂，必须正确取样和制备样品，保证用于分析测定的样品有充分的代表性。

（2）由于物料的复杂性，必然带来溶（熔）样的艰巨性。因为，既要使样品分解完全，又不能引入干扰物质或丢失被测组分。在矿冶生产中需要分析的试样种类繁多。不同的试样，不但采用的分析方法常有不同，而且取样、溶解、消除干扰作用等方法也往往不同。例如，测定试样中硅的含量时，对于金属材料，通常采用酸溶解法，因这类材料大部分可溶于酸；但对于硅酸盐矿石，则往往需用碱性熔剂进行熔融，才能制成试液。

又如在测定矿石或金属中的钛时，铁是试样中的干扰性杂质之一。当用过氧化氢比色分析法测定钛时，为了消除三价铁离子的黄色干扰，通常用磷酸使三价铁离子转变成无色的配离子，以达到掩蔽的目的；而当用极谱分析法测定钛时，则用铁粉把它还原成无干扰作用的二价铁离子；但当用重量分析法测定钛时，则要进行钛与铁的分离。因此每一种试样的分析方法都必须根据实际情况来决定。

（3）在保证生产要求的前提下，尽可能采用快速的测定方法，以适应生产过程的控制分析需要。在生产过程中，完成分析过程的速度极为重要。因为生产过程中的条件是否需要改变、炉料成分是否应该调整，以及冶炼过程的进行是否可以结束等，往往都需要以反应物或反应产物的分析结果作为依据。显然，如果分析结果的数据不能迅速地提供给生产部门，势必影响人们在生产中做出正确及时的决定，甚至可能引起产生废品和浪费原料等现象，也会降低设备的生产率。

（4）根据样品的具体情况，采用单一方法或多种分析方法进行分析测定，并根据生产实际的要求，确定分析测定结果的准确度和允许误差。

1.3.2 矿冶化学分析的发展趋势

矿冶化学分析与矿冶工业生产有着密切的关系，因此每当生产上要求并实现了某种技术革新和重大改革时，就会对矿冶化学分析提出各种新的要求，从而也促进了矿冶化学分析的发展。反之，当矿冶化学分析的方法有了新的改进和发展时，在生产中对技术条件的控制和产品质量的检定就有了更有利的保证。

矿冶化学分析是随着矿冶工业及分析化学的发展而逐步发展与完善起来的，分析技术与方法的发展更是日新月异。近代工业生产要求迅速准确地提供有关原料、中间产物和成品的化学成分的资料，以便及时地采取措施来控制生产过程。同时，随着科学和技术的发展，稀有元素和痕量物质的分析日见重要，因此矿冶化学分析不仅需要不断地改善分析方法，而且必须采用物理化学和物理的分析方法。目前，比色分析和电化学分析法已普遍为各工厂实验室所采用，分光光度分析、极谱分析和发射光谱分析已成为黑色和有色矿冶工厂不可缺少的分析手段，并且在分析工作中采用了离子交换树脂、超声波、红外线、放射性同位素等最新的科学技术成就。

科学技术的不断发展为矿冶工业的腾飞提供了强大的动力。随着材料科学和矿冶技术的发展，矿冶化学分析技术已不仅局限于常规的元素分析，而且对状态、结构、微粒、微区、表面界面分析及纵深分布等提出了分析要求。近代激光、微波、真空、分子束、傅里叶变换和电子计算机等新技术已经能够实现这些要求，实现了从总体到微区，从表层到内部结构，从静态到动态以致追踪微观单个原子动力学反应过程的分析测试。近年来，国内一些大型矿冶企事业单位都引进了国外先进的大型现代化分析仪器，在矿冶分析中发挥着重要作用。

随着科学技术水平的提高，工业分析将向着准确、高速、自动化、在线分析以及与计算机结合以实现过程质量控制分析的方向发展。

1.3.3　分析工作者的基本素质

矿冶产品化学分析具有指导和促进生产的作用，是不可缺少的一种专门技术，被誉为矿冶工业生产的“眼睛”，在生产过程中起着把关的作用。同时，矿冶产品化学分析工作又是一项十分精细，知识性、技术性都十分强的工作。因此，每个分析工作者应当具备良好的素质，才能胜任这一工作，满足生产与科研提出的各种要求。分析工作者应具备的基本素质如下：

（1）高度的责任感和质量第一的思想是分析工作者第一重要素质。充分认识分析检验工作的重要作用，以对人民高度负责的精神做好本职工作。

（2）严谨的工作作风和实事求是的科学态度。分析工作是与“量”和“数”打交道的，稍有疏忽就会出现差错。因点错小数点而酿成重大质量事故的事例足以说明分析工作的重要性。随意更改数据，谎报结果更是一种严重犯罪行为。分析工作是一项十分细致的工作，要求心细、眼灵，对每一步操作必须严谨从事，不得马虎和草率，必须严格遵守各项操作规范。

（3）掌握扎实的基础理论知识与熟练的操作技能。当今的分析化学内容十分丰富，涉及的知识领域十分广泛，分析方法不断地更新，新工艺、新技术、新设备不断涌现，如果没有一定的基础知识是不能适应的。即使是一些常规分析方法亦包含较深的理论原理，必须具有一定的基础知识去理解、掌握，才能应对组分多变的、复杂的试样分析，独立解决和处理分析中出现的各种复杂情况。掌握熟练的操作技能和过硬的操作基本功是对分析工作者的起码要求。

（4）要有不断创新和开拓的精神。科学在发展，时代在前进，尤其是分析化学更是日新月异。作为一名分析工作者必须在掌握基础知识的前提下，不断地去学习新知识、更新旧观念、研究新问题，及时掌握本学科、本行业的发展动向，从实际工作需要出发开展新技术、新方法的研究与探索，以促进分析技术的不断进步，满足生产、科研不断提出的新要求。作为一名化验员也应对分析的新技术有所了解，尽可能多地掌握各种分析技术和多种分析方法，争当“多面手”和“技术尖子”，在本岗位上结合工作的实际情况，积极灵活地掌握矿冶产品化学分析方法。

（5）分析工作者应准确理解和掌握所从事职业的国家职业标准，包括从样品交接→检验准备→采样→检测与测定→测后工作→修验仪器设备等方面（详见附表13）的标准。

综上所述，学习矿冶产品化学分析课程，必须与基础化学和生产实践紧密结合，重视实践（实验）环节，培养具有自我获取知识、充分利用信息、加工和扩展信息的能力，为将来从事分析检验工作打下坚实的基础。

习　题

1. 矿冶产品化学分析的方法主要有哪些？
2. 矿冶产品化学分析有哪些特点？
3. 作为一名分析工作者应具备哪些基本素质？

模块2　溶液配制与浓度的计算

2.1　化学试剂

2.1.1　化学试剂的分类和规格

2.1.1.1　化学试剂的分类

化学试剂品种繁多，目前没有统一的分类方法，一般按试剂的化学组成或用途进行分类。表2-1列出了化学试剂的分类。

表2-1　化学试剂的分类

序号	名　称	说　明
1	无机试剂	无机化学品。可细分为金属、非金属、氧化物、酸、碱、盐等
2	有机试剂	有机化学品。可细分为烃、醇、醚、醛、酮、酸、酯、胺等
3	基准试剂	我国将滴定分析用标准试剂称为基准试剂。pH基准试剂用于pH计的校准（定位）。基准试剂是化学试剂中的标准物质。其主成分含量高，化学组成恒定
4	特效试剂	在无机分析中用于测定、分离被测组分的专用的有机试剂，如沉淀剂、显色剂、螯合剂、萃取剂等
5	仪器分析试剂	用于仪器分析的试剂，如色谱试剂和制剂、核磁共振分析试剂等
6	生化试剂	用于生命科学研究的试剂
7	指示剂和试纸	滴定分析中用于指示滴定终点或用于检验气体或溶液中某些物质存在的试剂。试纸是用指示剂或试剂溶液处理过的滤纸条
8	高纯物质	用于某些特殊需要的材料，如半导体和集成电路用的化学品、单晶，痕量分析用试剂，其纯度一般在4个“9”（99.99%）以上，杂质总量在0.01%以下
9	标准物质	用于分析或校准仪器的有定值的化学标准品
10	液　晶	既具有流动性、表面张力等液体的特征，又具有光学各向异性、双折射等固态晶体的特征

2.1.1.2　化学试剂的规格与包装

A　化学试剂的规格

化学试剂的规格反映试剂的质量，试剂规格一般按试剂的纯度及杂质含量划分若干级别。为了保证和控制试剂产品的质量，国家将杂质含量划分若干级别。国家或有关部门制定和颁布了国家标准（代号GB）、化学工业部部颁标准（代号HG）和化学工业部部颁暂行标准（代号HGB），没有国家标准和部颁标准的产品执行企业标准（代号QB）。为了促进技术进步，增强产品竞争能力，我国化学试剂国家标准的修订逐步采用了国际标准或国外先进标准。

我国的化学试剂规格按纯度和使用要求分为高纯（有的称超纯、特纯）、光谱纯、分光纯、基准、优级纯、分析纯和化学纯等7种。国家和主管部门颁布的质量指标主要是后3种，即优级纯、分析纯、化学纯。

国际纯粹化学和应用化学联合会（IUPAC）对化学标准物质分级的规定如表2－2所示。

表2－2 IUPAC对化学标准物质的分级规定

A级	原子量标准
B级	和A级最接近的基准物质
C级	含量为（100±0.02）%的标准试剂
D级	含量为（100±0.05）%的标准试剂
E级	以C级或D级试剂为标准进行的对比测定所得的纯度或相当于这种的试剂，比D级的纯度低

我国试剂标准的基准试剂（纯度标准物质）相当于C级和D级。

为了满足各种分析检验的需要，我国已生产了很多种属于标准物质的标准试剂，现列于表2－3中。

表2－3 主要的国产标准试剂

类 别	相当于IUPAC的级	主要用途
容量分析第一基准	C	工作基准试剂的定值
容量分析工作基准	D	容量分析标准溶液的定值
杂质分析标准溶液		仪器及化学分析中作为微量杂质分析的标准
容量分析标准溶液	E	容量分析法测定物质的含量
一级pH基准试剂	C	pH基准试剂的定值和高精密度pH计的校准
pH基准试剂	D	pH计的校准（定位）
热值分析标准		热值分析仪的标定
气相色谱标准		气相色谱法进行定性和定量分析标准
临床分析标准溶液		临床化验
农药分析标准		农药分析
有机元素分析标准	E	有机物元素分析

下面介绍各种规格试剂的应用范围。

基准试剂（容量）是一类用于标定滴定分析标准溶液的标准物质，可作为滴定分析中的基准物质用，也可精确称量后用直接法配制标准溶液。基准试剂主成分含量一般在99.95%～100.05%，杂质含量略低于优级纯或与优级纯相当。

优级纯主成分含量高，杂质含量低，主要用于精密的科学研究和测定工作。

分析纯主成分含量略低于优级纯，杂质含量略高，用于工厂、教学实验的一般分析工作。

实验试剂杂质含量更多，但比工业品纯度高，主要用于普通的实验或研究。

高纯、光谱纯及纯度99.99%（4个“9”也用4N表示）以上的试剂，主成分含量高，杂质含量比优级纯低，且规定的检验项目多，主要用于微量及痕量分析中试样的分解及试液的制备。

分光纯试剂要求在一定波长范围内干扰物质的吸收小于规定值。

B　化学试剂的包装与标志

我国国家标准《化学试剂　包装及标志》（GB 15346—1994）规定用不同的颜色标记化学试剂的等级分类，见表2－4。

表2－4　化学试剂的标签颜色

级　别	中文标志	英文标志（沿用）	标签颜色
一级	优级纯	GR	深绿色
二级	分析纯	AR	金光红色
三级	化学纯 基准试剂 生物染色剂	CP	中蓝色 深绿色 玫红色

在购买化学试剂时，除了了解试剂的等级外，还需要知道试剂的包装单位。化学试剂的包装单位是指每个包装容器内盛装化学试剂的净质量（固体）或体积（液体）。包装单位的大小根据化学试剂的性质、用途和经济价值而决定。

我国规定化学试剂以下列5类包装单位（固体产品以克计，液体产品以毫升计）包装：

第一类：0.1、0.25、0.5、1g或0.5、1mL；

第二类：5、10、25g或5、10、20、25mL；

第三类：50、100g或50、100mL；

第四类：250、500g或250、500mL；

第五类：1000、2500、5000g或1000、2500、5000mL。

应该根据用量决定购买量，以避免造成浪费，如过量储存易燃爆品，不安全；易氧化及变质的试剂，过期失效；标准物质等贵重试剂，积压浪费等。

2.1.2　合理选用化学试剂

应根据不同的工作要求合理地选用相应级别的试剂。因为试剂的价格与其级别及纯度关系很大，在满足实验要求的前提下，选用试剂的级别就低不就高。痕量分析要选用高纯或优级纯试剂，以降低空白值和避免杂质干扰，同时，对所用的纯水的制取方法和仪器的洗涤方法也应有特殊的要求。化学分析可使用分析纯试剂。有些教学实验，如酸碱滴定也可用化学纯试剂代替，但配位滴定最好选用分析纯试剂，因试剂中有些杂质金属离子封闭指示剂，使终点难以观察。

对分析结果准确度要求高的工作，如仲裁分析、进出口商品检验、试剂检验等，可选用优级纯、分析纯试剂。车间控制分析可选用分析纯、化学纯试剂。制备实验、冷却浴或加热浴用的药品可选用工业品。

化学试剂虽然都按国家标准检验，但不同制造厂或不同产地的化学试剂在性能上有时表现出某种差异。有时因原料不同，非控制项目的杂质会造成干扰或使实验出现异常现象，故在做科学实验时要注意产品厂家。另外，在标签上都印有“批号”，不同批号的试剂应做对照试验。在选用紫外光谱用溶剂、液相色谱流动相、色谱载体、吸附剂、指示剂、有机显色剂及试纸时应注意试剂的生产厂及批号并做好记录，必要时应做专项检验和对照试验。

应该指出，未经药理检验的化学试剂是不能作为医药使用的。

2.1.3 化学试剂的使用方法

为了保持试剂的质量和纯度，保证化验室人员的人身安全，要掌握化学试剂的性质和使用方法，制订出安全守则，并要求有关人员共同遵守。

应熟知最常用的试剂的性质，如市售酸碱的浓度、试剂在水中的溶解性、有机溶剂的沸点、试剂的毒性及其化学性质等。有危险性的试剂可分为易燃易爆危险品、毒品、强腐蚀剂3类。

要注意保护试剂瓶的标签，它标明试剂的名称、规格、质量，万一丢失应照原样贴牢。分装或配制试剂后应立即贴上标签，绝不可在瓶中装上不是标签指明的物质。无标签的试剂可取小样检定，不能用的要慎重处理，不应乱倒。

为保证试剂不受沾污，应用清洁的牛角勺从试剂瓶中取出试剂，绝不可用手抓取，如试剂结块，可用洁净的粗玻璃棒或瓷药铲将其捣碎后取出。液体试剂可用洗干净的量筒倒取，不要用吸管伸入原瓶试剂中吸取液体，取出的试剂不可倒回原瓶。打开易挥发的试剂瓶塞时不可把瓶口对准脸部。在夏季由于室温高，试剂瓶中很易冲出气液，最好把瓶子在冷水中浸一段时间，再打开瓶塞。取完试剂后要盖紧塞子，不可换错瓶塞。贮存有毒、有味气体的瓶子还应该用蜡封口。

不可用鼻子对准试剂瓶口猛吸气，如果必须嗅试剂的气味，可将瓶口远离鼻子，用手在试剂瓶上方扇动，使空气流动吹向自己而闻出其味。绝不可用舌头品尝试剂。

2.1.4 引起化学试剂变质的原因

有些性质不稳定的化学试剂，由于储存过久或保存条件不当，会造成变质，影响使用。有些试剂必须在标签注明的条件如冷藏、充氮的条件下储存。以下是一些常见的化学试剂变质的原因：

(1) 氧化和吸收二氧化碳。空气中的氧气和二氧化碳对试剂的影响：易被氧化的还原剂，如硫酸亚铁、碘化钾，由于被氧化而变质。碱及碱性氧化物易吸收二氧化碳而变质，如NaOH、KOH、MgO、CaO、ZnO也易吸收CO_2变成碳酸盐。酚类易氧化变质。

(2) 湿度的影响。有些试剂易吸收空气中的水分发生潮解，如$CaCl_2$、$MgCl_2$、$ZnCl_2$、KOH、NaOH等。

风化：含结晶水的试剂露置于干燥的空气中时，失去结晶水变为白色不透明晶体或粉末，这种现象称为风化，如$Na_2SO_4 \cdot 10H_2O$、$CuSO_4 \cdot 5H_2O$等。风化后的试剂取用时其分子质量难以确定。

(3) 挥发和升华。浓氨水若盖子密封不严，久存后由于NH_3的逸出，其浓度会降低。挥发性有机溶剂，如石油醚等，由于挥发会使其体积减小。因其蒸气易燃，有引起火灾的危险。

碘、萘等也会因密封不严造成量的损失及污染空气。

（4）见光分解。过氧化氢溶液见光后分解为水和氧；甲醛见光氧化生成甲酸；$CHCl_3$氧化产生有毒的光气；HNO_3在光照下生成棕色的NO_2，因此这些试剂一定要避免阳光直射。有机试剂一般均存于棕色瓶中。

（5）温度的影响。高温加速试剂的化学变化速度，也使挥发、升华速度加快。温度过低也不利于试剂储存，在低温时有的试剂会析出沉淀，如甲醛在6℃以下析出三聚甲醛，有的试剂发生冻结。

2.2　分析化学中的计量关系

2.2.1　法定计量单位

法定计量单位是由国家以法令形式规定使用或允许使用的计量单位。我国的法定计量单位是以国际单位制单位为基础，结合我国的实际情况制定的。国际单位制的全称是：International System of Units，简称SI。1971年第14届国际计量大会（CGPM）决定，在国际单位制中增加第7个基本单位摩尔，简称摩，符号用mol表示。这7个基本量及其单位和代表它们的符号如表2－5所示。

表2－5　SI基本单位

量的名称	单位名称	符　号
长度	米	m
质量	千克(公斤)	kg
时间	秒	s
电流	安［培］	A
热力学温度	开［尔文］	K
物质的量	摩［尔］	mol
光强度	坎［德拉］	cd

摩尔是物质的量的单位，起着统一克分子、克原子、克当量、克离子等的作用，同时也将物理学上的光子、电子及其他粒子群等物质的量包括在内，从而使物理学和化学上的这一基本量有了统一的单位。1984年3月9日国家计量局发布了《全面推行我国法定计量单位的意见》中要求，“教育部门‘七五’期间要在所有新编教材普遍使用法定计量单位，必要时可对非法定计量单位予以介绍”。1985年9月6日第六届全国人大常委会通过了《中华人民共和国计量法》。计量法自1986年7月1日起实施。1991年起除个别领域外，不允许再使用非法定计量单位。本书将统一采用法定计量单位，为了方便读者阅读过去的文献资料，必要时介绍一些以前常用的非法定计量单位。

SI共有20个词头，分别表示10的24次方～－24次方。10^6以上以大写拉丁文字母表示，其他为小写的拉丁文字母，如表2－6所示。其中h、da、d、c多用于长度、面积和体积单位，其他情况一般不用。

表 2-6　SI 词头符号

因　数	词头符号	因　数	词头符号	因　数	词头符号
10^{24}	Y	10^{3}	k	10^{-9}	n
10^{21}	Z	10^{2}	h	10^{-12}	p
10^{18}	E	10^{1}	da	10^{-15}	f
10^{15}	P	10^{-1}	d	10^{-18}	a
10^{12}	T	10^{-2}	c	10^{-21}	z
10^{9}	G	10^{-3}	m	10^{-24}	y
10^{6}	M	10^{-6}	μ		

词头不能重叠使用。旧的习惯写法如 kMW，是错误的，应写成 GW。另外，天平感量不应写成 1×10^{-3}mg，而应写成：天平感量 1μg。

词头不能单独使用。习惯写法：$R=8$K、$R=10$M，均属错误，正确写法是：$R=8$kΩ、$R=10$MΩ。

国标规定由 2 个以上字母构成的单位符号必须作为一个整体。这里包括由一个词头符号和一个单位符号构成的十进倍数和分数单位。词头与紧接的单位符号具有相同的幂次，例如，km^3是“立方千米”，不是“千立方米”。将 $1000m^3$写成 $1km^3$水，结果就扩大 100 万倍（$1000m^3$水是 1000t，而 $1km^3$水是 10^9t）。

2.2.2　分析化学中常用的计量单位

2.2.2.1　物质的量

“物质的量”是一个物理量的整体名称，不要将“物质”与“量”分开来理解，它是表示物质的基本单元的一个物理量，国际上规定的符号为 n_B，并规定它的单位名称为摩尔，符号为 mol，中文符号为摩。

1mol 是指系统中物质单元 B 的数目与 0.012kg ^{12}C 的原子数目相等。系统中物质单元 B 的数目是 0.012kg ^{12}C 的原子数的几倍，物质单元 B 的物质的量 n_B 就等于几摩尔（mol）。在使用摩尔（mol）时其基本单元应予指明，它可以是原子、分子、离子、电子及其他粒子和这些粒子的特定组合。

例如，在表示硫酸的物质的量时：

（1）以 H_2SO_4作为基本单元 98.08g 的 H_2SO_4，其 H_2SO_4的单元数与 0.012kg ^{12}C 的原子数目相等，这时硫酸的物质的量为 1mol。

（2）以 $1/2H_2SO_4$作为基本单元 98.08g 的 H_2SO_4，其 $1/2\ H_2SO_4$的单元数是 0.012kg ^{12}C 的原子数目的 2 倍，这时硫酸的物质的量为 2mol。

由此可见，相同质量的同一物质，由于所采用的基本单元不同，其物质的量值也不同。因此在以物质的量的单位摩尔（mol）作单位时，必须标明其基本单元。物质的量的单位在分析化学中除用摩外，还常用毫摩。例如：

1mol H，具有质量 1.008g；

1mol H_2，具有质量 2.016g；

1mol $1/5KMnO_4$，具有质量31.60g。

2.2.2.2　质量

质量用符号 m 表示。质量的单位为千克（kg），在分析化学中常用克（g）、毫克（mg）、微克（μg）和纳克（ng）。它们的关系为：

$$1kg = 1000g;\ 1g = 1000mg;\ 1mg = 1000\mu g;\ 1\mu g = 1000ng$$

2.2.2.3　体积

体积或容积用符号 V 表示，国际单位为立方米（m^3），在分析化学中常用升（L）、毫升（mL）和微升（μL）。它们之间的关系为：

$$1m^3 = 1000L;\ 1L = 1000mL;\ 1mL = 1000\mu L$$

2.2.2.4　摩尔质量

摩尔质量定义为质量（m）除以物质的量（n_B）。

摩尔质量的符号为 M_B，单位为千克/摩（kg/mol），即

$$M_B = \frac{M}{n_B}$$

摩尔质量在分析化学中是一个非常有用的量，单位常用克/摩（g/mol）。当已确定了物质的基本单元之后，就可知道其摩尔质量。

常用物质的摩尔质量如表2-7所示。

表2-7　常用物质的摩尔质量

名　称	化学式	式量	基本单元	摩尔质量 M_B
盐酸	HCl	36.46	HCl	36.46
硫酸	H_2SO_4	98.08	$1/2H_2SO_4$	49.04
草酸	$H_2C_2O_4 \cdot 2H_2O$	126.07	$1/2H_2C_2O_4 \cdot 2H_2O$	63.04
邻苯二甲酸氢钾	$KHC_8H_4O_4$	204.22	$KHC_8H_4O_4$	240.22
氢氧化钠	NaOH	40.00	NaOH	40.00
氨水	$NH_3 \cdot H_2O$	35.05	$NH_3 \cdot H_2O$	35.05
碳酸钠	Na_2CO_3	105.99	$1/2\ Na_2CO_3$	53.00
高锰酸钾	$KMnO_4$	158.04	$1/5KMnO_4$	31.61
重铬酸钾	$K_2Cr_2O_7$	294.18	$1/6K_2Cr_2O_7$	49.03
碘	I_2	253.81	$1/2I_2$	126.90
硫代硫酸钠	$Na_2S_2O_3 \cdot 5H_2O$	248.18	$Na_2S_2O_3 \cdot 5H_2O$	248.18
硫酸亚铁铵	$FeSO_4 \cdot (NH_4)_2 \cdot 6H_2O$	392.14	$FeSO_4 \cdot (NH_4)_2 \cdot 6H_2O$	392.14
氯化钠	NaCl	58.45	NaCl	58.45
硝酸银	$AgNO_3$	169.9	$AgNO_3$	169.9
EDTA	$Na_2H_2Y \cdot 2H_2O$	372.24	$Na_2H_2Y \cdot 2H_2O$	372.24

2.2.2.5　摩尔体积

摩尔体积定义为体积（V）除以物质的量（n_B）。摩尔体积的符号为 V_m，国际单位为立方米/摩（m^3/mol），常用单位为升/摩(L/mol)，即

$$V_m = \frac{V}{n_B}$$

2.2.2.6　密度

密度作为一种量的名称，符号为ρ，单位为千克/立方米（kg/m^3），常用单位为克/立方厘米（g/cm^3）或克/毫升（g/mL）。由于体积受温度的影响，对密度必须注明有关温度。

2.2.2.7　元素的相对原子质量

元素的相对原子质量，是指元素的平均原子质量与^{12}C 原子质量的 1/12 之比。

元素的相对原子质量用符号 A_r表示，此量的量纲为 1，以前称为原子量。

例如：Fe 的相对原子质量是 55.85。

2.2.2.8　物质的相对分子质量

物质的相对分子质量，是指物质的分子或特定单元平均质量与^{12}C 原子质量的 1/12 之比。

物质的相对分子质量用符号 M_r表示。此量的量纲为 1，以前称为分子量。

例如：CO_2 的相对分子质量是 44.01。

2.3　溶液浓度的表示方法

在化验工作中，随时都要用到各种浓度的溶液，溶液的浓度通常是指在一定量的溶液中所含溶质的量，在国际标准和国家标准中，溶剂用 A 代表，溶质用 B 代表。化验工作中常用的溶液的浓度表示方法有以下几种。

2.3.1　B 的物质的量浓度

B 的物质的量浓度，常简称为 B 的浓度，是指 B 的物质的量除以混合物的体积，以 c_B 表示，单位为 mol/L，即

$$c_B = \frac{n_B}{V}$$

式中　c_B ——物质 B 的物质的量浓度，mol/L；

n_B ——物质 B 的物质的量，mol；

V ——混合物（溶液）的体积，L。

例如（1）$c_{H_2SO_4}$ = 1mol/L H_2SO_4 溶液，表示 1L 溶液中含 H_2SO_4 98.08g。

（2）$c_{1/2H_2SO_4}=1mol/L$ H_2SO_4 溶液，表示1L溶液中含 H_2SO_4 49.04g。

2.3.2　B的质量分数

B的质量分数是指B的质量与混合物的质量之比，以 w_B 表示。由于质量分数是相同物理量之比，因此其量纲为1，一律以1作为其SI单位，但是在量值的表达上这个1并不出现而是以纯数表达。例如，$w_{HCl}=0.38$，也可以用“百分数”表示，即 $w_{HCl}=38\%$。市售浓酸、浓碱大多用这种浓度表示。如果分子、分母两个质量单位不同，则质量分数应写上单位，如mg/g、μg/g、ng/g等。

质量分数还常用来表示被测组分在试样中的含量，如铁矿中铁含量 $w_{Fe}=0.36$，即36%。在微量和痕量分析中，含量很低，过去常用ppm、ppb、ppt表示，其含义分别为 10^{-6}、10^{-9}、10^{-12}，现已废止使用，应改用法定计量单位表示。例如，某化工产品中含铁5ppm，现应写成 $w_{Fe}=5\times10^{-6}$，或5μg/g或5mg/kg。

2.3.3　B的质量浓度

B的质量浓度是指B的质量除以混合物的体积，以 ρ_B 表示，单位为g/L，即

$$\rho_B=\frac{m_B}{V}$$

式中　ρ_B——物质B的质量浓度，g/L；

m_B——溶质B的质量，g；

V——混合物（溶液）的体积，L。

例 $\rho_{NH_4Cl}=10g/L$ NH_4Cl 溶液，表示1L NH_4Cl 溶液中含10g NH_4Cl。

当浓度很稀时，可用mg/L，μg/L或ng/L表示（过去有用ppm、ppb、ppt表示，现应予废除）。

2.3.4　B的体积分数

混合前B的体积除以混合物的体积称为B的体积分数（适用于溶质B为液体），以 φ_B 表示。将原装液体试剂稀释时，多采用这种浓度表示，如 $\varphi_{C_2H_5OH}=0.70$，也可以写成 $\varphi_{C_2H_5OH}=70\%$，表示可量取无水乙醇70mL加水稀释至100mL。

体积分数也常用于气体分析中表示某一组分的含量，如空气中含氧 $\varphi_{O_2}=0.20$，表示氧的体积占空气体积的20%。

2.3.5　比例浓度

比例浓度包括容量比浓度和质量比浓度。容量比浓度，是指液体试剂相互混合或用溶剂（大多为水）稀释时的表示方法。例如（1+5）HCl溶液，表示1体积市售浓HCl与5体积蒸馏水相混而成的溶液。有些分析规程中写成（1∶5）HCl溶液，意义完全相同。质量比浓度是指两种固体试剂相互混合的表示方法，例如（1+100）钙指示剂－氯化钠混合指示剂，表示1个单位质量的钙指示剂与100个单位质量的氯化钠相互混合，是一种固体稀释方法，同样也有写成（1∶100）的。

2.3.6 滴定度

滴定度是滴定分析中标准溶液使用的浓度表示方法之一，它有两种表示方法。

2.3.6.1 $T_{s/x}$

$T_{s/x}$是指1mL标准溶液相当于被测物的质量，用符号$T_{s/x}$表示，单位为g/mL，其中s代表滴定剂的化学式，x代表被测物的化学式，滴定剂写在前面，被测物写在后面，中间的斜线表示“相当于”，并不代表分数关系。

如果分析的对象固定，用滴定度计算其含量时，只需将滴定度乘以所消耗标准溶液的体积即可求得被测物的质量，计算十分简便，因此，在工矿企业的例行分析中常采用此浓度。如果试样的质量固定，滴定度还可直接用1mL标准溶液相当于被测物质的质量分数表示。例如，$T_{K_2Cr_2O_7/Fe}=1.02\%/mL$ $K_2Cr_2O_7$溶液，表示当试样的质量一定时，滴定消耗1mL该溶液时，相当于试样中含铁1.02%，这样，可预先制成标准溶液体积（mL）-试样铁含量（%）的表。滴定结束，根据所消耗的标准溶液的体积，不用计算，可直接从表上查得被测组分的含量（%）。

2.3.6.2 T_s

T_s是指1mL标准溶液中所含滴定剂的质量（g）表示的浓度，用符号T_s表示，其中s代表滴定剂的化学式，单位为g/mL。

例 $T_{HCl}=0.001012g/mL$ HCl溶液，表示1mL溶液含有0.001012g HCl，这种滴定度在计算测定结果时不太方便，故使用不多。

2.4 一般溶液的配制和溶液浓度计算

一般溶液是指非标准溶液，它在分析工作中常作为溶解样品，调节pH值、分离或掩蔽离子、显色等使用。配制一般溶液精度要求不高，达到1~2位有效数字。试剂的质量由架盘天平称量，体积用量筒量取即可。

2.4.1 物质的量浓度溶液的配制和计算

根据$c_B=\dfrac{n_B}{V}$和$n_B=\dfrac{m_B}{M_B}$的关系：

$$m_B=c_BV\times\frac{M_B}{1000}$$

式中 m_B——固体溶质B的质量，g；

c_B——欲配溶液物质B的物质的量浓度，mol/L；

V——欲配溶液的体积，mL；

M_B——溶质B的摩尔质量，g/mol。

（1）溶质是固体物质时。

例2-1 欲配制$c_{Na_2CO_3}=0.5mol/L$溶液500mL，如何配制？

【解】　$m_{Na_2CO_3} = c_{Na_2CO_3} V \times \frac{M_{Na_2CO_3}}{1000}$

$m_{Na_2CO_3} = 0.5 \times 500 \times \frac{106}{1000} = 26.5g$

配法：称取 Na_2CO_3 26.5g 溶于水中，并用水稀释至500mL，混匀。

（2）溶质是浓溶液时。

例2-2　欲配制 $c_{H_3PO_4} = 0.5mol/L$ 溶液500mL，如何配制？（浓 H_3PO_4 $\rho = 1.69$，$w = 85\%$，浓度为15mol/L）。

【解】　溶液在稀释前后，其中溶质的物质的量不会改变，因而可用下式计算：

$$c_{浓} V_{浓} = c_{稀} V_{稀}$$

$$V_{浓} = \frac{c_{稀} V_{稀}}{c_{浓}} = \frac{0.5 \times 500}{15} \approx 17mL$$

另一算法

$$m_{H_3PO_4} = c_{H_3PO_4} V \times \frac{M_{H_3PO_4}}{1000}$$

$$= 0.5 \times 500 \times \frac{98.00}{1000} = 24.5g$$

$$V_0 = \frac{m}{\rho w} = \frac{24.5}{1.69 \times 85\%} \approx 17mL$$

配法：量取浓 H_3PO_4 17mL，加水稀释至500mL，混匀。

2.4.2　质量分数溶液的配制和计算

（1）溶质是固体物质时。

$$m_1 = mw$$

$$m_2 = m - m_1$$

式中　m_1 ——固体溶质的质量，g；

m_2 ——溶剂的质量，g；

m ——欲配溶液的质量，g；

w ——欲配溶液的质量分数。

例2-3　欲配 $w_{NaCl} = 10\%$ NaCl 溶液500g，如何配制？

【解】　$m_1 = 500 \times 10\% = 50g$

$m_2 = 500 - 50 = 450g$

配法：称取 NaCl 50g，加水450mL，混匀。

（2）溶质是浓溶液时。由于浓溶液取用量是以量取体积较为方便，故一般需查阅酸、碱溶液浓度-密度关系表，查出溶液的密度后可算出体积，然后进行配制。计算依据是溶质的总量在稀释前后不变。

$$V_0 \rho_0 w_0 = V \rho w$$

式中　V_0，V ——溶液稀释前后的体积，mL；

ρ_0，ρ ——浓溶液、欲配溶液的密度，g/mL；

w_0，w——浓溶液、欲配溶液的质量分数。

例 2-4 欲配 $w_{H_2SO_4}=30\%$ H_2SO_4 溶液（$\rho=1.22$）500mL，如何配制？（市售浓 H_2SO_4，$\rho_0=1.84$，$w_0=96\%$）

【解】 $V_0=\dfrac{V\rho w}{\rho_0 w_0}=\dfrac{500\times1.22\times30\%}{1.84\times96\%}=103.6\text{mL}$

配法：量取浓 H_2SO_4 103.6mL，在不断搅拌下慢慢倒入适量水中，冷却，用水稀释至 500mL，混匀。（记住，切不可将水往浓 H_2SO_4 中倒，以防浓 H_2SO_4 溅出伤人）。

常用酸、碱试剂的密度和浓度如表 2-8 所示。

表 2-8 常用酸、碱试剂的密度和浓度

试剂名称	化学式	M_r	密度 ρ /g·mL^{-1}	质量分数 w /%	物质的量浓度 c_B /mol·L^{-1}
浓硫酸	H_2SO_4	98.08	1.84	96	18
浓盐酸	HCl	36.46	1.19	37	12
浓硝酸	HNO_3	63.01	1.42	70	16
浓磷酸	H_3PO_4	98.00	1.69	85	15
冰醋酸	CH_3COOH	60.05	1.05	99	17
高氯酸	$HClO_4$	100.46	1.67	70	12
浓氢氧化钠	$NaOH$	40.00	1.43	40	14
浓氨水	$NH_3\cdot H_2O$	17.03	0.90	28	15

注：c_B 以化学式为基本单元。

2.4.3 质量浓度溶液的配制和计算

例 2-5 欲配制 20g/L 亚硫酸钠溶液 100mL，如何配制？

【解】 $\rho_B=\dfrac{m_B}{V}\times1000$

$$m_B=\rho_B\times\frac{V}{1000}=20\times\frac{100}{1000}=2\text{g}$$

配法：称取 2g 亚硫酸钠溶于水中，加水稀释至 100mL，混匀。

2.4.4 体积分数溶液的配制和计算

例 2-6 欲配制 $\varphi_{C_2H_5OH}=50\%$ 乙醇溶液 1000mL，如何配制？

【解】 $V_B=1000\times50\%=500\text{mL}$

配法：量取无水乙醇 500mL，加水稀释至 1000mL，混匀。

2.4.5 比例浓度溶液的配制和计算

例 2-7 欲配(2+3)乙酸溶液 1L，如何配制？

【解】 $V_A=V\times\dfrac{A}{A+B}=1000\times\dfrac{2}{2+3}=400\text{mL}$

$$V_B=1000-400=600\text{mL}$$

配法：量取冰乙酸400mL，加水600mL，混匀。

2.5　滴定分析用标准溶液的配制和计算

2.5.1　一般规定

已知准确浓度的溶液称为标准溶液。标准溶液浓度的准确度直接影响分析结果的准确度。因此，配制标准溶液在方法、使用仪器、量具和试剂方面都有严格的要求。一般按照国家标准 GB 601—88 要求制备标准溶液，它有如下规定：

（1）制备标准溶液用水，在未注明其他要求时，应达到国家标准 GB 6682—1992 三级水的规格。

（2）所用试剂的纯度应在分析纯以上。

（3）所用分析天平的砝码、滴定管、容量瓶及移液管均需定期校正。

（4）标定标准溶液所用的基准试剂应为容量分析工作基准试剂，制备标准溶液所用试剂为分析纯以上试剂。

（5）制备标准溶液的浓度系指20℃时的浓度，在标定和使用时，如温度有差异，应按附表11 进行补正。

（6）“标定”或“比较”标准溶液浓度时，平行试验不得少于8 次，两人各做4 次平行测定，每人4 次平行测定结果的极差（即最大值和最小值之差）与平均值之比不得大于0.1%。结果取平均值。浓度值取四位有效数字。

（7）对凡规定用“标定”和“比较”两种方法测定浓度时，不得略去其中任何一种，且两种方法测得的浓度值之差不得大于0.2%，以标定结果为准。

（8）制备的标准溶液浓度与规定浓度相对误差不得大于5%。

（9）配制浓度等于或低于0.02mol/L 的标准溶液时，应于临用前将浓度高的标准溶液用煮沸并冷却的水稀释，必要时重新标定。

（10）碘量法反应时，溶液的温度不能过高，一般在15～20℃之间。

（11）滴定分析用标准溶液在常温（15～25℃）下，保存时间一般不得超过2 个月。

2.5.2　配制方法

标准溶液配制有直接配制法和标定法两种。

2.5.2.1　直接配制法

在分析天平上准确称取一定量已干燥的基准物溶于水后，转入已校正的容量瓶中用水稀释至刻度，摇匀，即可算出其准确浓度。

作为基准物，应具备下列条件：

（1）纯度高。含量一般要求在99.9%以上，杂质总含量小于0.1%。

（2）组成与化学式相符。包括结晶水。

（3）性质稳定。在空气中不吸湿，加热干燥时不分解，不与空气中氧气、二氧化碳等作用。

（4）使用时易溶解。

（5）最好是摩尔质量较大。这样，称样量较多，可以减小称量误差。

常用基准物的干燥条件和应用范围见附表3，烘干后的基准物，除说明者外，一律存放在硅胶干燥器中备用。

（1）物质的量浓度标准溶液的配制和计算。

例2-8　欲配 $c_{1/6K_2Cr_2O_7}=0.1000\text{mol/L}$ 标准溶液1000mL，如何配制？

【解】　根据公式 $m_{1/6K_2Cr_2O_7}=c_{1/6K_2Cr_2O_7}\times V\times\frac{M_{1/6K_2Cr_2O_7}}{1000}$

求出　$m_{1/6K_2Cr_2O_7}=0.1000\times1000\times\frac{49.03}{1000}=4.903\text{g}$

配法：准确称取基准物 $K_2Cr_2O_7$ 4.9030g，溶于水，转入1L容量瓶中，加水稀释至刻度，摇匀。

（2）滴定度标准溶液的配制和计算。

计算公式

$$m_s=\frac{s}{x}\times T_{s/x}$$

$$m=m_sV$$

式中　m_s——1mL滴定液中含滴定剂（s）的质量，g；

s——按反应方程式确定的滴定剂（s）的质量，g；

x——按反应方程式确定的被测物（x）的质量，g；

$T_{s/x}$——滴定度；

V——欲配标准溶液的体积，mL；

m——滴定剂的质量，g。

例2-9　欲配 $T_{AgNO_3/Cl^-}=0.001000\text{g/mL}$ 溶液1000mL，如何配制？

【解】　滴定反应：

$$\underset{(169.87)}{AgNO_3}+\underset{(35.453)}{Cl^-}=\!=\!=AgCl\downarrow+NO_3^-$$

$$m_{AgNO_3}=\frac{169.87}{35.453}\times0.001000=0.004791\text{g}$$

$$m=0.004791\times1000=4.791\text{g}$$

配法：准确称取基准物 $AgNO_3$ 4.7910g，溶于水，转入1L棕色容量瓶中，加水稀释至刻度，摇匀。

2.5.2.2　标定法

很多物质不符合基准物的条件，例如，浓盐酸中氯化氢很易挥发，固体氢氧化钠易吸收水分和 CO_2，高锰酸钾不易提纯等，它们都不能直接配制标准溶液。一般是先将这些物质配成近似所需浓度溶液，再用基准物测定其准确浓度，这一操作称为标定。标定的方法有如下几种：

（1）直接标定。准确称取一定量的基准物，溶于水后用待标定的溶液滴定，至反应完全。根据所消耗待标定溶液的体积和基准物的质量，计算出待标定溶液的准确浓度。计算公式为

$$c_B = \frac{m_A}{V_B M_A} \times 1000$$

式中　c_B ——待标定溶液的浓度，mol/L；

m_A ——基准物的质量，g；

M_A ——基准物的摩尔质量，g/mol；

V_B ——消耗待标定溶液的体积，mL。

例如，标定 HCl 或 H_2SO_4，可用基准物无水碳酸钠，在 270～300℃烘干至质量恒定，用不含 CO_2 的水溶解，选用溴甲酚绿－甲基红混合指定剂指示终点。

（2）间接标定。有一部分标准溶液，没有合适的用以标定的基准试剂，只能用另一已知浓度的标准溶液来标定。如乙酸溶液用 NaOH 标准溶液来标定，草酸溶液用 $KMnO_4$ 标准溶液来标定等，当然，间接标定的系统误差比直接标定要大。

在实际生产中，除了上述两种标定方法之外，还有用标准物质来标定标准溶液的。这样做的目的，使标定与测定的条件基本相同，可以消除共存元素的影响，更符合实际情况。目前我国已有上千种标准物质出售。

（3）比较。用基准物直接标定标准溶液的浓度后，为了更准确地保证其浓度，采用比较法进行验证。例如，HCl 标准溶液用 Na_2CO_3 基准物标定后，再用 NaOH 标准溶液进行标定。国家标准规定两种标定结果之差不得大于 0.2%，比较法既可检验 HCl 标准溶液的浓度是否准确，也可考查 NaOH 标准溶液的浓度是否可靠，最后以直接标定结果为准。

另外，在有条件的工厂，标准溶液在中心试验室或标准溶液室由专人负责配制、标定，然后分发各车间使用，更能确保标准溶液浓度的准确性。

标准溶液要定期标定，它的有效期要根据溶液的性质、存放条件和使用情况来确定。表 2－9 所列标准溶液的有效期可供参考。

表 2－9　标准溶液的有效日期

溶液名称	浓度 c_B /mol·L^{-1}	有效期/月	溶液名称	浓度 c_B /mol·L^{-1}	有效期/月
各种酸溶液	各种浓度	3	硫酸亚铁溶液	1；0.64	20 天
氢氧化钠溶液	各种浓度	2	硫酸亚铁溶液	0.1	用前标定
氢氧化钾－乙醇溶液	0.1；0.5	1	亚硝酸钠溶液	0.1；0.25	2
硫代硫酸钠溶液	0.05；0.1	2	硝酸银溶液	0.1	3
高锰酸钾溶液	0.05；0.1	3	硫氰酸钾溶液	0.1	3
碘溶液	0.02；0.1	1	亚铁氰化钾溶液	各种浓度	1
重铬酸钾溶液	0.1	3	EDTA 溶液	各种浓度	3
溴酸钾－溴化钾溶液	0.1	3	锌盐溶液	0.025	2
氢氧化钡溶液	0.05	1	硝酸铅溶液	0.025	2

注：摘自 WJ 1637—86。

2.5.3　酸碱标准溶液的配制和标定

酸碱滴定法中常用的碱标准溶液是 NaOH，酸标准溶液是 HCl 或 H_2SO_4（当需要加热或在温度较高情况下，使用H_2SO_4溶液）。

2.5.3.1 NaOH标准溶液的配制和标定

（1）配制方法。氢氧化钠有很强的吸水性，可吸收空气中的CO_2，因而市售NaOH常含有Na_2CO_3，由于Na_2CO_3的存在，对指示剂的使用影响较大，应设法除去。除去Na_2CO_3的最通常方法，是将NaOH先配成饱和溶液（约50%），在此浓碱中Na_2CO_3几乎不溶解，慢慢沉淀出来，可吸取上层清液配制所需标准溶液。具体配制方法如下：

称取100g氢氧化钠，溶于100mL水中，摇匀，注入聚乙烯容器中，密闭放置至溶液清亮。用塑料管虹吸下述规定体积的上层清液，注入1000mL无CO_2的水中，摇匀。

c_{NaOH}/mol·L^{-1}	$V_{NaOH(饱和溶液)}$/mL
1	52
0.5	26
0.1	5

（2）标定方法。称取下述规定量的、于105～110℃烘至质量恒定的基准邻苯二甲酸氢钾，称准至0.0001g，溶于下述规定体积的无CO_2的水中，加2滴酚酞指示液（10g/L），用配制好的NaOH溶液滴定至溶液呈粉红色，同时做空白试验。计算NaOH溶液的浓度。

c_{NaOH}/mol·L^{-1}	$m_{基准KHC_8H_4O_4}$/g	$V_{无CO_2的水}$/mL
1	6	80
0.5	3	80
0.1	0.6	50

$$c_{NaOH}=\frac{m}{(V-V_0)\times\frac{M_{KHC_8H_4O_4}}{1000}}$$

式中 m——$KHC_8H_4O_4$的质量，g；

V——NaOH溶液的用量，mL；

V_0——空白试验NaOH溶液的用量，mL；

$M_{KHC_8H_4O_4}$——$KHC_8H_4O_4$的摩尔质量，取值为204.22g/mol。

2.5.3.2 HCl标准溶液的配制和标定

（1）配制方法。量取下述规定体积的浓HCl，注入1000mL水中摇匀。

c_{HCl}/mol·L^{-1}	$V_{浓HCl}$/mL
1	90
0.5	45
0.1	9

（2）标定方法。称取下述规定量的、于 270～300℃灼烧至恒重的基准无水碳酸钠，称准至 0.0001g。溶于 50mL 水中，加 10 滴溴甲酚绿－甲基红混合指示液。用配制好的盐酸溶液滴定至溶液由绿色变为暗红色，煮沸 2min，冷却后继续滴定至溶液再呈暗红色。同时作空白试验。计算 HCl 溶液的浓度。

$c_{NaOH}/mol \cdot L^{-1}$	$m_{基准无水Na_2CO_3}/g$
1	1.6
0.5	0.8
0.1	0.2

$$c_{HCl} = \frac{m}{(V - V_0) \times \frac{M_{1/2Na_2CO_3}}{1000}}$$

式中　m——Na_2CO_3 的质量，g；

V——HCl 溶液的用量，mL；

V_0——空白试验 HCl 溶液的用量，mL；

$M_{1/2Na_2CO_3}$——以 1/2 Na_2CO_3 为基本单元的摩尔质量，取值为 52.99g/mol。

2.5.3.3　比较

量取 30.00～35.00mL HCl 标准溶液，加 50mL 无 CO_2 的水及 2 滴酚酞指示液（10g/L），用浓度相当的 NaOH 标准溶液滴定，近终点时加热至 80℃，继续滴定至溶液呈粉红色。计算 NaOH 溶液浓度。

$$c_{NaOH} = \frac{c_{HCl} \cdot V_{HCl}}{V_{NaOH}}$$

与上述标定结果做一比较，要求两种方法测得的浓度相对误差不得大于 0.2%，以标定所得数值为准。

2.5.4　配制溶液注意事项

（1）分析实验所用的溶液应用纯水配制，容器应用纯水洗三次以上。特殊要求的溶液应事先做纯水的空白值检验。如配制 $AgNO_3$ 溶液，应检验水中无 Cl^-，配制用于 EDTA 配位滴定的溶液应检验水中无杂质阳离子。

（2）溶液要用带塞的试剂瓶盛装，见光易分解的溶液要装于棕色瓶中，挥发性试剂例如用有机溶剂配制的溶液，瓶塞要严密，见空气易变质及放出腐蚀性气体的溶液也要盖紧，长期存放时要用蜡封住。浓碱液应用塑料瓶装，如装在玻璃瓶中，要用橡皮塞塞紧，不能用玻璃磨口塞。

（3）每瓶试剂溶液必须有标明名称、规格、浓度和配制日期的标签。

（4）溶液储存时可能的变质原因：

1）玻璃与水和试剂作用（特别是碱性溶液），使溶液中含有钠、钙、硅酸盐等杂质。某些离子被吸附于玻璃表面，这对于低浓度的离子标准液不可忽略，故低于 1mg/mL 的离子溶液不能长期储存。

2）由于试剂瓶密封不好，空气中的 CO_2、O_2、NH_3 或酸雾侵入使溶液发生变化，如氨水吸收 CO_2 生成 NH_4HCO_3，KI 溶液见光易被空气中的氧氧化生成 I_2 而变为黄色，$SnCl_2$、$FeSO_4$、Na_2SO_3 等还原剂溶液易被氧化。

3）某些溶液见光分解，如硝酸银、汞盐等。有些溶液放置时间较长后逐渐水解，如铋盐、锑盐等。$Na_2S_2O_3$ 还能受微生物作用逐渐使浓度变低。

4）某些配位滴定指示剂溶液放置时间较长后发生聚合和氧化反应等，不能敏锐指示终点，如铬黑 T、二甲酚橙等。

5）由于易挥发组分的挥发，使浓度降低，导致实验出现异常现象。

（5）配制硫酸、磷酸、硝酸、盐酸等溶液时，都应把酸倒入水中。对于溶解时放热较多的试剂，不可在试剂瓶中配制，以免炸裂。配制硫酸溶液时，应将浓硫酸分为小份慢慢倒入水中，边加边搅拌，必要时用冷水冷却烧杯外壁。

（6）用有机溶剂配制溶液时（如配制指示剂溶液），有时有机物溶解较慢，应不时搅拌，可以在热水浴中温热溶液，不可直接加热。易燃溶剂使用时要远离明火。几乎所有的有机溶剂都有毒，应在通风柜内操作。应避免有机溶剂不必要的蒸发，烧杯应加盖。

（7）要熟悉一些常用溶液的配制方法。如碘溶液应将碘溶于较浓的碘化钾水溶液中，才可稀释。配制易水解的盐类的水溶液应先加酸溶解后，再以一定浓度的稀酸稀释。如配制 $SnCl_2$ 溶液时，如果操作不当已发生水解，加相当多的酸仍很难溶解沉淀。

（8）不能用手接触腐蚀性及有剧毒的溶液。剧毒废液应作解毒处理，不可直接倒入下水道。

2.6 等物质量规则的应用

2.6.1 等物质的量规则的含义

等物质的量规则是滴定分析计算的方法之一，是 1985 年赵梦月等人首先提出的，受到化学界的广泛重视和热烈讨论，已被不少研究者采用。等物质的量规则是按照化学反应的客观规律，利用物质的量及其导出量——摩尔质量、物质的量浓度的定义提出来的。

对于任一化学反应

$$aA + bB = yY + zZ$$

等物质的量规则可表述为：在上述化学反应中，消耗反应物 A、B 的基本单元 aA、bB，产生的生成物 Y、Z 的基本单元 yY、zZ，它们的物质的量相等，即 $-\Delta n_{aA} = -\Delta n_{bB} = \Delta n_{yY} = \Delta n_{zZ}$（式中 a，b，y，z 为化学计量数，对反应物是负，对产物是正）。

例
$$H_2SO_4 + 2NaOH = Na_2SO_4 + 2H_2O$$
$$-\Delta n_{H_2SO_4} = -\Delta n_{2NaOH} = \Delta n_{Na_2SO_4} = \Delta n_{2H_2O}$$

对滴定分析来讲，一般只考虑反应物即 A、B 的计算。设 A 为待测物，B 为标准物。则

$$\Delta n_{aA} = \Delta n_{bB}$$

即
$$\Delta n_{H_2SO_4} = \Delta n_{2NaOH}$$

或
$$\Delta n_{1/2H_2SO_4} = \Delta n_{NaOH}$$

2.6.2　在滴定分析中应用等物质的量规则

根据定义，B 的质量 m_B、摩尔质量 M_B、物质的量 n_B 以及 B 的物质的量浓度 c_B 和混合物的体积 V_B，它们之间有如下的关系：

$$n_B = \frac{m_B}{M_B} = c_B V_B \qquad (V_B \text{ 的单位为 L})$$

$$n_{bB} = \frac{m_B}{M_{bB}} = c_{bB} V_B \qquad (V_B \text{ 的单位为 L})$$

由以上关系可知，c、n 和 M 与基本单元的选择有关，而 m 和 V 与基本单元的选择无关。

根据等物质的量规则，可进行如下的计算。

2.6.2.1　计算 aA 的浓度

计算 aA 的浓度，有：

（1）$c_{aA} V_A = c_{bB} V_B$

（2）$c_{aA} = \dfrac{m_B \times 1000}{M_{bB} V_A}$　　（V_A 的单位为 mL）

（3）$c_A = a c_{aA}$

例 2－10　称取烘干的基准物 Na_2CO_3 0. 1500g，溶于水，以甲基橙为指示剂，用 HCl 标准溶液滴定至终点，消耗 25. 00mL，求 c_{HCl} 及 c_{2HCl} 各为多少？

【解】　反应式 $Na_2CO_3 + 2HCl \xlongequal{} 2NaCl + CO_2 + H_2O$

（1）$c_{2HCl} = \dfrac{m_{Na_2CO_3} \times 1000}{M_{Na_2CO_3} V_{HCl}} = \dfrac{0.1500 \times 1000}{106.0 \times 25.00} = 0.05660 \text{mol/L}$

（2）$c_{HCl} = 2c_{2HCl} = 0.05660 \times 2 = 0.1132 \text{mol/L}$

2.6.2.2　计算 A 的质量和质量分数

若计算待测物 A 的质量和 A 的质量分数，则有：

（1）$m_A = \dfrac{m_B M_{aA}}{M_{bB}}$

（2）$m_A = \dfrac{c_{bB} V_B M_{aA}}{1000}$　　（V_B 的单位为 mL）

（3）$w_A = \dfrac{m_A}{m_s}$　　（m_s 为样品质量，单位为 g）

例 2－11　称取纯碱试样 0.2000g，溶于水，以甲基橙为指示剂，用 $c_{HCl} = 0.1000$mol/L HCl 的标准溶液滴定至终点，消耗 32. 04mL，求纯碱的质量分数 $w_{Na_2CO_3}$ 为多少？

【解】　反应式 $Na_2CO_3 + 2HCl \xlongequal{} 2NaCl + CO_2 + H_2O$

（1）$m_{Na_2CO_3} = \dfrac{c_{HCl} V_{HCl} M_{1/2Na_2CO_3}}{1000} = \dfrac{0.1000 \times 32.04 \times 53.00}{1000} = 0.1698\text{g}$

（2）$w_{Na_2CO_3} = \dfrac{m_A}{m_s} = \dfrac{0.1698}{0.2000} = 0.8490$

习　题

1. 溶质、溶剂和溶液的定义是什么？
2. 什么叫溶解度，要想加速溶解可采取哪些方法？
3. 化学试剂的规格有哪几种，如何选用？
4. 物质的量的定义是什么？
5. 作为基准物应具备哪些条件？
6. 什么叫标定，标定方法有哪几种？
7. 一般溶液的浓度表示方法有几种，标准溶液的浓度表示方法有几种？
8. 试指出草酸、碘和硫代硫酸钠的摩尔质量各为多少，它们的基本单元是什么？
9. 1L 溶液中含纯 H_2SO_4 4.904g，则此溶液的物质的量浓度 $c_{1/2H_2SO_4}$ 为多少？
   答：0.1mol/L
10. 50g $NaNO_2$ 溶于水并稀释至 250mL，则此溶液的质量浓度为多少？
    答：200g/L
11. （1+3）HCl 溶液，相当于物质的量浓度 c_{HCl} 为多少？
    答：3mol/L
12. 将 $c_{NaOH}=5mol/L$ NaOH 溶液 100mL，加水稀释至 500mL，则稀释后的溶液 c_{NaOH} 为多少？
    答：1mol/L
13. 用浓 H_2SO_4（$\rho=1.84g/cm^3$，$w=96\%$）配制 $w=20\%$ H_2SO_4 溶液（$\rho=1.14g/cm^3$）1000mL，如何配制？
    答：浓 H_2SO_4 129.08mL
14. 用无水乙醇溶液，配制 $\varphi=70\%$ 乙醇溶液 500mL，如何配制？
    答：无水乙醇 350mL
15. 欲配 $c_{1/5\,KMnO_4}=0.5mol/L$ $KMnO_4$ 溶液 3000mL，如何配制？
    答：取 $KMnO_4$ 47.41g
16. $T_{HCl/NaOH}=0.004420g/mL$ HCl 溶液，相当于物质的量浓度 c_{HCl} 多少？
    答：0.1105mol/L
17. 用基准物 NaCl 配制 0.10000mg/mL Cl^- 的标准溶液 1000mL，如何配置？
    答：取 NaCl 0.1648g
18. 取基准物 Na_2CO_3 标定 0.1mol/L HCl 溶液，若消耗 HCl 溶液 30mL．则应称取 Na_2CO_3 多少克？（粗略计算）
    答：0.16g
19. 称取草酸（$H_2C_2O_4\cdot 2H_2O$）0.3808g，溶于水后用 NaOH 溶液滴定，终点时消耗 NaOH 溶液 24.56mL，计算 NaOH 溶液的物质的量浓度为多少？
    答：0.2459mol/L

模块3　分析测试的质量保证和数据处理

3.1　定量分析中的误差

3.1.1　准确度和精确度

在任何一项分析工作中，都可以看到用同一个分析方法，测定同一个样品，虽然经过多次测定，但是测定结果总是不完全一样，这说明在测定中有误差。为此必须了解误差产生的原因及其表示方法，尽可能将误差减到最小，以提高分析结果的准确度。

3.1.1.1　真实值、平均值与中位数

A　真实值

物质中各组分的实际含量称为真实值，它是客观存在的，但不可能准确地知道。

B　平均值

a　总体与样本

总体（或母体）是指随机变量 x_i 的全体。样本（或子样）是指从总体中随机抽出的一组数据。

b　总体平均值与样本平均值

在日常分析工作中，总是对某试样平行测定数次，取其算术平均值作为分析结果，若以 x_1，x_2，…，x_n 代表各次的测定值，n 代表平行测定的次数，$\bar{x}$ 代表样本平均值，则

$$\bar{x} = \frac{x_1 + x_2 + \cdots + x_n}{n} = \frac{\sum_{i=1}^{n} x_i}{n}$$

样本平均值不是真实值，只能说是真实值的最佳估计，只有在消除系统误差之后并且测定次数趋于无穷大时，所得总体平均值 μ 才能代表真实值。

$$\mu = \lim_{n\to\infty} \frac{\sum_{i=1}^{n} x_i}{n}$$

在实际工作中，人们把标准物质作为参考标准，用来校准测量仪器、评价测量方法等。标准物质在市场上有售，它给出的标准值是最接近真实值的。

C　中位数（x_M）

一组测量数据按大小顺序排列，中间一个数据即为中位数 x_M。当测定次数为偶数时，中位数为中间相邻两个数据的平均值。它的优点是能简便地说明一组测量数据的结果，不受两端具有过大误差的数据的影响。缺点是不能充分利用数据。

3.1.1.2　准确度与误差

准确度是指测定值与真实值之间相符合的程度。准确度的高低常以误差的大小来衡量，即误差越小，准确度越高；误差越大，准确度越低。

误差有两种表示方法，即绝对误差和相对误差：

$$\text{绝对误差}(E)=\text{测定值}(x)-\text{真实值}(T)$$

$$\text{相对误差}(RE)=\frac{\text{测定值}(x)-\text{真实值}(T)}{\text{真实值}(T)}\times 100\%$$

由于测定值可能大于真实值，也可能小于真实值，所以绝对误差和相对误差都有正、负之分。

例如，若测定值为57.30，真实值为57.34，则

$$\text{绝对误差}(E)=x-T=57.30-57.34=-0.04$$

$$\text{相对误差}(RE)=\frac{E}{T}\times 100\%=\frac{-0.04}{57.34}\times 100\%=-0.07\%$$

又例如，若测定值为80.35，真实值为80.39，则

$$\text{绝对误差}(E)=x-T=80.35-80.39=-0.04$$

$$\text{相对误差}(RE)=\frac{E}{T}\times 100\%=\frac{-0.04}{80.39}\times 100\%=-0.05\%$$

从两次测定的绝对误差看是相同的，但它们的相对误差却相差较大。相对误差是指误差在真实值中所占的百分率。上面两例中相对误差不同，说明它们的误差在真实值中所占的百分率不同，用相对误差来衡量测定的准确度更具有实际意义。

对于多次测量的数值，其准确度可按下式计算：

$$\text{绝对误差}(E)=\bar{x}-T$$

$$\text{相对误差}(RE)=\frac{\bar{x}-T}{T}\times 100\%$$

例3-1　若测定3次结果为：0.1201g/L，0.1193g/L和0.1185g/L，标准含量为：0.1234g/L，求绝对误差和相对误差。

【解】　平均值 $\bar{x}=\frac{0.1201+0.1193+0.1185}{3}=0.1193\text{g/L}$

$$\text{绝对误差}(E)=\bar{x}-T=0.1193-0.1234=-0.0041\text{g/L}$$

$$\text{相对误差}(RE)=\frac{E}{T}\times 100\%=\frac{-0.0041}{0.1234}\times 100\%=-3.3\%$$

但应注意，有时为了说明一些仪器测量的准确度，用绝对误差更清楚。例如分析天平的称量误差是±0.0002g，常量滴定管的读数误差是±0.01mL等，这些都是用绝对误差来说明的。

3.1.1.3　精密度与偏差

精密度是指在相同条件下 n 次重复测定结果彼此相符合的程度。精密度的大小用偏差表示，偏差愈小，说明精密度愈高。

A　偏差

偏差有绝对偏差和相对偏差。

绝对偏差是指单次测定值与平均值的偏差。

$$绝对偏差(d)=x-\bar{x}$$

相对偏差是指绝对偏差在平均值中所占的百分率。

$$相对偏差=\frac{x-\bar{x}}{\bar{x}}\times 100\%$$

绝对偏差和相对偏差都有正、负之分，单次测定的偏差之和等于零。

多次测定数据的精密度常用算术平均偏差 $\bar{d}$ 表示。

B　算术平均偏差

算术平均偏差是指单次测定值与平均值的偏差（取绝对值）之和，除以测定次数，即

$$算术平均偏差(\bar{d})=\frac{\sum|x_i-\bar{x}|}{n}\quad(i=1,2,\cdots,n)$$

$$相对平均偏差=\frac{\bar{d}}{\bar{x}}\times 100\%$$

算术平均偏差和相对平均偏差不计正负。

例3-2　计算下面一组测量值的平均值（$\bar{x}$）、算术平均偏差（$\bar{d}$）和相对平均偏差。

【解】　55.51，55.50，55.46，55.49，55.51

$$平均值=\frac{\sum x_i}{n}=\frac{55.51+55.50+55.46+55.49+55.51}{5}=55.49$$

$$算术平均偏差=\frac{\sum|x_i-\bar{x}|}{n}=\frac{0.02+0.01+0.03+0.00+0.02}{5}=0.08/5=0.016$$

$$相对平均偏差=\frac{\bar{d}}{\bar{x}}\times 100\%=\frac{0.016}{55.49}\times 100\%=0.028\%$$

C　标准偏差

在数理统计中常用标准偏差来衡量精密度。

a　总体标准偏差

总体标准偏差是用来表达测定数据的分散程度，其数学表达式为：

$$总体标准偏差(\sigma)=\sqrt{\frac{\sum(x_i-\mu)^2}{n}}$$

b　样本标准偏差

一般测定次数有限，μ 值不知道，只能用样本标准偏差来表示精密度，其数学表达式（贝塞尔公式）为：

$$样本标准偏差(S)=\sqrt{\frac{\sum(x_i-\bar{x})^2}{n-1}}$$

上式中 $n-1$ 在统计学中称为自由度，意思是在 n 次测定中，只有 $n-1$ 个独立可变的偏差，因为 n 个绝对偏差之和等于零，所以，只要知道 $n-1$ 个绝对偏差，就可以确定第 n 个的偏差值。

c　相对标准偏差

标准偏差在平均值中所占的百分率称为相对标准偏差，也称变异系数或变动系数

（cv）。其计算式为：

$$cv = \frac{S}{\bar{x}} \times 100\%$$

用标准偏差表示精密度比用算术平均偏差表示要好。因为单次测定值的偏差经平方以后，较大的偏差就能显著地反映出来，所以生产和科研的分析报告中常用 cv 表示精密度。

例如，现有两组测量结果，各次测量的偏差分别为：

第一组　+0.3，+0.2，+0.4，-0.2，-0.4，+0.0，+0.1，-0.3，+0.2，-0.3

第二组　0.0，+0.1，-0.7，+0.2，+0.1，-0.2，+0.6，+0.1，-0.3，+0.1

两组的算术平均偏差 $\bar{d}$ 分别为：

第一组　$\bar{d}_1 = \frac{\sum |d_i|}{n} = 0.24$

第二组　$\bar{d}_2 = \frac{\sum |d_i|}{n} = 0.24$

从两组的算术平均偏差（$\bar{d}$）的数据看，都等于0.24，说明两组的算术平均偏差相同。但很明显地可以看出，第二组的数据较分散，其中有2个数据-0.7和+0.6偏差较大。用算术平均偏差（$\bar{d}$）表示，显示不出这个差异，但用标准偏差（S）表示时，就明显地显出第二组数据偏差较大。各次的标准偏差（S）分别为

第一组　$S_1 = \sqrt{\frac{\sum (x_i - \bar{x})^2}{n-1}} = 0.28$

第二组　$S_2 = \sqrt{\frac{\sum (x_i - \bar{x})^2}{n-1}} = 0.34$

由此说明第一组的精密度较好。

d　样本标准偏差的简化计算

按上述公式计算，先求出平均值 $\bar{x}$，再求出（$x_i - \bar{x}$）及 $\sum (x_i - \bar{x})^2$，然后计算出 S 值，比较麻烦。可以通过数学推导，简化为下列等效公式计算：

$$S = \sqrt{\frac{\sum x_i^2 - (\sum x_i)^2 / n}{n-1}}$$

利用这个公式，可直接从测定值来计算 S 值，而且很多计算器上有 $\sum x$ 及 $\sum x^2$ 功能，有的计算器上还有 S 及 σ 功能，所以计算 S 值还是十分方便的。

D　极差

一般分析中，平行测定次数不多，常采用极差（R）来说明偏差的范围，极差也称全距。

$$R = \text{测定最大值} - \text{测定最小值}$$

$$\text{相对极差} = \frac{R}{\bar{x}} \times 100\%$$

E　公差

公差也称允差，是指某分析方法所允许的平行测定间的绝对偏差，公差的数值是将多次测得的分析数据经过数理统计方法处理而确定的，是生产实践中用以判断分析结果是否合格的依据。若2次平行测定的数值之差在规定允差绝对值的2倍以内，认为有效；如果测定结果超出允许的公差范围，称为超差，就应重做。

例如：重铬酸钾法测定铁矿中铁含量，2次平行测定结果为33.18%和32.78%，2次结果之差为：33.18% -32.78% =0.40%。

生产部门规定铁矿铁含量在30%~40%之间，允差为±0.30%。

因为0.40%小于允差±0.30%的绝对值的2倍（即0.60%），所以测定结果有效，可以用2次测定结果的平均值作为分析结果，即

$$w_{Fe} = \frac{33.18\% + 32.78\%}{2} = 32.98\%$$

这里要指出的是，以上公差表示方法只是其中一种，在各种标准分析方法中公差的规定不尽相同，除上述表示方法外，还有用相对误差表示，或用绝对误差表示，要视公差的具体规定而定。

3.1.1.4　准确度与精密度的关系

关于准确度与精密度的定义及确定方法，在前面已有叙述。准确度和精密度是两个不同的概念，它们相互之间有一定的关系。现举例说明。

例如，现有3组各分析4次结果的数据如下所示，并绘制成如图3-1所示的图（标准值为0.31）。

组＼次	一	二	三	四	平均值
第一组	0.20	0.20	0.18	0.17	0.19
第二组	0.40	0.30	0.25	0.23	0.30
第三组	0.36	0.35	0.34	0.33	0.35

由图3-1可见：第一组测定的结果：精密度很高，但平均值与标准值相差很大，说明准确度很低。

第二组测定的结果：精密度不高，测定数据较分散，虽然平均值接近标准值，但这是凑巧得来的，如只取2次或3次来平均，结果与标准值相差较大。

第三组测定的结果：测定的数据较集中并接近标准数据，说明其精密度与准确度都较高。

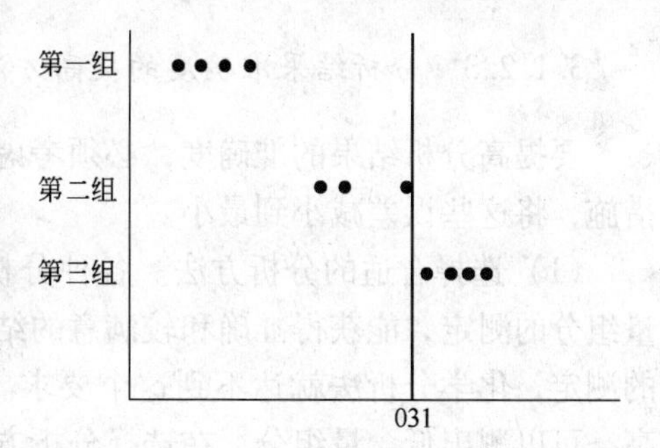

图3-1　准确度与精密度

由此可见，欲使准确度高，首先必须要求精密度也高。但精密度高并不说明其准确度高，因为可能在测定中存在系统误差，可以说精密度是保证准确度的先决条件。

3.1.2　误差来源与消除方法

进行样品分析的目的是为了获取准确的分析结果，然而即使用最可靠的分析方法，最精密的仪器，熟练细致的操作，所测得的数据也不可能和真实值完全一致，这说明误差是客观存在的。但是如果掌握了产生误差的基本规律，就可以将误差减小到允许的范围内。为此必须了解误差的性质和产生的原因以及减免的方法。

根据误差产生的原因和性质，将误差分为系统误差和偶然误差两大类。

3.1.2.1 系统误差

系统误差又称可测误差，它是由分析操作过程中的某些经常原因造成的。在重复测定时，它会重复表现出来，对分析结果的影响比较固定。这种误差可以设法减小到可忽略的程度。化验分析中，将系统误差产生的原因归纳为以下几方面。

（1）仪器误差。这种误差是由于使用的仪器本身不够精密造成的，如使用未经过校正的容量瓶、移液管和砝码等。

（2）方法误差。这种误差是由于分析方法本身造成的，如在滴定过程中，由于反应进行的不完全，化学计量点和滴定终点不相符合，以及由于条件没有控制好和发生其他副反应等原因，都会引起系统的测定误差。

（3）试剂误差。这种误差是由于所用蒸馏水含有杂质或所使用的试剂不纯所引起的。

（4）操作误差。这种误差是由于分析工作者掌握分析操作的条件不熟练，个人观察器官不敏锐和固有的习惯所致，如对滴定终点颜色的判断偏深或偏浅，对仪器刻度标线读数不准确等都会引起测定误差。

3.1.2.2 偶然误差

偶然误差又称随机误差，是指测定值受各种因素的随机变动而引起的误差。例如，测量时的环境温度、湿度和气压的微小波动，仪器性能的微小变化等，都会使分析结果在一定范围内波动。偶然误差的形成取决于测定过程中一系列随机因素，其大小和方向都是不固定的。因此，无法测量，也不可能校正，所以偶然误差又称不可测误差，它是客观存在的，是不可避免的。

3.1.2.3 分析结果准确度的提高方法

要提高分析结果的准确度，必须考虑在分析工作中可能产生的各种误差，采取有效的措施，将这些误差减小到最小。

（1）选择合适的分析方法。各种分析方法的准确度是不相同的。化学分析法对高含量组分的测定，能获得准确和较满意的结果，相对误差一般在千分之几。而对低含量组分的测定，化学分析法就达不到这个要求。仪器分析法，虽然误差较大，但是由于灵敏度高，可以测出低含量组分。在选择分析方法时，主要根据组分含量及对准确度的要求，在可能的条件下选择最佳的分析方法。

（2）增加平行测定的次数。如前所述，增加测定次数可以减小偶然误差。在一般的分析测定中，测定次数为3~5次，如果没有意外误差发生，基本上可以得到比较准确的分析结果。

（3）减小测量误差。尽管天平和滴定管校正过，但在使用中仍会引入一定的误差，如使用分析天平称取一份试样，就会引入±0.0002g的绝对误差；使用滴定管完成一次滴定，会引入±0.02mL的绝对误差。为了使测量的相对误差小于0.1%，则有

试样的最低称样量应为

$$试样质量 = \frac{绝对误差}{相对误差} = \frac{0.0002}{0.001} = 0.2g$$

滴定剂的最小消耗体积为：

$$V=\frac{绝对误差}{相对误差}=\frac{0.02}{0.001}=20\text{mL}$$

（4）消除测定中的系统误差。消除系统误差可以采取以下措施：

1）空白试验。由试剂和器皿引入的杂质所造成的系统误差，一般可作空白试验来加以校正。空白试验是指在不加试样的情况下，按试样分析规程在同样的操作条件下进行的测定。空白试验所得结果的数值称为空白值。从试样的测定值中扣除空白值，就得到比较准确的分析结果。

2）校正仪器。分析测定中，具有准确体积和质量的仪器，如滴定管、移液管、容量瓶和分析天平砝码，都应进行校正，以消除仪器不准所引起的系统误差，因为这些测量数据都是参考分析结果计算的。

3）对照试验。常用的对照试验有3种：

① 用组成与待测试样相近的已知准确含量的标准样品，按所选方法测定，将对照试验的测定结果与标样的已知含量相比，其比值即称为校正系数。

$$校正系数=\frac{标准试样组分的标准含量}{标准试样测得的含量}$$

试样中被测组分含量的计算为：

$$被测试样组分含量=测得含量\times校正系数$$

② 用标准方法与所选用的方法测定同一试样，若测定结果符合公差要求，说明所选方法可靠。

③ 用加标回收率的方法检验，即取2等份试样，在一份中加入一定量待测组分的纯物质，用相同的方法进行测定，计算测定结果和加入的纯物质的回收率，以检验分析方法的可靠性。

3.2　有效数字及运算规则

3.2.1　有效数字

为了取得准确的分析结果，不仅要准确进行测量，而且还要正确记录与计算。所谓正确记录是指正确记录数字的位数。因为数据的位数不仅表示数字的大小，也反映测量的准确程度。所谓有效数字，就是实际能测得的数字。

有效数字保留的位数，应根据分析方法与仪器的准确度来决定，一般使测得的数值中只有最后一位是可疑的。例如在分析天平上称取试样0.5000g，这不仅表明试样的质量是0.5000g，还表示称量的误差在±0.0002g以内。如将其质量记录成0.50g，则表示该试样是在台秤上称量的，其称量误差为±0.02g，因此记录数据的位数不能任意增加或减少。如在上例中，在分析天平上，测得称量瓶的质量为10.4320g，这个记录说明有6位有效数字，最后一位是可疑的。因为分析天平只能称准到0.0002g，即称量瓶的实际质量应为(10.4320±0.0002)g。无论计量仪器如何精密，其最后一位数总是估计出来的。因此所谓有效数字就是保留末一位不准确数字，其余数字均为准确数字。同时从上面例子也可以看出，有效数字是和仪器的准确程度有关，即有效数字不仅表明数量的大小，而且也反映测量的准确度。

3.2.2 有效数字中"0"的意义

"0"在有效数字中有两种意义，一种是作为数字定位，另一种是有效数字。例如在分析天平上称量物质，得到如下的质量：

物 质	称量瓶	Na_2CO_3	$H_2C_2O_4 \cdot 2H_2O$	称量纸
质量 m/g	10.1430	2.1045	0.2104	0.0120
有效数字位数	6位	5位	4位	3位

以上数据中"0"所起的作用是不同的。

（1）在10.1430中两个"0"都是有效数字，所以它有6位有效数字。

（2）在2.1045中，"0"也是有效数字，所以它有5位有效数字。

（3）在0.2104中，小数点前面的"0"是定位用的，不是有效数字，而在数字中间的"0"是有效数字，所以它有4位有效数字。

（4）在0.0120中，"1"前面的2个"0"都是定位用的，而在末尾的"0"是有效数字，所以它有3位有效数字。

综上所述可知，数字之间的"0"和末尾的"0"都是有效数字，而数字前面所有的"0"只起定位作用。以"0"结尾的正整数，有效数字的位数不确定。例如4500这个数，就不好确定是几位有效数字，可能为2位或3位，也可能是4位。遇到这种情况，应根据实际有效数字位数书写成：

4.5×10^3　　2位有效数字

4.50×10^3　　3位有效数字

4.500×10^3　　4位有效数字

因此很大或很小的数，常用10的乘方表示。当有效数字确定后，在书写时，一般只保留1位可疑数字，多余的数字按数字修约规则处理。

对于滴定管、移液管和吸量管，它们都能准确测量溶液体积到0.01mL，所以当用50mL滴定管测量溶液体积时，如测量体积大于10mL，小于50mL，应记录为4位有效数字。例如写成24.22mL；如测量体积小于10mL，应记录为3位有效数字，例如写成8.13mL。当用25mL移液管移取溶液时，应记录为25.00mL；当用5mL吸量管吸取溶液时，应记录为5.00mL。当用250mL容量瓶配制溶液时，所配制溶液的体积应记录为250.0mL。当用50mL容量瓶配制溶液时，则应记录为50.00mL。

总而言之，测量结果所记录的数字，应与所用仪器测量的准确度相适应。

分析化学中还经常遇到pH、lg K 等对数值，其有效数字位数仅决定于小数部分的数字位数，例如：pH = 2.08，为两位有效数字，它是由 $[H^+] = 8.3 \times 10^{-3}$ mol/L 取负对数而来，所以是2位而不是3位有效数字。

3.2.3 数字修约规则

为了适应生产和科技工作的需要，我国已经正式颁布了《数值修约规则》(GB 8170—

87)，通常称为“四舍六入五成双”法则。

四舍六入五考虑，即当尾数≤4 时舍去，尾数≥6 时进位。当尾数恰为 5 时，则应视保留的末位数是奇数还是偶数，5 前为偶数应将 5 舍去，5 前为奇数则进位。

这一法则的具体运用如下：

(1) 若被舍弃的第一位数字大于 5，则其前一位数字加 1，如 28.2645 只取 3 位有效数字时，其被舍弃的第一位数字为 6，大于 5，则有效数字应为 28.3。

(2) 若被舍弃的第一位数字等于 5，而其后数字全部为零，则视被保留的末位数字为奇数或偶数（零视为偶数），而定进或舍，末位是奇数时进 1，末位为偶数不加 1，如 28.350，28.250，28.050 只取 3 位有效数字时，分别应为 28.4，28.2 及 28.0。

(3) 若被舍弃的第一位数字为 5，而其后面的数字并非全部为零，则进 1，如 28.2501，只取 3 位有效数字时，则进 1，成为 28.3。

(4) 若被舍弃的数字包括几位数字时，不得对该数字进行连续修约，而应根据以上各条作一次处理，如 2.154546，只取 3 位有效数字时，应为 2.15，而不得按下法连续修约为 2.16。

$$2.154546 \rightarrow 2.15455 \rightarrow 2.1546 \rightarrow 2.155 \rightarrow 2.16$$

3.2.4　有效数字运算规则

前面曾根据仪器的准确度介绍了有效数字的意义和记录原则。在分析计算中，有效数字的保留也很重要。下面仅就加减和乘除法的运算规则来加以讨论。

3.2.4.1　加减法

在加减法运算中，保留有效数字的位数，以小数点后位数最少的为准，即以绝对误差最大的为准，例如：

$$0.0121 + 25.64 + 1.05782 = ?$$

正确计算	不正确计算
0.01	0.0121
25.64	25.64
+) 1.06	+) 1.05782
26.71	26.70992

上例中相加的 3 个数据中，25.64 中的“4”已是可疑数字。因此最后结果有效数字的保留应以此数为准，即保留有效数字的位数到小数点后第二位，所以左面的写法是正确的，右面的写法是不正确的。

3.2.4.2　乘除法

乘除法运算中，保留有效数字的位数，以位数最少的数为准，即以相对误差最大的数为准。例如：

$$0.0121 \times 25.64 \times 1.05782 = ?$$

以上 3 个数的乘积应为：

$$0.0121 \times 25.6 \times 1.06 = 0.328$$

在这个算题中，3个数字的相对误差分别为：

$$相对误差=\frac{\pm 0.0001}{0.0121}\times 100\% = \pm 0.8\%$$

$$相对误差=\frac{\pm 0.01}{25.64}\times 100\% = \pm 0.04\%$$

$$相对误差=\frac{\pm 0.00001}{1.05782}\times 100\% = \pm 0.0009\%$$

在上述计算中，以第一个数的相对误差最大（有效数字为3位），应以它为准，将其他数字根据有效数字修约原则，保留3位有效数字，然后相乘即得结果0.328。

再计算一下结果0.328的相对误差：

$$相对误差=\frac{\pm 0.001}{0.328}\times 100\% = \pm 0.3\%$$

此数的相对误差与第一个数的相对误差相适应，故应保留3位有效数字。

如果不考虑有效数字保留原则，直接计算：

$$0.0121\times 25.64\times 1.05782 = 0.328182308$$

结果得到9位数字，显然这是极端不合理的。

同样，在计算中也不能任意减少位数，如上述结果记为0.32也是不正确的。这个数的相对误差为：

$$相对误差=\frac{\pm 0.01}{0.32}\times 100\% = 3\%$$

显然是超过了上面3个数的相对误差。

在运算中，各数值计算有效数字位数时，当第一位有效数字不小于8时，有效数字位数可以多计1位，如8.34是3位有效数字，在运算中可以作4位有效数字看待。

有效数字的运算法，目前还没有统一的规定，可以先修约，然后运算，也可以直接用计算器计算，然后修约到应保留的位数，其计算结果可能稍有差别，不过也是最后可疑数字上稍有差别，影响不大。

3.2.4.3 自然数

在分析化学运算中，有时会遇到一些倍数或分数的关系，如：

$$\frac{H_3PO_4\ 的相对分子质量}{3}=\frac{98.00}{3}=32.67$$

水的相对分子质量（M_r） $=2\times 1.008+16.00=18.02$

在这里分母“3”和“2×1.008”中的“2”，都不能看做是1位有效数字，因为它们是非测量所得到的数，是自然数，其有效数字位数，可视为无限的。

3.2.4.4 分析结果报出的位数

在报出分析结果时，分析结果数据不小于10%时，保留4位有效数字；数据在1%～10%之间时，保留3位有效数字；数据不大于1%时，保留2位有效数字。

有效数字的修约与运算规则如下所示。

项　目	有效数字保留的位数	项　目	有效数字保留的位数
数字修约	四舍六入，五后非零入，五后零留双	对数	与小数部分的位数相同
		自然数	无限多位
加减法	以小数点后位数最少的数据为准	误差	1 位，最多 2 位
乘除法	以有效数字位数最少的数据为准	分析结果≥10%	4 位
		1% ~10%之间	3 位
首位数字不小于 8	多计 1 位	≤1%	2 位

3.2.5　分析结果的表示

根据不同的要求，分析结果的表示方法也不同。

（1）按实际存在形式表示。分析结果通常以被测组分实际存在形式的含量表示，例如，电解食盐水中 NaCl 含量，常以 NaCl 的质量浓度 ρ_{NaCl}（g/L）表示。化工产品中的主体含量在标准中也多以其实际存在形式表示。

（2）按氧化物形式表示。如果被测组分的实际存在形式不是很清楚，有的比较复杂，则分析结果常用氧化物的形式计算，例如，矿石、土壤中各元素的含量，常用氧化物形式表示，如铁矿中铁常用 Fe_2O_3，磷矿中磷常用 P_2O_5，土壤中钾常用 K_2O 表示等。在多数情况下，这种表示形式符合实际情况，因为很多矿石就是由这些碱性氧化物和酸性氧化物结合而成。

（3）按元素形式表示。在金属材料和有机元素分析中，分析结果常用元素形式表示，例如，合金钢中常用 Cr、Mn、Mo、W 等元素表示，有机元素分析中常用 C、H、O、N、S、P 等元素表示。

（4）按所存在的离子形式表示。在某些分析，例如水质分析中，常用实际存在的离子形式表示。例如测定水中钙、镁、氯、硫含量时常用 Ca^{2+}、Mg^{2+}、Cl^-、S^{2-} 的形式表示。

3.3　分析结果的数据处理

3.3.1　分析结果的判断

在定量分析工作中，经常做多次重复的测定，然后求出平均值。但是多次分析的数据是否都能参加平均值的计算，这是需要判断的。如果在消除了系统误差后，所测得的数据出现显著的特大值或特小值，这样的数据是值得怀疑的，称这样的数据为可疑值，对可疑值应做如下判断：

（1）在分析实验过程中，已知道某测量值是操作中的过失造成的，应立即将此数据弃去。

（2）如找不出可疑值出现的原因，不应随意弃去或保留，应按照下面介绍的方法来取舍。

3.3.2　分析结果数据的取舍

3.3.2.1　$4\bar{d}$ 法

$4\bar{d}$ 法亦称 4 乘平均偏差法。

例如测得一组数据如下所示。

测得值	30.18	30.56	30.23	30.35	30.32	$\bar{x}=30.27$
$\lvert d \rvert = \lvert x-\bar{x} \rvert$	0.09		0.04	0.08	0.05	$\bar{d}=0.065$

可知，30.56 为可疑值。$4\bar{d}$ 法计算步骤如下：

（1）求可疑值以外其余数据的平均值$\bar{x}_{n-1}$

$$\bar{x}_{n-1}=\frac{30.18+30.23+30.35+30.32}{4}=30.27$$

（2）求可疑值以外其余数据的平均偏差$\bar{d}_{n-1}$

$$\bar{d}_{n-1}=\frac{|d_1|+|d_2|+|d_3|+|d_4|}{n}=\frac{0.09+0.04+0.08+0.05}{4}=0.065$$

（3）求可疑值和平均值之差的绝对值

$$30.56-30.27=0.29$$

（4）将此差值的绝对值与 $4\bar{d}_{n-1}$ 比较，若差值的绝对值不小于 $4\bar{d}_{n-1}$，则弃去；若小于 $4\bar{d}_{n-1}$，则保留。

本例中：$4\bar{d}_{n-1}=4\times0.065=0.26$

$0.29>0.26$

所以此值应弃去。

$4\bar{d}$ 法统计处理不够严格，但比较简单，不用查表，至今仍有人采用。

$4\bar{d}$ 法仅适用于测定 4～8 个数据的检验。

3.3.2.2 *Q* 检验法

A *Q* 检验法的步骤

（1）将测定数据按大小顺序排列，即 x_1，x_2，…，x_n

（2）计算可疑值与最邻近数据之差，除以最大值与最小值之差，所得商称为 Q 值。由于测得值是按顺序排列，所以可疑值可能出现在首项或末项。

若可疑值出现在首项，则

$$Q_{计算}=\frac{x_2-x_1}{x_n-x_1}\text{（检验 }x_1\text{）}$$

若可疑值出现在末项，则

$$Q_{计算}=\frac{x_n-x_{n-1}}{x_n-x_1}\text{（检验 }x_n\text{）}$$

（3）查表 3-1，若计算 n 次测量的 $Q_{计算}$值比表中查到的 Q 值大或相等则弃去，若小则保留。

$$Q_{计算}\geqslant Q\text{（弃去）}$$

$$Q_{计算}<Q\text{（保留）}$$

表 3-1 舍弃商 *Q* 值表

测定次数	3	4	5	6	7	8	9	10
Q（90%）	0.94	0.76	0.64	0.56	0.51	0.47	0.44	0.41
Q（96%）	0.98	0.85	0.73	0.64	0.59	0.54	0.51	0.48
Q（99%）	0.99	0.93	0.82	0.74	0.68	0.63	0.60	0.57

注：置信度 90%、96% 和 99%。

（4）Q 检验法适用于测定次数为3～10次的检验。

B　举例说明

例3－3　标定NaOH标准溶液时测得4个数据，0.1016、0.1019、0.1014、0.1012mol/L，试用 Q 检验法确定0.1019数据是否应舍去？（置信度90%）

【解】（1）排列：0.1012，0.1014，0.1016，0.1019（mol/L）。

（2）计算：$Q_{计算} = \dfrac{0.1019 - 0.1016}{0.1019 - 0.1012} = \dfrac{0.0003}{0.0007} = 0.43$

（3）查 Q 表，4次测定的 Q 值 = 0.76

$0.43 < 0.76$

（4）故数据0.1019应保留。

3.3.2.3　格鲁布斯（Grubbs）法

A　格鲁布斯法的步骤

（1）将测定数据按大小顺序排列，即 x_1，x_2，…，x_n

（2）计算该组数据的平均值（$\bar{x}$）（包括可疑值在内）及标准偏差（S）。

（3）若可疑值出现在首项，则 $T = \dfrac{\bar{x} - x_1}{S}$；若可疑值出现在末项，则 $T = \dfrac{x_n - \bar{x}}{S}$。计算出 T 值后，根据其置信度查 $T_{P,n}$ 值表（表3－2），若 $T \geqslant T_{P,n}$，则应将可疑值弃去，否则应予保留。

表3－2　$T_{P,n}$ 值表

测定次数 n	置信度 P		测定次数 n	置信度 P	
	95%	99%		95%	99%
3	1.15	1.15	12	2.29	2.55
4	1.46	1.49	13	2.33	2.61
5	1.67	1.75	14	2.37	2.66
6	1.82	1.94	15	2.41	2.71
7	1.94	2.10	16	2.44	2.75
8	2.03	2.22	17	2.47	2.79
9	2.11	2.32	18	2.50	2.82
10	2.18	2.41	19	2.53	2.85
11	2.23	2.48	20	2.56	2.88

（4）如果可疑值有2个以上，而且又均在平均值 $\bar{x}$ 的同一侧，如 x_1、x_2 均属可疑值时，则应检验最内侧的一个数据，即先检验 x_2 是否应弃去，如果 x_2 属于舍弃的数据，则 x_1 自然也应该弃去。在检验 x_2 时，测定次数应按 $n-1$ 次计算。如果可疑值有2个或2个以上，且又分布在平均值的两侧，如 x_1 和 x_n 均属可疑值，就应该分别先后检验 x_1 和 x_n 是否应该弃去，如果有一个数据决定弃去，再检验另一个数据时，测定次数应减少一次，

同时应选择99%的置信度。

B 举例说明

仍以上面 $4\bar{d}$ 法中的例子为例：

（1）将测定数据从小到大排列，即：30.18，30.23，30.32，30.35，30.56

（2）计算 $\bar{x}=30.33$；$S=0.15$

（3）可疑值出现在末端，30.56，$T=\dfrac{30.56-30.33}{0.15}=1.53$

（4）查 $T_{P,n}$ 值表，$T_{0.95,5}=1.67$

（5）$T<T_{0.95,5}$，所以30.56应保留。

由上面的判断结果可知，三种方法对同一组数据中的可疑值的取舍可能得出不同的结论。这是由于 $4\bar{d}$ 法在数理统计上是不够严格的，这种方法把可疑值首先排除在外，然后进行检验，容易把原来属于有效的数据也舍弃掉，所以此法有一定局限性。Q 检验法符合数理统计原理，但只适用于一组数据中有一个可疑值的判断，而Grubbs法，将正态分布中两个重要参数 $\bar{x}$ 及 S 引进，方法准确度较好，因此，三种方法以Grubbs法最合理而普遍适用，虽然计算上稍麻烦些，但小型计算器上都有计算标准偏差的功能键，所以这种方法仍然是可行的。

3.3.3 平均值精密度的表示方法

前面介绍了用标准偏差（S）来衡量测量的精密度。但是标准偏差（S）只是表示一组测定数据的单次测定值（x）的精密度。如果对某些组的一系列试样进行重复测定，则每组的平均值 $\bar{x}$ 还是不相等的，它们之间也还有分散性，当然比单次测定的分散程度要小得多。为说明平均值之间的精密度，引用平均值的标准偏差（$S_{\bar{x}}$）表示。数理统计方法已证明标准偏差（S）与平均值的标准偏差（$S_{\bar{x}}$）之间存在如下关系：

$$S_{\bar{x}}=\frac{S}{\sqrt{n}} \tag{3-1}$$

式（3-1）说明平均值的标准偏差（$S_{\bar{x}}$）与测定次数 n 的平方根成反比。增加测定次数可以提高测量的精密度，使所得的平均值更接近真实值（当系统误差不存在时）。但是测定次数太多也无益，开始时，$S_{\bar{x}}$ 随测定次数 n 的增加而减小得较快。但当测定次数 $n>10$ 时，$S_{\bar{x}}$ 已减小得非常慢，再进一步增加测定次数，就是徒劳的了。这可以从图3-2的曲线中看出，当测定次数超过5次以上时，精密度没有大的变化。在实际分析实验中测定次数大多在5次左右。现举例说明。

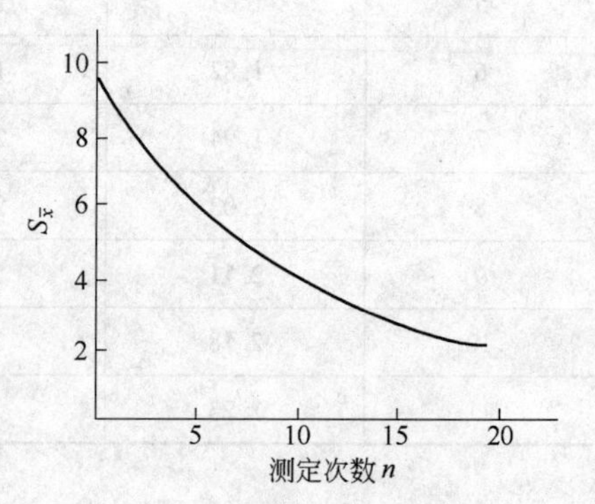

图3-2 平均值的标准偏差与测定次数的关系

例3-4 进行污水中铁含量测定，结果 ρ_{Fe} 为：67.48，67.47，67.47，67.43，67.40mg/L。

求算术平均偏差、标准偏差和平均值的标准偏差。

【解】

ρ_{Fe}/mg·L^{-1}	$\lvert d\rvert=\lvert x-\bar{x}\rvert$	$d^2=(x-\bar{x})^2$
67.48	0.03	0.0009
67.47	0.02	0.0004
67.47	0.02	0.0004
67.43	0.02	0.0004
67.40	0.05	0.0025
$\bar{x}=67.45$	$\sum\lvert d\rvert=0.14$	$\sum d^2=0.0046$

算术平均偏差　$\bar{d}=\frac{\sum|d|}{n}=\frac{0.14}{5}=0.028$

标准偏差　$S=\sqrt{\frac{\sum d^2}{n-1}}=\sqrt{\frac{0.0046}{5-1}}=0.034$

平均值的标准偏差　$S_{\bar{x}}=\frac{S}{\sqrt{n}}=\frac{0.034}{\sqrt{5}}=0.015$

3.3.4　平均值的置信区间和随机不确定度

在写报告时，仅写出平均值 $\bar{x}$ 的数值是不够确切的，还应当指出在 $\bar{x}\pm S_{\bar{x}}$ 范围内出现的概率是多少。这就需要用平均值的置信区间来说明。

在一定置信度下，以平均值为中心，包括真实值的可能范围称为平均值的置信区间，又称为可靠性区间界限。可由公式（3－2）表示。关于公式的理论推导不在本书范围内，本模块只介绍它在分析化学中的应用。

（1）
$$\text{平均值的置信区间}=\bar{x}\pm t\frac{S}{\sqrt{n}}=\bar{x}\pm tS_{\bar{x}} \tag{3-2}$$

式中　$\bar{x}$——平均值；

S——标准偏差；

n——测定次数；

t——置信系数；

$S_{\bar{x}}$——平均值的标准偏差。

（2）平均值的随机不确定度 $\Delta=tS_{\bar{x}}$

在分析化学中通常只做较少量数据，根据所得数据，平均值 $\bar{x}$、标准偏差 S、测定次数 n，再根据所要求的置信度 P、自由度 f，从表3－3中查出 t 值，按公式（3－2）即可计算出平均值的置信区间和平均值的随机不确定度。

表3－3　置信系数 t 值表

$n-1$ \ t	$P=90\%$	$P=95\%$	$P=99\%$
1	6.31	12.71	63.66
2	2.92	4.30	9.92
3	2.35	3.18	5.84
4	2.13	2.78	4.60
5	2.01	2.57	4.03

续表 3-3

$n-1$ \ t	$P=90\%$	$P=95\%$	$P=99\%$
6	1.94	2.45	3.71
7	1.90	2.36	3.50
8	1.86	2.31	3.35
9	1.83	2.26	3.25
10	1.81	2.23	3.17
20	1.72	2.09	2.84
30	1.70	2.04	2.75
60	1.67	2.00	2.66
120	1.66	1.98	2.62
∞	1.64	1.96	2.58

假设测量结果的准确性有95%的可能性，这个95%就称为置信度P，又称为置信水平，它是指人们对测量结果判断的可信程度。置信度的确定是由分析工作者根据对测定的准确度的要求来确定的。

例 测定水中镁杂质的含量，测定结果如下所示：

测定结果/$mg \cdot L^{-1}$	$\lvert d \rvert = \lvert x-\bar{x} \rvert$	$d^2=(x-\bar{x})^2$
60.04	0.01	0.0001
60.11	0.06	0.0036
60.07	0.02	0.0004
60.03	0.02	0.0004
60.00	0.05	0.0025
$\bar{x}=60.05$	$\sum \lvert d \rvert=0.16$	$\sum d^2=0.0070$

标准偏差 $S=\sqrt{\dfrac{\sum(x-\bar{x})^2}{n-1}}=\sqrt{\dfrac{0.0070}{5-1}}=0.04$

置信度 $P=95\%$，自由度 $f=n-1=4$

置信区间 $=\bar{x}\pm t\dfrac{S}{\sqrt{n}}=60.05\pm2.78\times\dfrac{0.04}{\sqrt{5}}$

$=60.05\pm0.05$

平均值的随机不确定度为0.05。

真实值落在60.00~60.10范围内。

此例说明通过5次测定，有95%的可靠性认为镁杂质的含量是在60.00mg/L至60.10mg/L之间。

3.3.5 回归分析法在标准曲线上的应用

3.3.5.1 概述

在分析化学，特别是仪器分析实验中，常需要作标准曲线（也称工作曲线或检量线），标准曲线通常是一条直线，被测组分含量可从标准曲线上获得。例如，分光光度法中，溶液浓度与吸光度的标准曲线，横坐标 x 代表溶液浓度，是自变量，因为溶液浓度可以控制，是普通变量，误差很小。纵坐标 y 代表吸光度，作因变量，是个随机变量，主要误差来源于它。由于误差的存在，所有的实验点（x_i，y_i）往往不在一条直线上。分析工作者习惯的做法是根据这些散点的走向，用直尺描出一条直线。但在实验点比较分散的情况下，作这样一条直线是有困难的，因为凭直觉很难判断怎样才使所连的直线对于所有实验点来说误差是最小的。较好的办法是对数据进行回归分析，求出回归方程，然后绘制出各数据点误差最小的一条回归线。

3.3.5.2　一元线性回归

像上述的自变量只有一个的，称为一元线性回归。确定回归直线的原则是使它与所有实验点的误差的平方和达到极小值。设回归方程为：

$$Y = a + bx$$

利用最小二乘法原理，求出回归线的斜率 b 和截距 a，使测量值 y_i 与相对应落在回归线上的 Y_i 值之差的平方和为最小，即

$Q = \sum(y_i - Y_i)^2 = \sum(y_i - a - bx_i)^2$ 为最小，根据数学分析中求极值的原理，只需将 Q 分别对 a 和 b 求偏导数，并使之等于零。

(1) $$\frac{\partial Q}{\partial a} = 2\sum(y_i - a - bx_i)\frac{\partial(y_i - a - bx_i)}{\partial a} \quad (i = 1, 2, \cdots, n)$$

$$= -2\sum(y_i - a - bx_i) = 0$$

因为 $$\sum(y_i - a - bx_i) = 0, \sum y_i - na - b\sum x_i = 0$$

所以 $$a = \frac{\sum y_i}{n} - \frac{b\sum x_i}{n} = \bar{y} - b\bar{x} \qquad (3-3)$$

$y = a + b\bar{x}$ 说明回归线肯定通过（$\bar{x}$，$\bar{y}$）这一点，这对绘制回归线是很重要的。

(2) $$\frac{\partial Q}{\partial b} = 2\sum(y_i - a - bx_i)\frac{\partial(y_i - a - bx_i)}{\partial b}$$

$$= -2\sum(y_i - a - bx_i)x_i = 0$$

$$\sum(y_i - a - bx_i)x_i = 0, \sum x_i y_i - a\sum x_i - b\sum x_i^2 = 0$$

将式（3-3）代入得：

$$\sum x_i y_i - \left(\frac{\sum y_i}{n} - \frac{b\sum x_i}{n}\right)\sum x_i - b\sum x_i^2$$

$$= \sum x_i y_i - \frac{1}{n}(\sum x_i)(\sum y_i) + \frac{b}{n}(\sum x_i)^2 - b\sum x_i^2$$

$$= \sum x_i y_i - \frac{1}{n}(\sum x_i)(\sum y_i) - b\left[\sum x_i^2 - \frac{1}{n}(\sum x_i)^2\right] = 0$$

所以 $$b = \frac{\sum x_i y_i - \frac{1}{n}(\sum x_i)(\sum y_i)}{\sum x_i^2 - \frac{1}{n}(\sum x_i)^2} = \frac{\sum x_i y_i - n\bar{x}\bar{y}}{\sum x_i^2 - n\bar{x}^2} \qquad (3-4)$$

$$L_{xx} = \sum(x_i - \bar{x})^2 = \sum(x_i^2 - 2x_i\bar{x} + \bar{x}^2)$$

$$= \sum x_i^2 - 2\bar{x}\sum x_i + n\bar{x}^2$$

若令 $$= \sum x_i^2 - 2\frac{\sum x_i \sum x_i}{n} + n\bar{x}^2$$

$$= \sum x_i^2 - 2n\bar{x}^2 + n\bar{x}^2$$

$$= \sum x_i^2 - n\bar{x}^2$$

同理：$L_{yy} = \sum(y_i - \bar{y})^2 = \sum y_i^2 - n\bar{y}^2$

$$L_{xy} = \sum(x_i - \bar{x})(y_i - \bar{y})$$

$$= \sum x_i y_i - \bar{y}\sum x_i - \bar{x}\sum y_i + n\bar{x}\bar{y}$$

若令 $$= \sum x_i y_i - \frac{\sum y_i \sum x_i}{n} - \frac{\sum x_i \sum y_i}{n} + n\bar{x}\bar{y}$$

$$= \sum x_i y_i - 2n\bar{x}\bar{y} + n\bar{x}\bar{y}$$

$$= \sum x_i y_i - n\bar{x}\bar{y}$$

所以式（3－4）可改写成：$$b = \frac{L_{xy}}{L_{xx}} \qquad (3-5)$$

例3－5　用磺基水杨酸分光光度法测铁，标准 Fe^{3+} 溶液是由0.2160g $NH_4Fe(SO_4)_2 \cdot 2H_2O$ 溶于水，定容为500mL制成。取此 Fe^{3+} 标准溶液配制成下列系列，显色并定容为50mL后测定吸光度，根据下列数据，绘制一条回归线。待测试液是取5.00mL稀释成250.0mL，然后吸取此稀释液2.00mL置50mL容量瓶中，在与标准曲线相同条件下显色并稀释至刻度。测定吸光度为0.555，求试液中铁含量（g/L）。

标准铁溶液 V/mL	0.00	2.00	4.00	6.00	8.00	10.00
吸光度 A	0.00	0.165	0.312	0.512	0.660	0.854

【解】　标准 Fe^{3+} 浓度 $= 0.2160 \times \frac{55.85 \times 1000}{482.19 \times 500} = 0.0500\text{mg/mL}$

回归分析计算表

编　号	x_i	y_i	x_i^2	y_i^2	$x_i y_i$
1	0.00	0.000	0.00	0.00	0.00
2	2.00	0.165	4.00	0.027225	0.330
3	4.00	0.312	16.00	0.097344	1.248
4	6.00	0.512	36.00	0.262144	3.072
5	8.00	0.660	64.00	0.4356	5.280
6	10.00	0.854	100.00	0.729316	8.540
Σ	30.00	2.503	220.00	1.551629	18.47

$\sum x_i = 30$，$\sum y_i = 2.503$，$\sum x_i y_i = 18.47$，$n = 6$

$\bar{x} = 5$，$\bar{y} = 0.417167$

$\sum x_i^2 = 220$，$\sum y_i^2 = 1.551629$

$L_{xx}=220-6\times 5^2=70$

$L_{yy}=1.551629-6\times 0.417167^2=0.507459$

$L_{xy}=18.47-6\times 5\times 0.417167=5.95499$

所以　$b=\dfrac{5.95499}{70}=0.08507$

$a=0.417167-0.08507\times 5=-0.0082$

回归方程：$Y=-0.0082+0.085x$

根据回归方程，即能绘制出回归线，如图3－3所示。

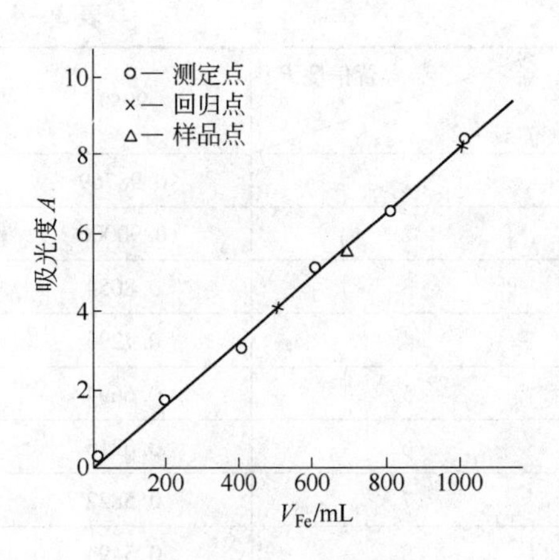

图3－3　Fe的标准曲线

待测液吸光度为0.555，代入回归方程，得 $x=6.63$mL，即相当于6.63mL标准 Fe^{3+} 溶液，从回归线上直接查找 x 值也一样。所以，试液Fe含量 $=0.0500\times 6.63\times\dfrac{250}{5}\times\dfrac{1}{2}=8.29$g/L。

3.3.5.3　相关关系和相关系数

从上述回归曲线可看出，吸光度和溶液浓度有着密切的关系，当浓度增加时，吸光度也增加，但不能从一个变量的数值准确地求出另一个变量的数值，这类变量之间关系称为相关关系。

回归分析的方法总可以配出一条直线，但只有当自变量 x 与因变量 y 之间确有线性相关关系时回归方程才有实际意义。因此，得到的回归方程必须进行相关性检验。在分析测试中，一元回归分析习惯采用相关系数 r 来检验。相关系数检验的统计量为

$$r=\frac{L_{xy}}{\sqrt{L_{xx}L_{yy}}}$$

可以证明，上式中分子的绝对值永远不会大于分母的值，因此相关系数的取值为

$$0\leqslant |r|\leqslant 1$$

相关系数的物理意义有以下几点：

（1）当 $r=\pm 1$ 时，所有的实验点都落在回归线上，表示 y 与 x 之间存在着线性函数关系，实验误差等于零。r 为正值，表示 x 与 y 之间为正相关，即斜率为正值。r 为负值时，表示 x 与 y 之间为负相关，即斜率为负值。

（2）当 $r=0\sim 1$ 时，表示 x 与 y 之间有不同程度的相关，r 值愈接近1，x 与 y 之间线性关系愈好。

（3）当 $r=0$ 时，表示 x 与 y 之间完全不存在线性关系。

但是判断 x 与 y 之间存在线性关系也是相对的，$|r|$ 究竟接近于1到何种程度，才能认为 x 与 y 显著相关呢？

r 值出现的概率遵从统计分布规律，数学家已编出相关系数的临界值（表3－4）。具体应用时，当计算得出的 r 值，大于相关系数临界值表中给定置信度和相应自由度 $f=n-2$ 下的临界值 r_{Pf}，表示在给定置信度和自由度下 y 与 x 之间是显著相关的，所求的回归方

程和配成的回归直线是有实际意义的。反之，这条回归线是没有实际意义的。

例如上述磺基水杨酸测铁所得到的回归方程，计算它的相关系数：

$$r=\frac{L_{xy}}{\sqrt{L_{xx}\cdot L_{yy}}}=\frac{5.95499}{\sqrt{70\times0.50746}}=0.9992$$

查表3-4，在置信度99.9%，自由度$f=n-2=6-2=4$时，$r_{99.9,4}=0.9741$，$r>r_{Pf}$，所以，吸光度与铁浓度之间存在很好的线性关系。

表3-4　检验相关系数的临界值

置信度 P / $f=n-2$	90%	95%	99%	99.9%
1	0.98769	0.99692	0.999877	0.9999988
2	0.90000	0.95000	0.99000	0.99900
3	0.8054	0.8783	0.9587	0.9912
4	0.7293	0.8114	0.9172	0.9741
5	0.6694	0.7545	0.8745	0.9507
6	0.6215	0.7067	0.8343	0.9249
7	0.5822	0.6664	0.7977	0.8982
8	0.5494	0.6319	0.7646	0.8721
9	0.5214	0.6021	0.7348	0.8471
10	0.4973	0.5760	0.7079	0.8233

回归方程中a、b两个参数是关键，但人工计算a、b值比较麻烦，有些小型计算机上有这个计算程序，并有相关系数的计算程序，所以，用计算器运算，还是十分简便的。人工计算r值时，应保留数据稍多的位数，不可随意舍入，否则计算得到的r值不正确。

习　题

1. 什么是系统误差，什么是偶然误差，它们是怎样产生的，如何避免？
2. 指出下列情况中哪些是系统误差，应如何避免？

（1）砝码未校正；

（2）蒸馏水中有微量杂质；

（3）滴定时，不慎从锥形瓶中溅失少许试液；

（4）样品称量时吸湿。

3. 测定某矿石中铁含量，分析结果为0.3406，0.3408，0.3404，0.3402。计算分析结果的平均值、算术平均偏差、相对平均偏差和标准偏差。
4. 有一化学试剂送给甲、乙两处进行分析，分析方案相同，实验室条件相同。所得分析结果如下：

甲处　40.15%，40.14%，40.16%

乙处　40.02%，40.25%，40.18%

试分别计算两处分析结果的精密度。用标准偏差和相对标准偏差计算，问何处分析结果较好？说明原因。

5. 准确度和精密度有何不同，两者有何关系，在具体分析实验中如何应用？
6. 下列情况哪些是由系统误差引起，哪些是由偶然误差引起：
（1）试剂中含有被测微量组分；
（2）用部分已风化的 $H_2C_2O_4 \cdot 2H_2O$ 标定 NaOH 溶液。
7. 用有效数字表示下列计算结果
（1）$231.89 + 4.4 + 0.8244$
（2）$\dfrac{31.0 \times 4.03 \times 10^{-4}}{2.512 \times 0.002034} + 5.8$
（3）$\dfrac{28.40 \times 0.0977 \times 36.46}{1000}$
答：237.1；8.3；0.1012
8. 用加热挥发法测定 $BaCl_2 \cdot 2H_2O$ 中结晶水的含量（%）时，称样0.4202g，已知分析天平的称量误差为±0.1mg，问分析结果应以几位有效数字报出？
答：4位
9. 今测一钢样硫含量，2次平行结果为0.056%和0.064%，生产部门规定硫的含量为0.050%～0.100%时公差为±0.006%，问测定结果是否有效？
答：有效
10. 分析试样中钙含量，得到以下结果：20.48%，20.56%，20.53%，20.57%，20.70%。
（1）按 $4\bar{d}$ 法、Q检验法和Grubbs法检验20.70%是否弃去？
（2）计算平均值（$\bar{x}$）、标准偏差（S）和置信度为90%的平均值的置信区间。
11. 用邻菲罗啉分光光度法测定氯化铵肥料中铁的含量，配制一系列标准铁溶液，然后测定其吸光度，得下列数据。

x_i（Fe）/mg	0.00	0.02	0.04	0.06	0.08	0.10
y_i（吸光度）	0.00	0.156	0.312	0.435	0.602	0.788

（1）试求该标准曲线的回归方程，并求出相关系数，检验此回归线线性是否良好。（置信度99.9%）。
（2）若一含铁试样1.026g，溶于水并定容为250.0mL，吸取2.00mL，按与标准曲线相同条件显色，测得吸光度为0.350，求Fe含量（%）为多少？
答：（1）$Y = -0.0036 + 7.72x$，$r = 0.9985$；
（2）Fe含量 = 0.55%

模块4 化学分析法基础

4.1 酸碱滴定法

4.1.1 酸碱平衡

4.1.1.1 酸碱质子理论

A 酸碱定义

1887年阿累尼乌斯和奥斯瓦尔德提出了电离理论，指出在水溶液中凡是能产生H^+的物质称为酸，凡是能产生OH^-的物质称为碱，酸碱反应的实质是H^+与OH^-结合成水的过程。电离理论已应用很长时间，它对水溶液中化学平衡理论的发展起了重要作用，但它也有一定局限性，例如氨水（$NH_3 \cdot H_2O$）中不含OH^-，为什么显碱性？另外电离理论不适用于非水溶液。

1923年布朗斯台德和劳莱提出了质子理论，指出凡是能给出质子的物质称为酸，凡是能接受质子的物质称为碱，酸碱反应的实质是质子的转移。按照质子理论就很容易解释氨水为什么显碱性。因为NH_3接受水提供的质子，它是碱，所以氨水显碱性，其反应为：

$$NH_3 + H_2O \rightleftharpoons NH_4^+ + OH^-$$

质子理论把酸碱与溶剂联系起来考虑，强调溶剂的作用，是一个重要贡献。目前分析化学领域中，普遍采用质子理论，因为它能对酸碱平衡进行严格的计算，而且它能适用于非水溶液。

B 共轭酸碱对

酸（HA）失去质子后变成碱（A^-），而碱（A^-）接受质子后变成酸（HA），它们相互的依存关系称为共轭关系。HA是A^-的共轭酸，A^-是HA的共轭碱，$HA-A^-$称为共轭酸碱对。

例如：$HAc-Ac^-$；$H_3PO_4-H_2PO_4^-$；$H_2PO_4^- -HPO_4^{2-}$；$Fe(H_2O)_6^{3+}-Fe(H_2O_5(OH)^{2+})$；$H_3PO_4^{2-}-PO_4^{3-}$；$H_2CO_3-HCO^{3-}$；$HCO^{3-}-CO_3^{2-}$；$NH_4^+-NH_3$等，都是共轭酸碱对。

由上例可以看出，共轭酸碱对具有以下特点：

（1）共轭酸碱对中酸与碱之间只差一个质子。

（2）酸或碱可以是中性分子、正离子或负离子。

（3）同一物质，如$H_2PO_4^-$在一个共轭酸碱对中为酸，而在另一共轭酸碱对中却为碱。这类物质称为两性物质，酸式阴离子都是两性物质。水也是两性物质，其共轭酸碱对分别为H_2O-OH^-和$H_3O^+-H_2O$。

（4）NaAc、Na_2CO_3、Na_3PO_4等盐，按质子理论，它们都是碱。这类盐的水解反应，如$NaAc + H_2O = HAc + NaOH$，按质子理论都是酸碱反应，已没有“盐”和“水解”的概念。

C 水溶液中的酸碱反应

当酸给出质子时，必须要有接受质子的碱存在才能实现。例如，HAc的离解反应，

HAc 在水中能给出质子变成 Ac^-，是靠溶剂水接受质子变成 H_3O^+ 才实现的。反应式为：

$$HAc + H_2O \rightleftharpoons H_3O^+ + Ac^-$$

离解反应的实质是 $HAc - Ac^-$ 和 $H_3O^+ - H_2O$ 两个共轭酸碱对共同作用完成质子转移的过程，是酸碱反应，H_3O^+ 称为水合质子，常简写为 H^+。

D　水的质子自递反应及平衡常数

水是两性物质，水分子之间可以发生质子的自递反应：H_2O(酸$_1$) + H_2O(碱$_2$) $\rightleftharpoons$ OH^-(碱$_1$) + H_3O^+(酸$_2$)

反应的平衡常数称为水的质子自递常数，也称水的离子积，以 K_w 表示。

$$K_w = [H^+][OH^-] = 1.00 \times 10^{-14} (25^\circ C)$$

两边各取负对数

$$-\lg K_w = -(\lg[H^+] + \lg[OH^-]) = 14.00$$

即 $pK_w = pH + pOH = 14.00$ (25℃)

4.1.1.2　酸碱的强度

A　水溶液中酸碱的强度

酸的强度取决于它将质子给予水分子的能力，可用酸的离解常数 K_a 表示，K_a 越大，酸越强。例如

酸	HAc	H_2S	NH_4^+
K_a	1.8×10^{-5}	1.3×10^{-7}	5.6×10^{-10}

三种酸的强弱顺序为：$HAc > H_2S > NH_4^+$。

碱的强度取决于它夺取水分子中质子的能力，可用碱的离解常数 K_b 表示，K_b 越大，碱越强。例如，上述 3 种酸的共轭碱为：

碱	NH_3	HS^-	Ac^-
K_b	1.8×10^{-5}	7.7×10^{-8}	5.6×10^{-10}

三种碱的强弱顺序为：$NH_3 > HS^- > Ac^-$。

B　共轭酸碱对 K_a 与 K_b 的关系

a　一元弱酸碱的 K_a 与 K_b 的关系

以 HAc 为例

$$HAc + H_2O \rightleftharpoons H_3O^+ + Ac^-, K_a = \frac{[H^+][Ac^-]}{[HAc]}$$

其共轭碱 Ac^-

$$Ac^- + H_2O \rightleftharpoons HAc + OH^-, K_b = \frac{[HAc][OH^-]}{[Ac^-]}$$

例如：HAc 的 $K_a = 1.8 \times 10^{-5}$

则 Ac^- 的 $K_b = \frac{K_w}{K_a} = \frac{10^{-14}}{1.8 \times 10^{-5}} = 5.6 \times 10^{-10}$

由上可见：(1) 酸的 K_a 越大，酸性越强，其共轭碱的 K_b 必然越小，碱性越弱，反之

亦然。

（2）只要知道酸的 K_a 值，即可求得其共轭碱的 K_b 值。只要知道碱的 K_b 值，即可求得其共轭酸的 K_a 值。

b　多元酸碱的 K_a 与 K_b 的关系

（1）二元酸以 H_2CO_3 为例，它分两步离解：

第一步　$H_2CO_3 + H_2O \rightleftharpoons H_3O^+ + HCO_3^-$，$K_{a_1} = \dfrac{[H^+][HCO_3^-]}{[H_2CO_3]}$

第二步　$HCO_3^- + H_2O \rightleftharpoons H_3O^+ + CO_3^{2-}$，$K_{a_2} = \dfrac{[H^+][CO_3^{2-}]}{[HCO_3^-]}$

其共轭碱也分二步离解：

第一步　$CO_3^{2-} + H_2O \rightleftharpoons OH^- + HCO_3^-$，$K_{b_1} = \dfrac{[OH^-][HCO_3^-]}{[CO_3^{2-}]}$

第二步　$HCO_3^- + H_2O \rightleftharpoons H_2CO_3 + OH^-$，$K_{b_2} = \dfrac{[H_2CO_3][OH^-]}{[HCO_3^-]}$

$$K_{a_1} \cdot K_{b_2} = \frac{[H^+][HCO_3^-]}{[H_2CO_3]} \times \frac{[H_2CO_3][OH^-]}{[HCO_3^-]} = [H^+][OH^-] = K_w$$

$$K_{a_2} \cdot K_{b_1} = \frac{[H^+][CO_3^{2-}]}{[HCO_3^-]} \times \frac{[HCO_3^-][OH^-]}{[CO_3^{2-}]} = [H^+][OH^-] = K_w$$

已知 H_2CO_3 的 $K_{a_1} = 4.2 \times 10^{-7}$，$K_{a_2} = 5.6 \times 10^{-11}$。

所以，CO_3^{2-} 的 $K_{b_1} = \dfrac{K_w}{K_{a_2}} = 1.79 \times 10^{-4}$，$K_{b_2} = \dfrac{K_w}{K_{a_1}} = 2.38 \times 10^{-8}$

（2）三元酸以 H_3PO_4 为例，它分三步离解，简单示意如下：

$$H_3PO_4 \xrightarrow{K_{a_1}} H_2PO_4^- \xrightarrow{K_{a_2}} HPO_4^{2-} \xrightarrow{K_{a_3}} PO_4^{3-}$$

$K_{a_1} = 7.6 \times 10^{-3}$，$K_{a_2} = 6.3 \times 10^{-8}$，$K_{a_3} = 4.4 \times 10^{-13}$

其共轭碱也分三步离解，简单示意如下：

$$PO_4^{3-} \xrightarrow{K_{b_1}} HPO_4^{2-} \xrightarrow{K_{b_2}} H_2PO_4^- \xrightarrow{K_{b_3}} H_3PO_4$$

所以 $K_{b_1} = \dfrac{K_w}{K_{a_3}} = 2.27 \times 10^{-2}$，$K_{b_2} = \dfrac{K_w}{K_{a_2}} = 1.59 \times 10^{-7}$，$K_{b_3} = \dfrac{K_w}{K_{a_1}} = 1.32 \times 10^{-12}$

4.1.1.3　溶液中氢离子浓度的计算

A　分析浓度、平衡浓度和酸碱度

（1）分析浓度是指溶液中溶质的各种形态的总浓度，用符号 c 表示，单位为 mol/L。例如：$c_{HAc} = 0.1000$mol/L 的 HAc 溶液。

（2）平衡浓度是指溶液达到平衡时，溶液中各种形态的物质的浓度，用符号 [ ] 表示。例如：HAc 溶液达到平衡时，溶液中存在 HAc 和 Ac^- 两种形态，[HAc] 和 [Ac^-] 即为各自的平衡浓度，HAc 的分析浓度就等于这两种平衡浓度之和，数学表达式为

$$c_{HAc} = [HAc] + [Ac^-]$$

（3）酸碱度。溶液的酸（碱）度与溶液中酸（碱）的浓度是两个不同的概念。酸度是指溶液中 H^+ 的平衡浓度，常用 pH 表示。碱度是指溶液中 OH^- 的平衡浓度，常用 pOH 表示。

例如，HAc 的分析浓度 $c_{HAc}=0.10$mol/L，测得 $[H^+]=1.3\times10^{-3}$mol/L，故其酸度为 pH = 2.89。

B 强酸（碱）溶液值的计算

强酸（碱）在水中全部离解，当浓度 $c\geqslant10^{-6}$ mol/L 时，可忽略水的离解，H^+（OH^-）浓度就等于酸（碱）的浓度。

例 4－1 计算 0.01mol/L HCl 溶液的 pH 值。

【解】 $[H^+]=c_{HCl}=0.10$mol/L，pH = 1.00。

例 4－2 计算 0.01mol/L NaOH 溶液的 pH 值。

【解】 $[OH^-]=c_{NaOH}=0.10$mol/L，pH = 13.00。

需要指出的是，除酸（或碱）在溶液中离解出 H^+（或 OH^-）外，作为溶剂本身的水也离解出极少量的 H^+ 和 OH^-。一般情况下，由于受到溶液中酸（或碱）离解出 H^+（或 OH^-）的抑制，水离解的 H^+（或 OH^-）是十分少的，可以忽略不计。但当酸（或碱）的浓度非常稀时，例如小于 1×10^{-6}mol/L，接近纯水固有的 H^+（或 OH^-）浓度（1×10^{-7}mol/L），这时溶液中 H^+（或 OH^-）浓度，除考虑酸（或碱）离解出 H^+（或 OH^-）外，还要考虑水本身离解出来的 H^+（或 OH^-）。

C 一元弱酸（碱）溶液 pH 值的计算

a 一元弱酸溶液 pH 值计算的最简式

$$[H^+]=\sqrt{K_a c}\text{（应用条件是 }K_a c\geqslant20K_w，\frac{c}{K_a}\geqslant500\text{）}$$

若 $\frac{c}{K_a}<500$，说明 HA 的离解度较大，计算一元弱酸溶液 $[H^+]$ 的较简式（或称近似式）为

$$[H^+]=\frac{-K_a+\sqrt{K_a^2+4K_a c}}{2}$$

例 4－3 计算 0.01mol/L HAc 溶液的 pH 值。（已知 $K_a=1.8\times10^{-5}$）

【解】 判断 $K_a c=1.8\times10^{-5}\times0.10>20K_w$，$\frac{c}{K_a}=\frac{0.10}{1.8\times10^{-5}}>500$

可用最简式计算：$[H^+]=\sqrt{K_a c}=1.3\times10^{-3}$mol/L，pH = 2.89。

b 一元弱碱溶液 pH 值计算的最简式

$$[OH^-]=\sqrt{K_b c}\text{（应用条件是 }K_b c\geqslant20K_w，\frac{c}{K_b}\geqslant500\text{）}$$

若 $\frac{c}{K_b}<500$，计算一元弱碱溶液 $[OH^-]$ 的较简式为

$$[OH^-]=\frac{-K_b+\sqrt{K_b^2+4K_b c}}{2}$$

D 多元酸（碱）溶液 pH 值的计算

多元酸（碱）在水中是分步离解的，而且 K_{a_1}（K_{b_1}）比 K_{a_2}（K_{b_2}）和 K_{a_3}（K_{b_3}）大得多，因此溶液中的 H^+（OH^-）主要来源于多元酸（碱）的第一步离解。

（1）当 $K_{a_1}c \geqslant 20K_w$，$\frac{2K_{a_2}}{\sqrt{K_{a_1}c}}<0.05$，$\frac{c}{K_{a_1}} \geqslant 500$ 时，可按一元弱酸处理

$$[H^+]=\sqrt{K_{a_1}c}\text{（最简式）}$$

（2）当 $K_{b_1}c \geqslant 20K_w$，$\frac{2K_{b_2}}{\sqrt{K_{b_2}c}}<0.05$，$\frac{c}{K_{b_1}} \geqslant 500$ 时，可按一元弱碱处理

$$[OH^-]=\sqrt{K_{b_1}c}\quad\text{（最简式）}$$

若不符合上述条件，$\frac{c}{K_{a_1}}<500$ 或 $\frac{c}{K_{b_1}}<500$，就按一元弱酸（碱）的较简式计算，即

$$[H^+]=\frac{-K_{a_1}+\sqrt{K_{a_1}^2+4K_{a_1}c}}{2}\text{或}[OH^-]=\frac{-K_{b_1}+\sqrt{K_{b_1}^2+4K_{b_1}c}}{2}$$

例 4－4 室温下 H_2CO_3 饱和溶液的浓度为 0.040mol/L，计算该溶液的 pH 值。已知 H_2CO_3 的 $K_{a_1}=4.2\times10^{-7}$，$K_{a_2}=5.6\times10^{-11}$。

【解】 判断 $K_{a_1}c \geqslant 20K_w$，$\frac{2K_{a_2}}{\sqrt{K_{a_1}c}}=\frac{2\times5.6\times10^{-11}}{\sqrt{4.2\times10^{-7}\times0.040}}<0.05$，$\frac{c}{K_{a_1}}>500$

可用最简式计算，$[H^+]=\sqrt{K_{a_1}c}=1.3\times10^{-4}$mol/L　pH = 3.89

E 两性物质溶液 pH 值的计算

在溶液中既起酸的作用，又起碱的作用的物质称为两性物质，较重要的两性物质有多元酸的酸式盐、弱酸弱碱盐等。处理两性物质在溶液中的酸碱平衡比较复杂，必须进行简化处理。

一般情况下若 $K_{a_2}c \geqslant 20K_w$，K_w 可忽略。则

$$[H^+]=\sqrt{\frac{K_{a_1}K_{a_2}c}{K_{a_1}+c}}$$

当 $c>20K_{a_1}$ 时，$K_{a_1}+c\approx c$，则

$$[H^+]=\sqrt{K_{a_1}K_{a_2}}\quad\text{（最简式）}$$

$$pH=\frac{1}{2}(pK_{a_1}+pK_{a_2})$$

例 4－5 计算 0.100mol/L $NaHCO_3$ 溶液的 pH 值（已知 H_2CO_3 的 $K_{a_1}=4.2\times10^{-7}$，$K_{a_2}=5.6\times10^{-11}$）。

【解】 判断 $K_{a_2}c>K_w$，$c=0.100>20\times4.2\times10^{-7}$，可用最简式：

$$[H^+]=\sqrt{K_{a_1}K_{a_2}}=4.85\times10^{-9}\text{mol/L}$$

$$pH=8.31$$

三元弱酸二氢盐，如 NaH_2PO_4

$$[H^+]=\sqrt{K_{a_1}K_{a_2}}\quad\text{（最简式）}$$

三元弱酸一氢盐，如 Na_2HPO_4

$$[H^+]=\sqrt{K_{a_2}K_{a_3}} \quad （最简式）$$

4.1.1.4　酸碱缓冲溶液

A　缓冲溶液的作用原理

缓冲溶液是一种能对溶液的酸度起稳定作用的溶液。向缓冲溶液中加入少量强酸或强碱（或因化学反应，溶液中产生了少量酸或碱），或将溶液稍加稀释，溶液的酸度基本保持不变，这种作用称为缓冲作用。具有缓冲作用的溶液称为缓冲溶液。

缓冲溶液之所以能起缓冲作用，是因为它既有质子的接受者又有质子的供给者，当溶液中 H^+ 增加时质子接受者与之结合，当溶液中 H^+ 减少时质子的供给者可以提供质子加以补充，所以溶液酸度基本保持不变。例如 HAc－NaAc 缓冲溶液，溶液中存在

$$NaAc \longrightarrow Na^+ + Ac^-$$

$$HAc \rightleftharpoons H^+ + Ac^-$$

因 HAc 和 Ac^- 浓度都比较大，当加入少量 H^+ 时，H^+ 与 Ac^- 结合；当加入少量 OH^- 时，OH^- 与 HAc 结合。当溶液稍加稀释，会增大 HAc 的离解，H^+ 得到补充，所以 H^+ 浓度基本保持不变。

缓冲溶液的组成有下列 4 种：

（1）弱酸及其共轭碱，如 HAc－NaAc；

（2）弱碱及其共轭酸，如 NH_3-NH_4Cl；

（3）两性物质，如 $KH_2PO_4-Na_2HPO_4$；

（4）高浓度的强酸、强碱，如 HCl（$pH<2$），NaOH（$pH>12$）。

高浓度的强酸、强碱溶液中 $[H^+]$ 或 $[OH^-]$ 本来很大，故对外来少量酸、碱不会产生太大影响，但这种溶液不具有抗稀释的作用。

B　缓冲溶液 pH 值的计算

一般用作控制溶液酸度的缓冲溶液，对计算 pH 值的准确度要求不高，常用最简式计算。

a　弱酸及其共轭碱组成的缓冲溶液

$$[H^+]=K_a\frac{c_{HA}}{c_{A^-}},\ pH=pK_a+\lg\frac{c_{A^-}}{c_{HA}}$$

例4－6　量取冰 HAc（浓度为 17mol/L）80mL，加入 160gNaAc·$3H_2O$，用水稀释至 1L，求此溶液的 pH 值（$M_{NaAc\cdot3H_2O}=130.08$g/mol；$K_{HAc}=1.8\times10^{-5}$）。

【解】　$c_{Ac^-}=\dfrac{160}{136.08}=1.18$mol/L，$c_{HAc}=\dfrac{17\times80}{1000}=1.36$mol/L

$$pH=pK_a+\lg\frac{c_{Ac^-}}{c_{HAc}}=4.74+\lg\frac{1.18}{1.36}=4.68$$

b　弱碱及其共轭酸组成的缓冲溶液

$$[OH^-]=K_b\frac{c_B}{c_{BH^+}},\ pH=pK_w-pK_b+\lg\frac{c_B}{c_{BH^+}}$$

例4－7　称取 NH_4Cl 50g 溶于水，加入浓氨水（浓度为 15mol/L）300mL，用水稀释

至1L，求此溶液的pH值。（$M_{NH_4Cl}=53.49g/mol$；$K_b=1.8\times10^{-5}$）

【解】 $c_{NH_4^+}=\frac{50}{53.49}=0.94mol/L$，$c_{NH_3}=\frac{15\times300}{1000}=4.50mol/L$

$$pH=pK_w-pK_b+\lg\frac{c_{NH_3}}{c_{NH_4^+}}=14.00-4.74+\lg\frac{4.50}{0.94}=9.94$$

C 缓冲容量和缓冲范围

缓冲容量是衡量缓冲溶液缓冲能力大小的尺度，常用β表示，其定义是：使1L缓冲溶液pH值增加1个pH单位所需加入强碱的量，或者使pH值减少1个pH单位所需加入强酸的量。

缓冲容量的大小与下列两个因素有关：

（1）缓冲物质的总浓度越大，β越大；

（2）缓冲物质总浓度相同时，组分浓度比（$\frac{c_{A^-}}{c_{HA}}$或$\frac{c_B}{c_{BH^+}}$）越接近1，β越大。当组分浓度为1:1时，β最大。

一般规定，缓冲溶液中两组分浓度比在10:1和1:10之间为缓冲溶液有效的缓冲范围。

对HA－A⁻体系，$pH=pK_a\pm1$ （缓冲范围）

对B－BH⁺体系，$pOH=pK_b\pm1$（缓冲范围）

D 缓冲溶液的选择和配制方法

选择缓冲溶液时应考虑下列原则：

（1）缓冲溶液对测定过程无干扰；

（2）根据所需控制的pH值，选择相近pK_a或pK_b的缓冲溶液；

（3）应有足够的缓冲容量，即缓冲组分的浓度要大一些，一般在0.01～0.1mol/L之间。

常用缓冲溶液的配制方法见附表2。

为查阅方便，将上述各种酸碱溶液中［H^+］的计算式汇总于表4－1中。

表4－1 各种酸碱溶液中［H^+］的计算式

名 称	计算式	适用条件
一元强酸	$[H^+]=c$ （A）	$c\geq10^{-6}mol/L$ 或 $c^2\geq20K_w$
	$[H^+]=\frac{c+\sqrt{c^2+4K_w}}{2}$ （C）	$c<10^{-6}mol/L$ 或 $c^2<20K_w$
一元弱酸	$[H^+]=\sqrt{K_ac}$ （A）	$K_ac\geq20K_w$，$\frac{c}{K_a}\geq500$
	$[H^+]=\frac{-K_a+\sqrt{K_a^2+4K_ac}}{2}$ （B）	$K_ac\geq20K_w$，$\frac{c}{K_a}<500$
	$[H^+]=\sqrt{K_ac+K_w}$ （B）	$K_ac<20K_w$，$\frac{c}{K_a}\geq500$

续表4-1

名称	计算式	适用条件
二元弱酸	$[H^+] = \sqrt{K_{a_1} c}$ （A）	$K_{a_1} c \geqslant 20K_w$，$\frac{2K_{a_1}}{\sqrt{K_{a_1} c}} < 0.05$，$\frac{c}{K_{a_1}} \geqslant 500$
	$[H^+] = \frac{-K_{a_1} + \sqrt{K_{a_1}^2 + 4K_{a_1} c}}{2}$ （B）	$K_{a_1} c \geqslant 20K_w$，$\frac{2K_{a_1}}{\sqrt{K_{a_1} c}} < 0.05$，$\frac{c}{K_{a_1}} < 500$
两性物质　NaHA　NaH_2B	$[H^+] = \sqrt{K_{a_1} K_{a_2}}$ （A）	$K_{a_2} c \geqslant 20K_w$，$c > 20K_{a_1}$
	$[H^+] = \sqrt{\frac{K_{a_1} K_{a_2} c}{K_{a_1} + c}}$ （B）	$K_{a_2} c \geqslant 20K_w$，$c < 20K_{a_1}$
NaH_2B	$[H^+] = \sqrt{K_{a_2} K_{a_3}}$ （A）	$K_{a_3} c \geqslant 20K_w$，$c > 20K_{a_2}$
	$[H^+] = \sqrt{\frac{K_{a_2} K_{a_3} c}{K_{a_2} + c}}$ （B）	$K_{a_3} c \geqslant 20K_w$，$c < 20K_{a_2}$
缓冲溶液　酸性	$pH = pK_a + \lg \frac{c_{A^-}}{c_{HA}}$ （A）	当 $pH \leqslant 6$，$c_{HA} \geqslant 20[H^+]$ 和 $c_{A^-} \geqslant 20[H^+]$
缓冲溶液　碱性	$pH = pK_w - pK_b + \lg \frac{c_B}{c_{BH^+}}$ （B）	当 $pH \geqslant 8$，$c_{BH^+} \geqslant 20[OH^-]$ 和 $c_B \geqslant 20[OH^-]$

注：1. 碱的计算式是将上述酸的计算式中［H^+］换成［OH^-］，K_a、K_{a_1}、K_{a_2} 换成碱的 K_b、K_{b_1}、K_{b_2}；c 代表碱的分析浓度。

2. （A）为最简式；（B）为较简式或称近似式；（C）为精确式。

4.1.2 滴定方法

4.1.2.1 方法概述

酸碱滴定法是以酸碱反应为基础的滴定方法，滴定剂通常是强酸或强碱，被测物是酸碱及能与酸碱直接或间接发生反应的物质。酸碱滴定法是滴定分析中非常重要的分析方法。

学习酸碱滴定法，主要掌握下列3点：

（1）学会判断哪些物质能用酸碱滴定法测定；

（2）了解滴定过程中溶液 pH 值的变化，尤其是化学计量点附近溶液 pH 值的变化；

（3）正确选择指示剂。

4.1.2.2 酸碱指示剂

酸碱滴定一般没有外观变化，常需借助指示剂的颜色改变来确定滴定终点。

A　变色原理

酸碱指示剂一般是结构复杂的有机弱酸或弱碱，它们的酸式和其共轭碱式具有不同的颜色。在滴定过程中，溶液 pH 值改变时，指示剂或给出质子由酸式变为其共轭碱式，或接受

质子由碱式变为其共轭酸式，引起结构的改变，这就是指示剂的变色原理。例如，甲基橙

$$(CH_3)_2\overset{+}{N}=\langle\,\rangle=N-\overset{H}{N}-\langle\,\rangle-SO_3^- \underset{H^+}{\overset{OH^-}{\rightleftharpoons}} (CH_3)_2N-\langle\,\rangle-N=N-\langle\,\rangle-SO_3^-$$

红色(醌式) 黄色(偶氮式)

以 HIn 代表指示剂的酸式，In^- 代表其共轭碱式，则存在：$HIn \rightleftharpoons H^+ + In^-$，$K_{HIn}=\frac{[H^+][In^-]}{[HIn]}$，$K_{HIn}$ 称为指示剂常数，其数值取决于指示剂的性质和温度。$\frac{[In^-]}{[HIn]}=\frac{K_{HIn}}{[H^+]}$说明指示剂颜色变化取决于$\frac{[In^-]}{[HIn]}$的比值，而此比值的改变取决于溶液中［$H^+$］。

当$\frac{[In^-]}{[HIn]}=1$，即酸式色和碱式色各占一半时，$pH=pK_{HIn}$，称为理论变色点。

B 变色范围

指示剂开始变色至变色终了时所对应的 pH 值范围称为指示剂的变色范围。

一般地说，$\frac{[In^-]}{[HIn]}\leqslant\frac{1}{10}$时，看到的只是 HIn 的颜色，此时［$H^+$］$\geqslant 10K_{HIn}$，$pH\leqslant pK_{HIn}-1$。

当$\frac{[In^-]}{[HIn]}\geqslant 10$ 时，看到的只是 In^- 的颜色，此时［H^+］$\leqslant\frac{K_{HIn}}{10}$，$pH\geqslant pK_{HIn}+1$

所以指示剂的变色范围为 $pH=pK_{HIn}\pm 1$。但由于人眼对各种颜色的敏感程度不同，加上两种颜色有互相掩盖的作用，影响观察，实测到的酸碱指示剂的变色范围会有所差异，见表 4－2。在变色范围内指示剂颜色变化最明显的那一点的 pH 值，称为滴定指数，以 pT 表示，这点就是实际滴定终点。当人眼对指示剂的两种颜色同样敏感时，则 $pT=pK_{HIn}$。

表 4－2 常用的酸碱指示剂

指示剂	变色范围 pH 值	颜色		pK_{HIn}	pT	浓 度
		酸色	碱色			
百里酚蓝（第一次变色）	1.2～2.8	红	黄	1.6	2.6	0.1%（20%乙醇溶液）
甲基黄	2.9～4.0	红	黄	3.3	3.9	0.1%（90%乙醇溶液）
甲基橙	3.1～4.4	红	黄	3.4	4	0.05%水溶液
溴酚蓝	3.1～4.6	黄	紫	4.1	4	0.1%（20%乙醇溶液），或指示剂钠盐的水溶液
溴甲酚绿	3.8～5.4	黄	蓝	4.9	4.4	0.1%水溶液，每 100mg 指示剂加 0.05mol/L NaOH 2.9mL
甲基红	4.4～6.2	红	黄	5.0	5.0	0.1%（60%乙醇溶液），或指示剂钠盐的水溶液
溴百里酚蓝	6.0～7.6	黄	蓝	7.3	7	0.1%（20%乙醇溶液），或指示剂钠盐的水溶液

续表4-2

指示剂	变色范围 pH值	颜色		pK_{HIn}	pT	浓度
		酸色	碱色			
中性红	6.8~8.0	红	黄橙	7.4		0.1%（60%乙醇溶液）
酚红	6.7~8.4	黄	红	8.0	7	0.1%（60%乙醇溶液），或指示剂钠盐的水溶液
酚酞	8.0~9.6	无	红	9.1		0.1%（90%乙醇溶液）
百里酚蓝（第二次变色）	8.0~9.6	黄	蓝	8.9	9	0.1%（20%乙醇溶液）
百里酚酞	9.4~10.6	无	蓝	10.0	10	0.1%（90%乙醇溶液）

C　混合指示剂

在酸碱滴定中，有时需要将滴定终点限制在很窄的pH值范围内，这时可采用混合指示剂。混合指示剂配制方法有两种：一种方法是用两种指示剂按一定比例混合而成；另一种方法是用一种指示剂与另一种不随H^+浓度变化而改变颜色的染料混合而成。这两种方法配成的混合指示剂，都是利用彼此颜色之间的互补作用，使颜色的变化更加敏锐。例如甲基红和溴甲酚绿所组成的混合指示剂：

溶液酸度pH值	甲基红	溴甲酚绿	甲基红+溴甲酚绿混合指示剂
≤4.0	红色	黄色	橙色
=5.0	橙红色	绿色	灰色
≥6.2	黄色	蓝色	绿色

当pH=5.1时，甲基红的橙红色与溴甲酚绿的绿色互补呈灰色，色调变化极为敏锐。常用的混合酸碱指示剂见表4-3。

表4-3　常用的混合酸碱指示剂

指示剂溶液的组成	变色点 pH值	颜色		备　注
		酸色	碱色	
1份0.1%甲基黄乙醇溶液 1份0.1%亚甲基蓝乙醇溶液	3.25	蓝紫	绿	pH=3.4绿色 pH=3.2蓝紫色
1份0.1%甲基橙水溶液 1份0.25%靛蓝二磺酸钠水溶液	4.1	紫	黄绿	
3份0.1%溴甲酚绿乙醇溶液 1份0.2%甲基红乙醇溶液	5.1	酒红	绿	
1份0.1%溴甲酚绿钠盐水溶液 1份0.1%氯酚红钠盐水溶液	6.1	黄绿	蓝紫	pH=5.4蓝紫色，pH=5.8蓝色，pH=6.0蓝带紫，pH=6.2蓝紫色
1份0.1%中性红乙醇溶液 1份0.1%亚甲基蓝乙醇溶液	7.0	蓝紫	绿	pH=7.0紫蓝色
1份0.1%甲酚红钠盐水溶液 3份0.1%百里酚蓝钠盐水溶液	8.3	黄	紫	pH=8.2玫瑰色，pH=8.4清晰的紫色
1份0.1%百里酚蓝50%乙醇溶液 3份0.1%酚酞50%乙醇溶液	9.0	黄	紫	从黄到绿再到紫
2份0.1%百里酚酞乙醇溶液 1份0.1%茜素黄乙醇溶液	10.2	黄	紫	

D　指示剂的用量

酸碱指示剂本身是一种有机弱酸或有机弱碱，在滴定过程中指示剂用量对颜色变化的影响有两个方面：一是指示剂用量过多（或浓度过高）时，会使滴定终点颜色变化不明显，且指示剂本身也消耗一定的滴定剂；二是指示剂用量的改变会引起单色指示剂变色范围的变动，影响滴定准确度。如在 50～100mL 溶液中加入 2～3 滴 0.1% 酚酞，pH≈9.0 时出现红色，而在相同条件下加入 10～15 滴 0.1% 酚酞，则在 pH=8.0 时出现红色，因此在不影响指示剂变色灵敏度的条件下，指示剂的用量越少越好，通常被测试液在20～30mL 时，指示剂的用量 3～4 滴。

综上所述，可以得出如下 3 点结论：

（1）酸碱指示剂由于它们的 K_{HIn} 不同，其变色范围、理论变色点和 pT 都不同。

（2）各种指示剂变色范围的幅度各不相同，但一般来说，不大于 2 个 pH 单位，也不小于 1 个 pH 单位，大多数指示剂的变色范围是 1.6～1.8 个 pH 单位。

（3）某些酸碱滴定中，化学计量点附近的 pH 值突跃范围较小，一般指示剂难以准确指示终点时，可采用混合指示剂。

4.1.2.3　酸碱滴定曲线和指示剂的选择

酸碱滴定中最重要的是了解滴定过程中溶液 pH 值的变化规律，再根据 pH 值的变化规律选择最适宜的指示剂确定终点，然后通过计算求出被测物的含量。

A　强碱滴定强酸（或强酸滴定强碱）

强碱滴定强酸过程，溶液中 H^+ 浓度的计算是根据

$$c_1 V_1 = c_2 V_2$$

式中　c_1，V_1——标准溶液的浓度和体积；

　　c_2，V_2——被滴定的酸或碱的浓度和体积。

现以 $c_{NaOH}=0.1000$mol/L NaOH 溶液滴定 20.00mL $c_{HCl}=0.1000$mol/L HCl 溶液为例，说明滴定过程中溶液 pH 值的变化规律。将滴定全过程分为滴定前、化学计量点前、化学计量点时和化学计量点后 4 个阶段。

（1）滴定前。溶液的 pH 值由 HCl 溶液的初始浓度决定

$$c_{HCl} = [H^+] = 0.1000\text{mol/L} \quad pH = 1.00$$

（2）滴定开始到化学计量点前。

1）当加入 18.00mL NaOH 溶液时，溶液中还有 2.00mL HCl 未被中和，这时溶液中的 HCl 浓度为

$$[H^+] = \frac{0.1000 \times 2.00}{20.00 + 18.00} = 5.26 \times 10^{-3}\text{mol/L} \quad pH = 1.00$$

2）当加入 19.98mL NaOH 溶液时，溶液中还有 0.02mL HCl 未被中和，这时溶液中的 HCl 浓度为

$$[H^+] = \frac{0.1000 \times 0.02}{20.00 + 19.98} = 5.00 \times 10^{-5}\text{mol/L} \quad pH = 4.30$$

（3）化学计量点时。当加入 20.00mL NaOH 溶液时，溶液中的 HCl 全部被中和，溶液呈中性。此时

$$[H^+] = [OH^-] = 10^{-7}mol/L \quad pH = 7.00$$

（4）化学计量点后。当加入20.02mL NaOH溶液时，溶液的pH值仅由过量的NaOH浓度来决定

$$[OH^-] = \frac{0.1000 \times 0.02}{20.00 + 20.02} = 5.00 \times 10^{-5}mol/L \quad pH = 9.70$$

用类似的方法可以计算滴定过程中各点的pH值，其数值列于表4－4中，如果以溶液的pH值为纵坐标，以NaOH加入的量为横坐标作图，即可得图4－1所示曲线。这就是强碱滴定强酸的滴定曲线。

表4－4　用0.1000mol/L NaOH溶液滴定20.00mL 0.1000mol/L HCl溶液滴定过程中各点的pH值

加入NaOH溶液的量		剩余HCl	过量NaOH	$[H^+]$	pH值
%	mL	V/mL	V/mL	/mol·L^{-1}	
0	0.00	20.00		1.00×10^{-1}	1.00
90	18.00	2.00		5.26×10^{-3}	2.28
99	19.80	0.20		5.02×10^{-4}	3.30
99.9	19.98	0.02		5.00×10^{-5}	4.30 ⎫
100.0	20.00	0.00		1.00×10^{-7}	7.00 ⎬突跃范围
100.1	20.02		0.02	2.00×10^{-10}	9.70 ⎭
101	20.20		0.20	2.00×10^{-11}	10.70
110	22.00		2.00	2.10×10^{-12}	11.70
200	40.00		20.00	3.00×10^{-13}	12.50

从表4－4的数据和图4－1的滴定曲线可看出：

（1）从滴定开始到加入19.98mL NaOH，pH值从1.00增加到4.30，即改变3.30个pH值单位。溶液的值仍在酸性范围内，发生不显著的渐变。

（2）在化学计量点附近，加入0.04mL NaOH（从中和剩余0.02mL HCl到过量0.02mL NaOH）pH值从4.30增加到9.70改变5.40个pH值单位。

（3）化学计量点以后，由于溶液中有过量的NaOH，溶液的pH值主要由过量的NaOH来决定。

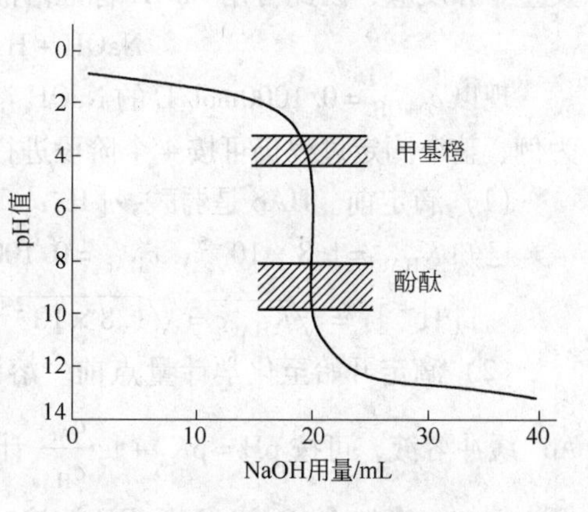

图4－1　0.1000mol/L NaOH滴定20.00mL 0.1000mol/L HCl的滴定曲线

根据上述分析，滴定到化学计量点附近溶液pH值所发生的突跃现象是有重要的实际意义，它是选择指示剂的依据。变色范围全部或一部分在滴定突跃范围内的指示剂可选用来指示滴定终点。用0.1mol/L NaOH溶液滴定0.1mol/L HCl溶液时滴定突跃的pH值范围是从4.30到9.70，可选用甲基红、甲基橙或酚酞为指示剂。

必须指出，强碱滴定强酸的滴定突跃范围，不仅与体系的性质有关，而且还与酸碱溶

液的浓度有关。按上述方法可以计算出不同浓度的酸碱滴定中滴定的突跃范围，如图 4－2 所示。

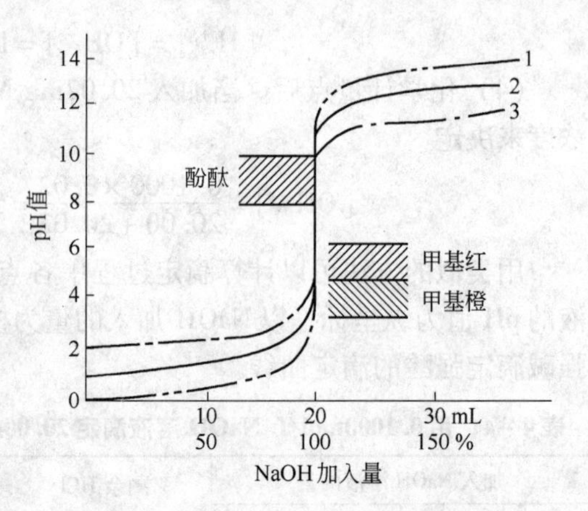

图 4－2　用不同浓度 NaOH 滴定 20.00mL 相应浓度的 HCl 的滴定曲线

滴定剂浓度：1—1mol/L；2—0.1mol/L；3—0.01mol/L

从图 4－2 的滴定曲线可以看出，酸碱浓度每增大 10 倍，滴定突跃范围就增加 2 个 pH 值单位。例如 $c_{NaOH}=1mol/L$ 的 NaOH 标准溶液，滴定 $c_{HCl}=1mol/L$ 的 HCl 溶液 20.00mL，滴定突跃范围为 pH＝3.30～10.70。这时若选用甲基橙为指示剂，其 pT＝4 恰好处于突跃范围内，可使滴定误差小于 0.1%。然而若酸碱浓度分别降低 10 倍，则滴定突跃范围减小 2 个 pH 值单位，即 pH＝5.30～8.70，如仍选用甲基橙为指示剂，则指示剂的变色范围 pH＝3.1～4.4 就在突跃范围外，滴定误差将大于 1%，因此不能选用甲基橙，可以选用酚酞或甲基红。由此可见，酸碱浓度对滴定突跃范围是有直接影响的。

强酸滴定强碱的滴定曲线与强碱滴定强酸的滴定曲线相对称，pH 变化则相反。在进行分析时，可根据滴定曲线选择适用的指示剂。

B　强碱滴定弱酸

有机原料乙酸总酸度的测定是属于强碱滴定弱酸的应用实例，乙酸为有机酸，能与碱发生中和反应，因此可用 NaOH 标准溶液滴定，反应式如下：

$$NaOH + HAc \rightleftharpoons NaAc + H_2O$$

现以 $c_{NaOH}=0.1000mol/L$ 的 NaOH 溶液滴定 20.00mL $c_{HAc}=0.1000mol/L$ 的 HAc 溶液为例，整个滴定过程仍可按 4 个阶段进行计算。

（1）滴定前。HAc 是弱酸，$[H^+]$ 可按一元弱酸最简式计算。

已知 $K_{HAc}=1.8\times10^{-5}$，$c_{HAc}=0.1000mol/L$。

$$[H^+]=\sqrt{K_{HAc}c}=\sqrt{1.8\times10^{-5}\times0.1000}=1.34\times10^{-3}mol/L\quad pH=2.87$$

（2）滴定开始至化学计量点前。溶液中有剩余的 HAc 及生成的 NaAc，形成 HAc－Ac^- 缓冲溶液，可按 $pH=pK_a+\lg\frac{c_{Ac^-}}{c_{HAc}}$ 计算。

例如，当加入 19.98mL NaOH 溶液时，剩余 0.02mL HAc

$$c_{HAc}=\frac{0.1000\times0.02}{20.00+19.98}=5.0\times10^{-5}mol/L$$

$$c_{Ac^-}=\frac{0.1000\times19.98}{20.00+19.98}=5.0\times10^{-2}mol/L$$

$$pH=pK_a+\lg\frac{5.0\times10^{-2}}{5.0\times10^{-5}}=4.74+3.00=7.74$$

（3）化学计量点时。溶液中 HAc 与 NaOH 全部反应生成 NaAc，因为此时体积增大 1 倍，所以 NaAc 浓度为 0.05000mol/L。NaAc 是弱碱，可按一元弱碱的最简式计算 $[H^+]$。

$$[OH^-]=\sqrt{K_b c}=\sqrt{\frac{K_w}{K_a}c}=\sqrt{\frac{10^{-14}}{1.8\times10^{-5}}}\times0.05000=5.3\times10^{-6}\text{mol/L},$$

$$pH=14.00-pOH=14.00-5.28=8.72$$

（4）化学计量点后。溶液的 pH 值决定于过量的 NaOH，例如，加入 20.02mL NaOH 溶液时，$[OH^-]=\frac{0.1000\times0.02}{20.00+20.02}=5.0\times10^{-5}$mol/L，

$$pH=14.00-pOH=14.00-4.30=9.70$$

用类似的方法，可以计算出滴定过程中各点的 pH 值，其数据列于表 4-5 中。

表 4-5 用 $c_{NaOH}=0.1000$mol/L 溶液滴定 20.00mL $c_{HAc}=0.1000$mol/L 溶液的 pH 值变化

加入 NaOH 溶液的量		剩余的 HAc /mL	过量 NaOH /mL	计算式	pH 值
%	mL				
0	0.00	20.00		$[H^+]=\sqrt{K_a c_{HAc}}$	2.87
90	18.00	2.00		$[H^+]=K_a\cdot\frac{c_{HAc}}{c_{NaAc}}$	5.70
99	19.80	0.20			6.73
99.9	19.98	0.02			7.74 突跃范围
100.0	20.00	0.00		$[OH^-]=\sqrt{\frac{K_w}{K_a}c_{NaAc}}$	8.72 突跃范围
100.1	20.02		0.02	$[OH^-]=\frac{V_{NaOH}-V_{HAc}}{V_{NaOH}+V_{HAc}}\times c_{NaOH}$	9.70 突跃范围
101	20.20		0.20		10.70
110	22.00		2.00		11.70
200	40.00		20.00		12.50

如果以溶液的 pH 值为纵坐标，以 NaOH 加入的量为横坐标作图，即可得图 4-3 所示的曲线。

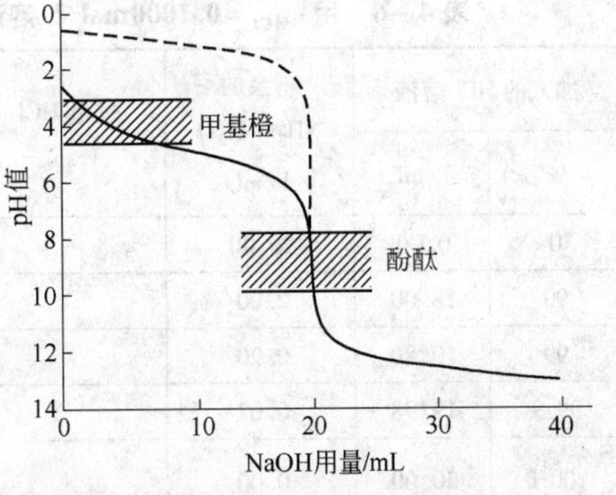

图 4-3 0.1000mol/L NaOH 滴定 20.00mL 0.1000mol/L HAc 的滴定曲线

从表 4-5 的数据和图 4-3 的滴定曲线可以看出：

（1）由于 HAc 是弱酸，所以溶液的 pH 值不等于弱酸的原始浓度，滴定曲线的起始点不在 pH=1 处。

（2）化学计量点前虽然只加入 19.98mL NaOH，但由于 NaAc 是碱，其水溶液已呈碱性。滴定突跃范围不是由酸性到碱性，而是在碱性范围内（pH=7.74～9.70），且其滴定突跃范围较窄。

（3）化学计量点前各点 pH 值均较强酸时大，滴定曲线形成一个由倾斜到平坦又到倾斜的坡度。原因是由于滴定一开始即有 NaAc 生成，它抑制 HAc 的离解，使溶液的 pH 值急剧增大，致使滴定曲线的斜度也相应地增大。当继续滴定时，HAc 浓度减小，NaAc 浓度相应增大，但由于形成了缓冲溶液，结果使溶液 pH 值增大速度减慢，因此滴定曲线又呈现平坦状。在接近化学计量点时，溶液中 HAc

已很少，缓冲作用减弱，溶液的 pH 值又急剧增大，致使滴定曲线又呈现倾斜状。在化学计量点附近有一个较小的滴定突跃，这个突跃处在碱性范围。

（4）化学计量点后，溶液的 pH 值主要由过量的 NaOH 来决定，与强碱滴定强酸相同。

根据这类滴定突跃范围（pH ＝7.74～9.70）来选择指示剂，显然选用甲基橙是不行的，选用酚酞是适宜的。它的变色范围恰在滴定突跃范围内。

在此必须指出，除酸碱浓度对滴定突跃范围有影响外，弱酸的电离常数 K_a 的大小也是影响滴定突跃范围的因素。图 4－4 是 0.1000mol/L NaOH 溶液滴定 0.1000mol/L 不同弱酸溶液的滴定曲线。从图中可以看出，当酸的浓度一定时，凡 K_a 值越大，滴定突跃范围越大；K_a 值越小，滴定突跃范围越小。当 $c_{酸} \cdot K_{酸} < 10^{-8}$ 时，就看不出明显的突跃了，即应用一般酸碱指示剂无法确定滴定终点，必须采取其他措施，因此，$c_{酸} \cdot K_{酸} \geqslant 10^{-8}$ 是弱酸能被准确滴定的判别式。

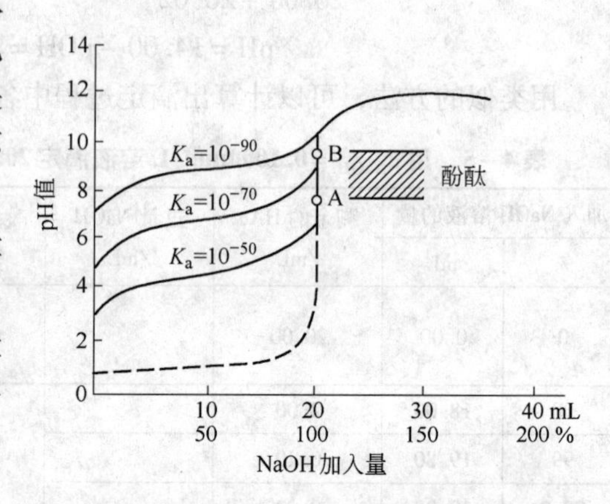

图 4－4　NaOH 溶液滴定不同弱酸溶液的滴定曲线

C　强酸滴定弱碱

氨水中氨含量的测定属于强酸滴定弱碱的应用实例。它与强碱滴定弱酸的情况基本相似，各阶段 pH 值的计算方法也相似。

现以 0.1000mol/LHCl 溶液滴定 20.00mL 0.1000mol/L 氨水为例。反应式为：

$$NH_3 + H^+ = NH_4^+$$

将滴定过程中各主要点的 pH 值计算公式和所得数据列于表 4－6 中，据此数据绘制的滴定曲线如图 4－5 所示。

表 4－6　用 $c_{HCl}=0.1000$mol/L 溶液滴定 20.00mL $c_{NH_3 \cdot H_2O}=0.1000$mol/L 溶液

加入的 HCl 溶液		剩余的 $NH_3 \cdot H_2O$ V/mL	过量 HCl V/mL	计算式	pH 值
%	V/mL				
0	0.00	20.00		$[OH^-] = \sqrt{K_b \cdot c_{NH_3}}$	11.13
90	18.00	2.00		$[OH^-] = K_b \cdot \dfrac{c_{NH_3}}{c_{NH_4Cl}}$	8.30
99	19.80	0.20			7.27
99.9	19.98	0.02			6.25 } 突跃范围
100.0	20.00	0.00		$[H^+] = \sqrt{\dfrac{K_w}{K_b} c_{NH_4Cl}}$	5.28 } 突跃范围
100.1	20.02		0.02	$[H^+] = \dfrac{V_{HCl} - V_{NH_3 \cdot H_2O}}{V_{HCl} + V_{NH_3 \cdot H_2O}} \times c_{HCl}$	4.30 } 突跃范围
101	20.20		0.20		3.30
110	22.00		2.00		2.30
200	40.00		20.00		1.48

从表 4－6 的数据和图 4－5 的滴定曲线可以看出：

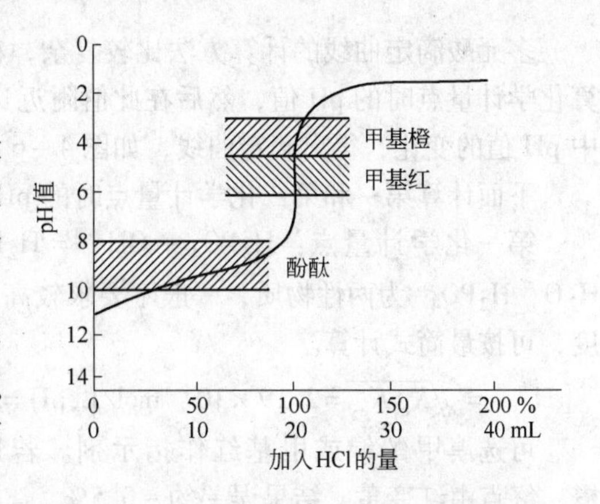

图4－5　强酸滴定弱碱的滴定曲线

（1）此曲线与强碱滴定弱酸的滴定曲线相似，只是pH值的变化相反。

（2）化学计量点时pH＝5.28，滴定突跃范围是pH＝6.25～4.30，因此只能选择酸性区域内变色的指示剂，如甲基红、溴甲酚绿等。

（3）滴定突跃范围受碱的浓度及强度影响。因此一般要求碱的离解常数与浓度的乘积$c_{碱} \cdot K_{碱} \geqslant 10^{-8}$，符合这个条件才有明显的滴定突跃范围，有可能选择指示剂。

最后指出，弱酸滴定弱碱，得不到明显的突跃，一般不选择弱酸作滴定剂。

D　多元酸的滴定

工业磷酸含量的测定属于多元酸滴定的应用实例。在多元酸的滴定中要考虑两个问题：一，多元酸能滴定的原则是什么？二，如何选择指示剂？

通过大量实践证明，可按下述原则判断：

（1）当$c_{酸} \cdot K_{酸1} \geqslant 10^{-8}$时，这一级离解的$H^+$可以被滴定。

（2）当相邻的两个$K_{酸}$值，相差10^5时，较强的那一级离解的H^+先被滴定，出现第一个滴定突跃，较弱的那一级离解的H^+后被滴定。但能否出现第二个滴定突跃，则取决于酸的第二级离解常数值是否满足$c_{酸} \cdot K_{酸2} \geqslant 10^{-8}$。如果是大于或等于$10^{-8}$，则有第二个突跃。

（3）如相邻的$K_{酸}$相差小于10^5时，滴定时两个滴定突跃将混在一起，这时只有一个滴定突跃。

根据上述原则，现以工业磷酸测定为例，说明多元酸被滴定的可能性。H_3PO_4的三步离解常数分别为

$$K_{a_1}=7.6\times10^{-3},\ K_{a_2}=6.3\times10^{-8},\ K_{a_3}=4.4\times10^{-13}$$

当用$c_{NaOH}=0.1000$mol/L NaOH溶液滴定$c_{H_3PO_4}=0.1000$mol/L H_3PO_4溶液时，从H_3PO_4第一步离解常数可以看出

$$c\cdot K_{a_1}>10^{-8},\ \frac{K_{a_1}}{K_{a_2}}>10^5$$

因此用碱中和第一步离解的H^+可以得到第一个滴定突跃。从H_3PO_4第二步离解常数可以看出

$$c\cdot K_{a_2}\approx10^{-8},\ \frac{K_{a_2}}{K_{a_3}}>10^5$$

因此用碱中和第二步离解的H^+可以得到第二个滴定突跃。最后由H_3PO_4的第三步离解常数得出

$c\cdot K_{a_3}<10^{-8}$，因此得不到第三个滴定突跃，说明不能用碱继续直接滴定。

多元酸滴定曲线的计算方法比较复杂，在实际工作中，为了选择指示剂，通常只需计算化学计量点时的 pH 值，然后在此值附近选择指示剂即可。也可用 pH 计记录滴定过程中 pH 值的变化，得出滴定曲线，如图 4－6 所示。

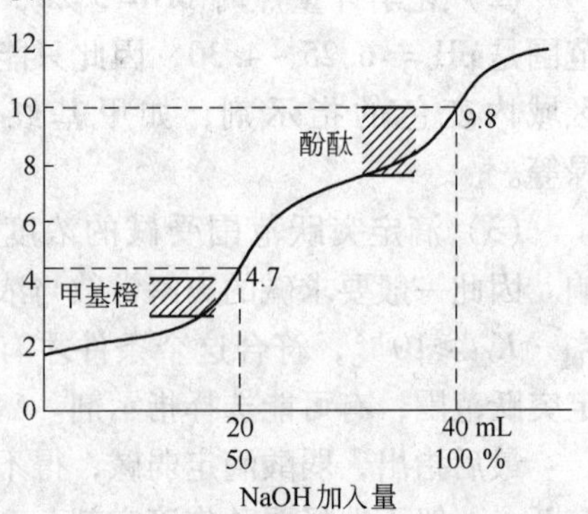

图 4－6　NaOH 溶液滴定 H_3PO_4 溶液的滴定曲线

下面计算第一和第二化学计量点时的 pH 值。

第一化学计量点：$H_3PO_4 + OH^- = H_2PO_4^- + H_2O$，$H_2PO_4^-$ 为两性物质，一般不要求较高的准确度，可按最简式计算。

$[H^+]=\sqrt{K_{a_1}K_{a_2}}=2.19\times10^{-5}mol/L, pH=4.66$

可选溴甲酚绿或甲基红作指示剂。若选甲基橙，终点由红变黄，结果误差约 －0.5%。

第二化学计量点：$H_2PO_4^- + OH^- = HPO_4^{2-} + H_2O$，$HPO_4^{2-}$ 为两性物质，一般可按最简式计算

$[H^+] = \sqrt{K_{a_2}K_{a_3}}=1.66\times10^{-10}mol/L$，pH = 9.78

可选百里酚酞为指示剂，终点由无色变浅蓝色，结果误差约为 +0.3%。

第三化学计量点：由于 $c\cdot K_{a_3}<10^{-8}$，不能按常规方法滴定，但可以加入中性 $CaCl_2$ 溶液进行强化，使其形成 $Ca_3(PO_4)_2$沉淀，将 H^+ 释放出来，就可以准确滴定了。强化反应式为：$2HPO_4^{2-}+3Ca^{2+}=Ca_3(PO_4)_2\downarrow+2H^+$。

可选酚酞作指示剂。

E　多元碱的滴定

现以 $c_{HCl}=0.1000mol/L$ HCl 溶液滴定 $c_{Na_2CO_3}=0.1000mol/L$ Na_2CO_3溶液为例。滴定分两步进行：第一步 $CO_3^{2-}+H^+=HCO_3^-$；第二步 $HCO_3^-+H^+=CO_2+H_2O$。

已知 H_2CO_3的 $K_{a_1}=4.2\times10^{-7}$，$K_{a_2}=5.6\times10^{-11}$

则 Na_2CO_3 的 $K_{b_1}=\frac{K_w}{K_{a_2}}=1.8\times10^{-4}$，$K_{b_2}=\frac{K_w}{K_{a_1}}=2.4\times10^{-8}$

判断：(1) $c\cdot K_{b_1}=1.8\times10^{-5}>10^{-8}$；(2) $c\cdot K_{b_2}=0.05\times2.4\times10^{-8}=1.2\times10^{-9}$；(3) $\frac{K_{b_1}}{K_{b_2}}\approx10^{-4}$，又有 HCO_3^- 的缓冲作用，第一突跃不够明显，第二突跃也不理想。HCl 滴定 Na_2CO_3的滴定曲线如图 4－7 所示。

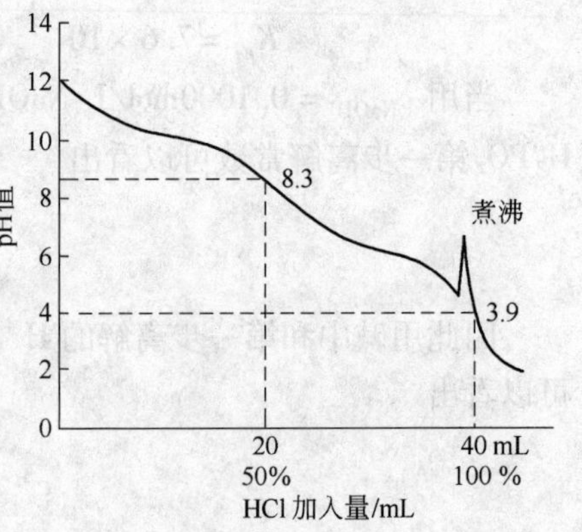

图 4－7　HCl 溶液滴定 Na_2CO_3 溶液的滴定曲线

在第一化学计量点形成 $NaHCO_3$溶液，$[H^+]=\sqrt{K_{a_1}K_{a_2}}$，pH = 8.31，可选酚酞作指示剂，终点误差约 1%，若选用甲酚红－百里酚蓝混合指示剂（pT = 8.3），终点误差约 0.5%。第二化学计量点时，溶液被滴定形成的 CO_2 所饱和，H_2CO_3 的浓度约为 0.040mol/L，$[H^+]=\sqrt{K_{a_1}c}$，pH = 3.89，可用甲基

橙作指示剂，但由于K_{b_2}不够大，再加上CO_2饱和使溶液酸度增大，终点提前，为此，在滴定近终点时应剧烈摇动，促使H_2CO_3分解，最好将溶液煮沸2min除去CO_2，使突跃变大，冷却后继续滴定至终点。若在第二化学计量点使用甲基红－溴甲酚绿混合指示剂，颜色由绿变暗红，终点较敏锐。

4.2　配位滴定法

4.2.1　概述

4.2.1.1　配合物的基本概念

在共价键中，如果共用电子对由某一原子单独提供的称为配位键，由配位键形成的化合物称为配位化合物，简称配合物。例如：

在蓝色的硫酸铜溶液中，加入少量的浓氨水．就会出现浅蓝色的$Cu(OH)_2$沉淀。反应为

$$Cu^{2+}+2NH_3\cdot H_2O = Cu(OH)_2\downarrow+2NH_4^+$$

若继续加入过量的浓氨水，则沉淀溶解，生成深蓝色的溶液。反应为

$$Cu(OH)_2+4NH_3\cdot H_2O = Cu(NH_3)_4^{2+}+4H_2O+2OH^-$$

生产的$Cu(NH_3)_4^{2+}$称为铜氨配离子，全称为四氨合铜（Ⅱ）配离子。价键理论认为：氨分子中氨原子上的一对孤对电子（: NH_3）投入到Cu^{2+}的空轨道中形成配位键，从而结合成配离子[$Cu(NH_3)_4^{2+}$]

$$\left[\begin{array}{c} NH_3 \\ \cdot\cdot \\ H_3N : Cu : NH_3 \\ \cdot\cdot \\ NH_3 \end{array}\right]^{2+} \quad 或 \quad \left[\begin{array}{c} NH_3 \\ \downarrow \\ H_3N \rightarrow Cu \leftarrow NH_3 \\ \uparrow \\ NH_3 \end{array}\right]^{2+}$$

配离子是配合物的特征组合，它的性质和结构与其他离子有很大区别，因此在写配合物分子式时，常用方括号把配离子括起来。

配离子在通常情况下，是由一个简单的正离子（即中心离子）和一定数目的中性分子或负离子（即配位体）以配位键结合起来的难以电离的复杂离子。配离子及配合物组成如下：

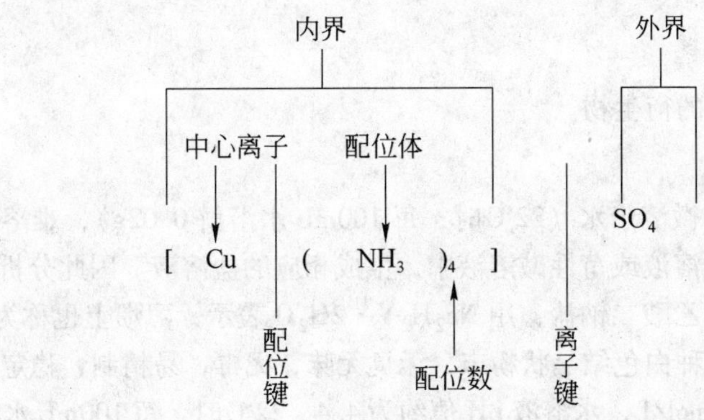

4.2.1.2 配位滴定法

利用形成配合物反应为基础的滴定分析方法称为配位滴定法。例如用 $AgNO_3$ 标准溶液测定电镀液中 CN^- 的含量，反应式如下：

$$Ag^+ + 2CN^- \longrightarrow [Ag(CN)_2]^-$$

当滴定到化学计量点时，稍过量的 $AgNO_3$ 标准溶液与 $[Ag(CN)_2]^-$ 反应生成 $Ag[Ag(CN)_2]$ 白色沉淀，使溶液变混浊，指示滴定终点的到达。反应式如下：

$$Ag^+ + [Ag(CN)_2]^- \rightleftharpoons Ag[Ag(CN)_2]\downarrow \text{白色}$$

但是作为配位滴定的反应必须符合以下条件：

（1）生成的配合物要有确定的组成，即中心离子与配位剂严格按一定比例化合；

（2）生成的配合物要有足够的稳定性；

（3）配合反应速度要足够快；

（4）有适当的反映化学计量点到达的指示剂或其他方法。

虽然能够形成无机配合物的反应很多，而能用于滴定分析的并不多，原因是许多无机配合反应常常是分级进行，并且配合物的稳定性较差，因此计量关系不易确定，滴定终点不易观察，致使配位滴定方法受到很大局限。自20世纪40年代开始发展了有机配位剂，它们与金属离子的配合反应能满足上述要求，因此在生产和科研中得到广泛的应用，配位滴定法也从此成为一种重要的化学分析方法。目前常用的有机配位剂是氨羧配位剂，其中以EDTA应用最广泛。

4.2.2 乙二胺四乙酸（EDTA）

4.2.2.1 EDTA的性质

EDTA是乙二胺四乙酸的简称，是取其原文四个字首组成，即 ethylene - diamine tetracetic acid 的首字母组成的，其结构式为

$$\begin{matrix} HOOCCH_2 \diagdown & H^+ & & & & H^+ & \diagup CH_2COO^- \\ & N & -CH_2- & CH_2 & - & N & \\ {}^-OOCCH_2 \diagup & & & & & & \diagdown CH_2COOH \end{matrix}$$

它是一类含有氨基（$-N\lt$）和羧基（—COOH）的氨羧配位剂，是以氨基二乙酸

$$-N\begin{matrix} \diagup CH_2COOH \\ \diagdown CH_2COOH \end{matrix}$$

为主体的衍生物。

EDTA用 H_4Y 表示，微溶于水（22℃时，每100mL水溶解0.02g），难溶于酸和一般有机溶剂，但易溶于氨性溶液或苛性碱溶液中，生成相应的盐溶液。因此分析工作中常应用它的二钠盐即乙二胺四乙酸二钠盐，用 $Na_2H_2Y \cdot 2H_2O$ 表示，习惯上也称为EDTA。

$Na_2H_2Y \cdot 2H_2O$ 是一种白色结晶状粉末，无臭无味，无毒，易精制，稳定，室温下其饱和溶液的浓度约为0.3mol/L，水溶液pH值约为4.4。22℃时，每100mL水溶解11.1g。

4.2.2.2 EDTA 与金属离子配合的特点

（1）配合物稳定性好。EDTA 适合作配位滴定剂是由它本身所具有的特殊结构决定的。从它的结构式可以看出，它同时具有氨氮和羧氧两种配位能力很强的配位基，综合了氮和氧的配位能力，因此 EDTA 几乎能与周期表中大部分金属离子配合，形成具有五元环结构的稳定的配合物。

在一个 EDTA 分子中，由 2 个氨氮和 4 个羧氧提供了 6 个配位原子，它完全能满足一个金属离子所需要的配位数。例如，EDTA 与 Co^{3+} 形成一种八面体的配合物，其结构如图 4－8 所示。它具有四个 O—C—C—N（经 Co 成环）螯合环及一个 N—C—C—N（经 Co 成环）螯合环，这些螯合环均为五元环，具有这种环形结构的配合物称为螯合物。根据有机结构理论和配合物理论的研究，能形成五元环或六元环的螯合物，都是较稳定的。

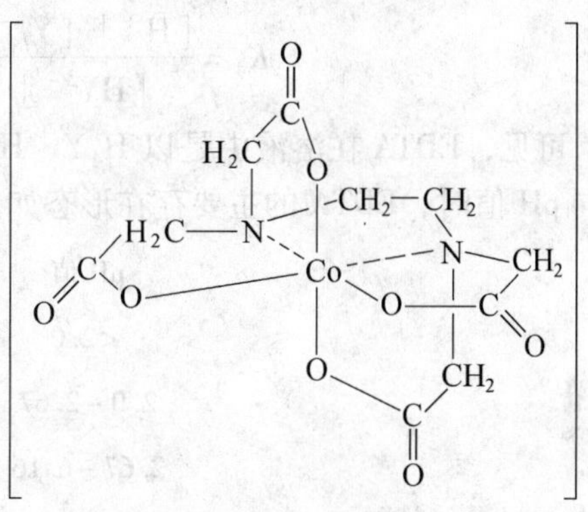

图 4－8 与 EDTA 螯合物的立体结构

（2）配合物的颜色。无色金属离子与 EDTA 生成的配合物无色，它利于选择适当指示剂确定终点，但有色金属离子与 EDTA 生成的配合物都有颜色，如 NiY^{2-} 蓝绿、CuY^{2-} 深蓝、CoY^{2-} 紫红、MnY^{2-} 紫红、CrY^{-} 深紫、FeY^{-} 黄色，并且比原金属离子的颜色更深，滴定这些离子时，浓度要稀一些，否则影响终点的观察。

（3）EDTA 与金属离子生成的配合物，易溶于水，反应大多迅速，所以，配位滴定可以在水溶液中进行。

（4）EDTA 与金属离子的配合能力与溶液酸度密切相关。

（5）EDTA 与金属离子配合的特点是不论金属离子是几价的，它们多是以 1∶1 的关系配合，同时释放出 2 个 H^{+}，反应式如下：

$$M^{2+} + H_2Y^{2-} \rightleftharpoons 2H^{+} + MY^{2-}$$

$$M^{3+} + H_2Y^{2-} \rightleftharpoons 2H^{+} + MY^{-}$$

$$M^{4+} + H_2Y^{2-} \rightleftharpoons 2H^{+} + MY$$

少数高价金属离子例外，例如，五价钼与 EDTA 形成从 w（Mo）∶w（Y）＝2∶1 的螯合物 $(MoO_2)_2Y^{2-}$。

4.2.2.3 酸度对 EDTA 配位滴定的影响

EDTA 是一个四元弱酸，在溶液中存在下列四步电离平衡：

$$H_4Y \rightleftharpoons H^{+} + H_3Y^{-}$$

$$K_1 = \frac{[H^{+}][H_3Y^{-}]}{[H_4Y]} = 10^{-2.0} \quad pK_1 = 2.0$$

$$H_3Y^- \rightleftharpoons H^+ + H_2Y^{2-}$$

$$K_2 = \frac{[H^+][H_2Y^{2-}]}{[H_3Y^-]} = 10^{-2.67} \quad pK_2 = 2.67$$

$$H_2Y^{2-} \rightleftharpoons H^+ + HY^{3-}$$

$$K_3 = \frac{[H^+][HY^{3-}]}{[H_2Y^{2-}]} = 10^{-6.16} \quad pK_3 = 6.16$$

$$HY^{3-} \rightleftharpoons H^+ + Y^{4-}$$

$$K_4 = \frac{[H^+][Y^{4-}]}{[HY^{3-}]} = 10^{-10.26} \quad pK_4 = 10.26$$

可见，EDTA 在溶液中是以 H_4Y、H_3Y^-、H_2Y^{2-}、HY^{3-}、Y^{4-} 等 5 种形态存在，在不同 pH 值时，EDTA 的主要存在形态如下：

pH 值	主要存在形态
<2.0	H_4Y
2.0~2.67	H_3Y^-
2.67~6.16	H_2Y^{2-}
6.16~10.26	HY^{3-}
>10.26	Y^{4-}

以上表明，只有在 pH > 10.26 时，EDTA 才主要以 Y^{4-} 形态存在，在各种形态中 Y^{4-} 最易与金属离子 M^{n+} 直接配位，形成的配合物最稳定，故溶液酸度越低，即 pH 值越大，Y^{4-} 形态组分的比例越大（见图 4-9），EDTA 的配位能力就越强。因此溶液的酸度是影响配位滴定的一个主要因素。

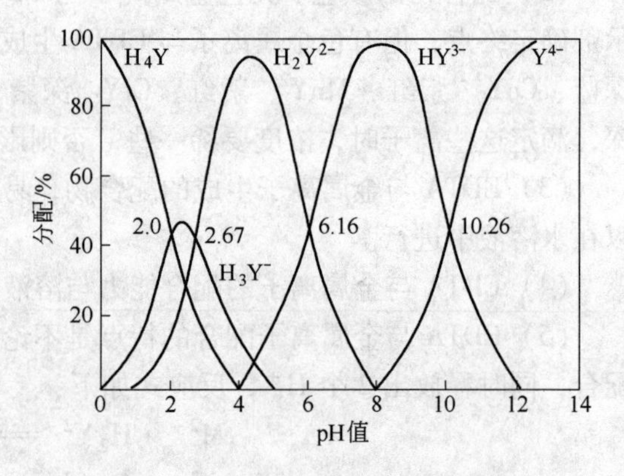

图 4-9　EDTA 在溶液中各种形态分配与溶液 pH 值的关系图

用下式表示金属离子 M（略去电荷）与 EDTA 的配合物 MY 在溶液中的配位平衡。

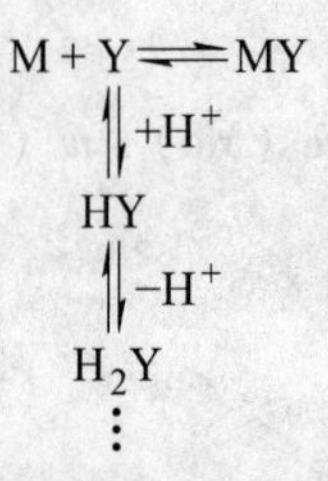

溶液的酸度直接影响 Y 与 M 的配位能力，当酸度增大时，Y 倾向于与 H^+ 结合为 HY、H_2Y 等，使 Y 的浓度减小，不利于配合物 MY 的形成，这种由溶液酸度引起的副反应称为酸反应。所以，EDTA 的浓度实质上是 EDTA 各种形态浓度的总和，即

$$[Y_{总}]=[H_4Y]+[H_3Y^-]+[H_2Y^{2}]+[HY^{3-}]+[Y^{4-}]$$

在 EDTA 与金属离子配位中，以上仅仅是考虑了配位体的一面，还没有考虑金属离子的影响，并不是所有的金属离子都能在 pH 值高的条件下滴定。随着溶液 pH 值的升高，还未滴定时，部分金属离子就已水解成为氢氧化物沉淀，根本无法滴定。所以每一种金属离子都有一个适于滴定的 pH 值范围，如表 4－7 所示。

表 4－7　部分金属离子与 EDTA 定量配位时所允许的 pH 值范围

金属离子	$\lg K_{MY}$	能进行配位滴定的 pH 值范围
Ba^{2+}	7.86	pH≥10
Mg^{2+}	8.70	pH＝10 左右
Ca^{2+}	10.7	pH＝8～13，因为 pH 值在 8～9 时，无合适的指示剂，故一般在 pH＝10 时滴定
Mn^{2+}	13.87	pH＞6
Al^{3+}	16.30	pH＝4～6
Cd^{2+}	16.46	pH＞4
Zn^{2+}	16.50	pH＝4～12 均能滴定
Pb^{2+}	18.04	pH＞4
Cu^{2+}	18.80	pH＝2.5～10
Hg^{2+}	21.80	pH＞2.5
Fe^{3+}	25.10	pH＝2 左右
Bi^{3+}	27.94	pH＝1 附近

在配位滴定中，由于滴定剂 $Na_2H_2Y \cdot 2H_2O$ 与金属离子配位时，要释放出 H^+，反应为

$$M^{n+}+H_2Y^{2-} \rightleftharpoons MY^{n-4}+2H^+$$

这样溶液的酸度会随配位反应的进行不断提高，改变了滴定条件，不利于配位反应的进行。因此，必须加入适当的缓冲溶液，以保证滴定过程自始至终溶液 pH 值基本不变，使配位反应正常进行。

4.2.3　MY（略去电荷）配合物的稳定常数

EDTA 与金属离子形成的配合物在溶液中的解离平衡为

$$M+Y \rightleftharpoons MY$$

其稳定常数可表示为

$$K_{MY}=\frac{[MY]}{[M][Y]}$$

式中　[MY]——EDTA－M 配合物的浓度，mol/L；

[M]——未配合的金属离子浓度，mol/L；

[Y]——未配合的 EDTA 阴离子的浓度，mol/L。

K_{MY}称为绝对稳定常数，通常称为稳定常数。这个数值越大，配合物就越稳定。由于K_{MY}数值一般较大，所以采用 $\lg K_{MY}$ 值来表示，表 4－8 列出了一些常见金属离子和 EDTA 形成的配合物的稳定常数 $\lg K_{MY}$ 的值。

同一配位体与不同离子形成的配合物，可以根据其稳定常数的大小比较其稳定性，如：

$$\lg K_{AgY^{3-}} = 7.32，\lg K_{AlY^{-}} = 16.3$$

则稳定性 $AgY^{3-} < AlY^{-}$

当两种不同的配位剂与同一金属离子形成配合物时，稳定性强的配位剂可以将稳定性弱的配合物中的配位剂置换出来。

表 4-8 常见金属离子与 EDTA 所形成配合物的 $\lg K_{MY}$ 值（25℃ c_{KNO_3} = 0.1mol/L 溶液中）

金属离子	$\lg K_{MY}$	金属离子	$\lg K_{MY}$	金属离子	$\lg K_{MY}$
Ag^{+}	7.32	Co^{2+}	16.31	Mn^{2+}	13.80
Al^{3+}	16.30	Co^{3+}	36.00	Na^{+}	1.66①
Ba^{2+}	7.86（a）	Cr^{3+}	23.40	Pb^{2+}	18.40
Be^{2+}	9.20	Cu^{2+}	18.80	Pt^{3+}	16.40
Bi^{3+}	27.94	Fe^{2+}	14.32①	Sn^{2+}	22.11
Ca^{2+}	10.69	Fe^{3+}	25.10	Sn^{4+}	34.50
Cd^{2+}	16.46	Li^{+}	2.79❶	Sr^{2+}	8.70
Ce^{3+}	16.00	Mg^{2+}	8.70①	Zn^{2+}	16.50

① 表示在 c_{KCl} = 0.1mol/L 溶液中，其他条件相同。

4.2.4 金属指示剂

在配位滴定中，通常利用一种能与金属离子生成有色配合物的显色剂来指示滴定过程中金属离子浓度的变化。这种显色剂称为金属指示剂，它是配位滴定法最常用的指示剂。

4.2.4.1 金属指示剂变色原理

金属指示剂(In)大多是一种有机染料，能与某些金属离子(M)生成有色配合物，此配合物的颜色与金属指示剂的颜色不同。下面举例说明。

例如：用 EDTA 标准溶液滴定镁，当加入铬黑 T(以 H_3In 表示其分子式)为指示剂，在 pH = 10 的缓冲溶液中为蓝色，与镁离子配合后生成红色配合物。反应如下：

$$\underset{蓝色}{Mg^{2+} + HIn^{2-}} \rightleftharpoons \underset{红色}{MgIn^{-}} + H^{+}$$

当以 EDTA 溶液进行滴定时，H_2Y^{2-} 逐渐夺取配合物中的 Mg^{2+} 而生成更稳定的配合物 MgY^{2-}，反应如下：

$$\underset{红色}{MgIn^{-}} + H_2Y^{2-} \rightleftharpoons MgY^{2-} + H^{+} + \underset{蓝色}{HIn^{2-}}$$

直到 $MgIn^{-}$ 完全转变为 MgY^{2-}，同时游离出蓝色 HIn^{2-}。当溶液由红色变为纯蓝色时，即为滴定终点。

4.2.4.2 金属指示剂应具备的条件

金属离子显色剂很多，但可以作金属指示剂的只有一部分，这是因为金属指示剂必须具备下列条件：

（1）在测定的pH值范围内金属指示剂本身的颜色应与金属离子和金属指示剂形成配合物的颜色有明显的区别，只有这样才能使终点颜色变化明显。

（2）金属指示剂与金属离子配合物（MIn）的稳定性应比金属离子与EDTA配合物（MY）的稳定性小，二者的稳定常数应相差100倍以上，EDTA才能在化学计量点夺取MIn中的金属离子M，置换出指示剂，从而使溶液发生颜色转变。但MIn的稳定性也不能太低，否则会使终点提前，而且颜色变化不敏锐。

（3）指示剂应该有一定的选择性，即在一定条件下只对某一种（或几种）离子发生显色反应。另外，又要有一定的广泛性，即改变滴定条件时，也能作其他离子滴定时的指示剂。这样就能在连续滴定两种或两种以上离子时，避免加入多种指示剂而发生颜色干扰。

（4）金属指示剂应易于溶解，且化学性质稳定，不易被氧化剂、还原剂、日光及空气分解破坏。

4.2.4.3　常用金属指示剂

A　铬黑T（EBT或BT）

铬黑T的化学名称为1－（1－羟基－2－萘偶氮基）－6－硝基－2－萘酚－4－磺酸钠，属偶氮染料，其结构式如下：

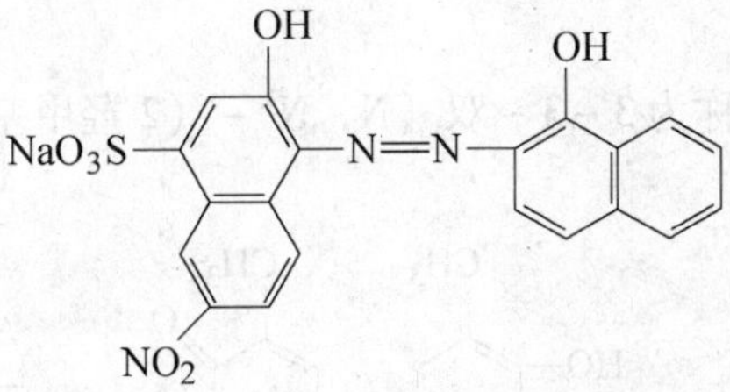

铬黑T为黑褐色粉末，略带金属光泽，溶于水后结合在磺酸根上的Na^+全部电离，以阴离子形式存在于溶液中。铬黑T是一个三元弱酸，以H_2In^-表示，在不同pH值时，其颜色变化为

$$H_2In^- \rightleftharpoons HIn^{2-} \rightleftharpoons In^{3-}$$

$pH<6.3$	$pH=8\sim11$	$pH>11.5$
红紫色	蓝色	橙黄色

铬黑T与很多金属离子生成显红色的配合物，为使终点敏锐，最好控制$pH=8\sim10$，这时终点由红色变为蓝色，比较敏锐，而在$pH<8$或$pH>11$时配合物的颜色和指示剂的颜色相似，不宜使用。在$pH=10$缓冲溶液中，宜于滴定Mg^{2+}、Zn^{2+}、Cd^{2+}、Pd^{2+}、Hg^{2+}等。

Cu^{2+}、Ni^{2+}、Co^{2+}、Al^{3+}、Fe^{3+}、Ti^{4+}等金属离子对指示剂产生封闭作用。Cu^{2+}、Co^{2+}、Ni^{2+}等金属离子可用KCN掩蔽，Al^{3+}、Ti^{4+}和少量Fe^{3+}可用三乙醇胺掩蔽。若含少量Cu^{2+}、Pd^{2+}，可加Na_2S消除干扰。

铬黑T在水溶液中不稳定，很易聚合。因此，常将铬黑T与干燥NaCl配成（1＋100）固体混合物或取0.50g铬黑T和2g盐酸羟胺溶于100mL乙醇中或0.50g铬黑T溶于75mL无水乙醇＋25mL三乙醇胺溶液中。

B　钙指示剂（NN）

钙指示剂(NN)化学名称为2－羟基－1－（2－羟基－4－磺酸钠－1－萘偶氮）－3－苯甲酸，结构式如下：

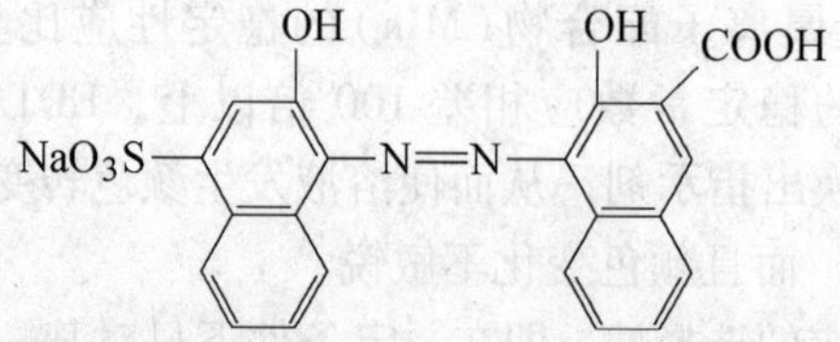

此试剂为深棕色粉末，溶于水为紫色，在水溶液中不稳定，通常与NaCl固体粉末配成（1＋100）混合物使用。此指示剂的性质和铬黑T很相近，在不同的pH值，其颜色变化为

$$H_2In \xrightleftharpoons{pK_1=7.4} HIn \xrightleftharpoons{pK_2=13.5} In$$

pH < 7.4	pH = 8 ~ 13	pH > 13.5
粉红色	蓝色	粉红色

钙指示剂能与Ca^{2+}形成红色配合物，在pH＝13时，可用于钙镁混合物中钙的测定，终点由红色变为蓝色。颜色变化敏锐。在此条件下Mg^{2+}生成$Mg(OH)_2$沉淀，不被滴定。

钙指示剂和铬黑T一样，也受Cu^{2+}、Ni^{2+}、Co^{2+}、Al^{3+}、Fe^{3+}、Ti^{4+}"封闭"，消除方法也相同。

C　二甲酚橙（XO）

二甲酚橙(XO)化学名称为3－3－双〔N，N′－（2羟甲基）胺甲基〕－邻甲酚磺酞，结构式如下：

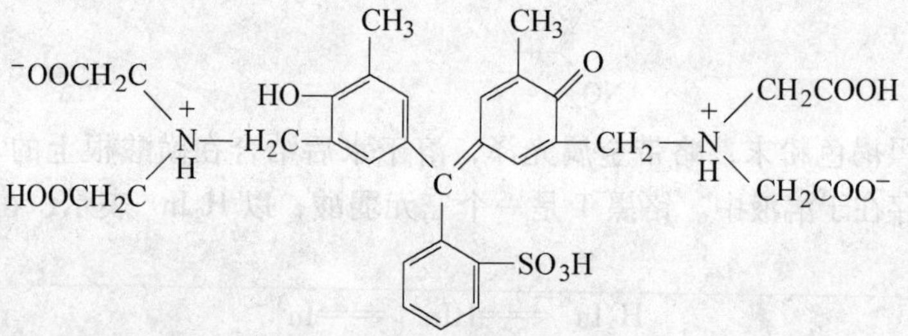

二甲酚橙

一般用的是二甲酚橙的四钠盐，为紫色结晶，易溶于水，pH＞6.3时呈红色，pH＜6.3时呈黄色。它与金属离子配合呈红紫色，因此它只能在pH＜6.3的酸性溶液中使用。通常配成0.5%水溶液，可保存2～3周。许多金属离子可用二甲酚橙作指示剂直接滴定，如Bd^{3+}（在pH＝1～2），Pd^{2+}、Zn^{2+}、Cd^{2+}、Hg^{2+}等和稀土元素的离子（在pH＝5～6）都可直接滴定，终点由红色变黄色，敏锐。

Al^{3+}、Fe^{3+}、Ni^{2+}、Ti^{4+}和pH＝5～6时的Th^{4+}对二甲酚橙有封闭作用，Al^{3+}、Ti^{4+}可用NH_4F掩蔽，Fe^{3+}可用抗坏血酸还原，Ni^{2+}可用邻二氮菲掩蔽，Th^{4+}、Al^{3+}可用乙酰丙酮掩蔽。

D　PAN

PAN化学名称为1－（2－吡啶偶氮）－2－萘酚，PAN属偶氮类显色剂，结构式如下：

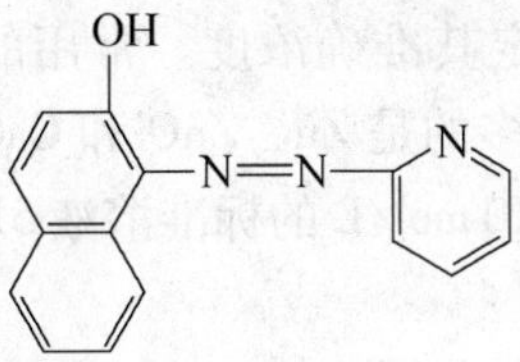

PAN 在溶液中存在二级酸式离解

$$H_2In^+ \xrightleftharpoons{pK_1 = 1.9} HIn \xrightarrow{pK_2 = 12.2} In^-$$

pH < 1.9　　pH = 1.9 ~ 12.2　　pH > 12.2

黄绿色　　黄色　　红色

PAN 为橘红色针状结晶，可溶于碱、氨水、甲醇或乙醇等溶剂中，通常配成 0.1% 乙醇溶液使用。

PAN 在 pH = 1.9 ~ 12.2 范围内呈黄色，可与 Cu^{2+}、Bi^{3+}、Cd^{2+}、Hg^{2+}、Pd^{2+}、Zn^{2+}、Fe^{2+}、Ni^{2+}、Mn^{2+}、Th^{4+} 及稀土等离子形成红色配合物，这些配合物的溶解度都很小，致使终点变色缓慢，这种现象称为指示剂的"僵化"，解决"僵化"的办法是加乙醇或适当加热。

现将常用金属指示剂及其应用、配制方法汇总于表 4－9 中。

表 4－9　常用金属指示剂及其应用、配制方法

指示剂	使用 pH 值范围	颜色变化		直接滴定离子	配制方法
		In	MIn		
铬黑 T（EBT）	8 ~ 10	蓝	红	pH = 10：Mg^{2+}、Zn^{2+}、Cd^{2+}、Pd^{2+}、Hg^{2+}、Mn^{2+}、稀土	1g 铬黑 T 与 100g NaCl 混合研细或 5g/L 乙醇溶液加 20g 盐酸羟胺
钙指示剂（NN）	12 ~ 13	蓝	红	pH = 12 ~ 13：Ca^{2+}	1g 钙指示剂与 100g NaCl 混合研细或 4g/L 甲醇溶液
二甲酚橙（XO）	<6	黄	红紫	pH < 1：ZrO^{2+} pH = 1 ~ 3：Bi^{3+}、Th^{4+} pH = 5 ~ 6：Zn^{2+}、Cd^{2+}、Pd^{2+}、Hg^{2+}、稀土	5g/L 水溶液
PAN	2 ~ 12	黄	红	pH = 2 ~ 3：Bi^{3+}、Th^{4+} pH = 4 ~ 5：Cu^{2+}、Ni^{2+}	1g/L 或 2g/L 乙醇溶液

4.2.5　EDTA 配位滴定法的应用

4.2.5.1　EDTA 标准溶液的配制

EDTA 标准溶液常用乙二胺四乙酸的二钠盐（$Na_2H_2Y \cdot 2H_2O$），可以制成基准物质直接配制。例如，称取 3.7225g EDTA 基准试剂，溶于 500mL 温水中（必要时可加热），冷却后转入 500mL 容量瓶中，用水稀释至刻度，摇匀，即得 c_{EDTA} 为 0.02mol/L 的 EDTA 标准溶液。

通常用标定法配制 EDTA 标准溶液。将一般市售的 $Na_2H_2Y \cdot 2H_2O$ 先配成所需近似浓度的溶液，然后用基准物质标定其准确浓度。常用的基准物质有 Zn、ZnO、Cu、CaO 及 $MgSO_4 \cdot 7H_2O$ 等，其中使用最多的是 Zn、ZnO 和 $CaCO_3$。

例 用标定法配制 c_{EDTA} 为 0.01mol/L 的标准溶液 5L（标定物质用 ZnO、指示剂为铬黑 T）。

（1）配制近似浓度的溶液。计算配制 5L c_{EDTA} 为 0.01mol/L 所需 EDTA 质量。

$$\begin{aligned} m_{EDTA} &= c_{EDTA} V_{EDTA} M_{EDTA} \\ &= 0.01 \times 5 \times 372.24 \\ &= 18.61\text{g} \end{aligned}$$

在托盘天平上称取 19g EDTA（一般实际用量比理论用量多 2% ~3%），置于 300mL 烧杯中，加蒸馏水，用玻璃棒搅拌直至全部溶解后，转移至试剂瓶中，稀释至 5L，摇匀，待标定。

（2）标定。在分析天平上准确称取已在 800℃灼烧至恒温，保存在干燥器中的基准物质 ZnO 0.25g 左右（称准至 0.0002g），置于 200mL 洁净的烧杯中，加几滴蒸馏水将 ZnO 润湿，然后滴加浓盐酸溶液（约需 2mL）溶解 ZnO。将 ZnO 盐酸溶液定量转移到 250mL 容量瓶中，加蒸馏水稀释至刻度，摇匀。

用移液管吸取上述 Zn^{2+} 溶液 25mL，置于 300mL 锥形瓶中，滴加浓度为（1+9）的氨水溶液至溶液出现浑浊（约 1mL），加入 pH=10.0 的 NH_3-NH_4Cl 缓冲溶液 10mL，加 $\rho_{铬黑T}=5$g/L 三乙醇胺溶液的指示剂 3~4 滴，用待标定的 EDTA 溶液滴定至溶液由紫红色变为纯蓝色为滴定终点。滴定过程反应为：

$$Zn^{2+} + HIn^{2-} \rightleftharpoons ZnIn^{-} + H^{+}$$

$$Zn^{2+} + H_2Y^{2-} \rightleftharpoons ZnY^{2-} + 2H^{+}$$

终点时反应为

$$\underset{紫红}{ZnIn^{-}} + H_2Y^{2-} \rightleftharpoons ZnY^{2-} + \underset{纯蓝色}{HIn^{2-}} + H^{+}$$

按下式计算 EDTA 的准确浓度

$$c_{EDTA} = \frac{m_{ZnO} \times \frac{25}{250}}{M_{ZnO} V_{EDTA}}$$

式中 c_{EDTA}——EDTA 标准溶液浓度，mol/L；

m_{ZnO}——称取基准物质 ZnO 的质量，g；

M_{ZnO}——ZnO 的摩尔质量，g/mol；

V_{EDTA}——消耗 EDTA 的体积，L。

配制的 EDTA 标准溶液如需长期保存，应用聚乙烯塑料瓶或硬质玻璃瓶盛装。若用软质玻璃瓶盛装，EDTA 将不同程度地溶解玻璃瓶中的 Ca^{2+} 而使 EDTA 的浓度降低，所以一般放置半月以后就应重新标定。

4.2.5.2 EDTA 配位滴定法的应用

A 工业用水中 Ca^{2+}、Mg^{2+} 总量的测定

溶解在天然水中的阳离子有 Na^{+}、Ca^{2+}、Mg^{2+} 等，阴离子有 HCO_3^{-}、CO_3^{2-}、SO_4^{2-}、

Cl^-等。可溶性盐中Ca^{2+}、Mg^{2+}含量的多少对水质的影响很大。一般把Ca^{2+}、Mg^{2+}含量以$CaCO_3$计，高于75mg/L的水称为硬水，低于75mg/L的水称为软水。Ca^{2+}、Mg^{2+}含量高的硬水对人们日常生活或工农业生产都不利。饮用水中Ca^{2+}、Mg^{2+}含量过高或过低都会影响人体健康，我国生活饮用水的标准为450mg/L（以$CaCO_3$计）。

工业用水中，长期使用Ca^{2+}、Mg^{2+}含量较高的水，会对生产造成不利，如用作冷却水时，不仅会产生污垢，降低传热效率，严重时造成堵塞，并可能腐蚀设备，引起穿漏事故；若长期用作蒸汽锅炉水时，会在锅炉内壁形成水垢，降低传热效率，使燃料消耗增加，使蒸汽炉管局部过热而变形，严重时能引起爆炸事故；生产中，若使用Ca^{2+}、Mg^{2+}含量较高的水，还会将Ca^{2+}、Mg^{2+}等杂质带入产品，影响产品质量。因此，应根据水的不同用途，在使用前进行处理，同时作Ca^{2+}、Mg^{2+}含量的测定，以满足生产、生活对水质的要求。

水中Ca^{2+}、Mg^{2+}总量的测定通常采用EDTA配位滴定法。Ca^{2+}、Mg^{2+}的总量一般用质量浓度ρ_{CaO}表示，单位为mg/L。

a　测定原理

用氨－氯化铵缓冲溶液将水样调至pH＝10.0，以铬黑T为指示剂，用EDTA标准溶液进行直接滴定。EDTA配位剂和铬黑T指示剂分别与Ca^{2+}、Mg^{2+}形成的配合物的稳定性各不相同，依次为$CaY^{2-} > MgY^{2-} > MgIn^- > CaIn^-$。水样中当$Ca^{2+}$、$Mg^{2+}$共存时有以下几种情况：

（1）在水样中加入缓冲溶液及铬黑T指示剂后，铬黑T首先与Mg^{2+}配位形成酒红色配合物，反应式为

$$\underset{\text{}}{Mg^{2+}} + \underset{\text{蓝色}}{HIn^{2-}} \rightleftharpoons \underset{\text{酒红色}}{MgIn^-} + H^+$$

（2）用EDTA标准溶液滴定时，它首先和Ca^{2+}配位，然后再与游离的Mg^{2+}配位。反应式为

$$Ca^{2+} + H_2Y^{2-} \rightleftharpoons \underset{\text{无色}}{CaY^{2-}} + 2H^+$$

$$Mg^{2+} + H_2Y^{2-} \rightleftharpoons \underset{\text{无色}}{MgY^{2-}} + 2H^+$$

（3）在化学计量点时，EDTA夺取$MgIn^-$中的全部Mg^{2+}而使指示剂游离出去，溶液由酒红色变为蓝色即为终点。反应式为

$$\underset{\text{酒红色}}{MgIn^-} + H_2Y^{2-} \rightleftharpoons MgY^{2-} + \underset{\text{蓝色}}{HIn^{2-}} + H^+$$

此法可以测出Ca^{2+}、Mg^{2+}的总含量。EDTA配位剂也能与其他金属离子互相作用，但一般含量很少，可以忽略不计。

b　测定步骤

用移液管吸取50mL水样，置于250mL锥形瓶中，加1mLH_2SO_4溶液（加合浓度（1＋1））和5mL $K_2S_2O_8$溶液（$\rho_{K_2S_2O_8}=40g/L$），加热煮沸至近干，取下，冷却至室温，加50mL蒸馏水和3mL三乙醇胺（加合浓度（1＋2）），用KOH溶液（$\rho_{KOH}=200g/L$）调节pH近中性，再加5mLNH_3-NH_4Cl缓冲溶液（pH＝10.0）和3滴铬黑T指示剂（$\rho_{铬黑T}=5g/L$），用

c_{EDTA} =0.01mol/L EDTA 标准溶液滴定，近终点时速度要缓慢，当溶液颜色由紫红色变为纯蓝色时即为终点。平行测定2~3次。

c　结果计算

$$\rho_{CaO} = \frac{c_{EDTA} V_{EDTA} M_{CaO}}{V_{样}} \times 10^6$$

式中　ρ_{CaO}——水中 Ca^{2+}、Mg^{2+} 总量的质量浓度，mg/L；

c_{EDTA}——EDTA 标准溶液的浓度，mol/L；

V_{EDTA}——耗用 EDTA 标准溶液的体积，L；

M_{CaO}——CaO 的摩尔质量，g/mol；

$V_{样}$——水样的体积，mL。

B　工业氯化钙含量的测定

a　测定原理

在 pH =12~13 时，以 EDTA 为标准溶液直接滴定 Ca^{2+}，用钙作指示剂。由于 Ca^{2+} 与钙指示剂的配合物稳定性比 Ca^{2+} 与 EDTA 的配合物的稳定性差，到达滴定终点时，稍过量的 EDTA 就会夺取钙与钙指示剂配合物中的 Ca^{2+} 而置换出钙指示剂，溶液由红色变为蓝色。

b　测定步骤

称取约3.5g 无水氯化钙或约5g 二水氯化钙试样（精确到0.0002g），置于250mL 烧杯中，加水溶解，全部转移至500mL 容量瓶中，用水稀释至刻度，摇匀。

移取上述试液10mL，加水约50mL，加5mL 三乙醇胺溶液（加合浓度（1+2）），2mL 氢氧化钠（质量浓度100g/L），约0.1g 钙指示剂。用 EDTA 标准溶液滴定，溶液由红色变为蓝色即为终点。同时作平行测定。

c　结果计算

$$w_{CaCl_2} = \frac{c_{EDTA} V_{EDTA} M_{CaCl_2}}{m_{样} \times \frac{10}{500}}$$

式中　w_{CaCl_2}——工业氯化钙的质量分数；

c_{EDTA}——EDTA 标准溶液的浓度，mol/L；

V_{EDTA}——耗用 EDTA 标准溶液的体积，L；

M_{CaCl_2}——$CaCl_2$ 的摩尔质量，g/mol；

$m_{样}$——试样的质量，g。

4.3 氧化还原滴定法

4.3.1 概述

氧化还原滴定法是以氧化还原反应为基础的滴定分析法。它是以氧化剂或还原剂为标准溶液来测定还原性或氧化性物质含量的方法。

在酸碱滴定法中只有少量的几种标准溶液，但在氧化还原滴定法中，由于氧化还原反应类型不同，所以应用的标准溶液比较多。通常根据所用标准溶液，将氧化还原法分为以下几类：

高锰酸钾法——以 $KMnO_4$ 为标准溶液；

重铬酸钾法——以 $K_2Cr_2O_7$ 为标准溶液；

碘量法——以 I_2 和 $Na_2S_2O_3$ 为标准溶液；

溴酸钾法——以 $KBrO_3-KBr$ 为标准溶液。

氧化还原滴定法和酸碱滴定法在测量物质含量步骤上是相似的，但在方法原理上有本质的不同。酸碱反应是离子互换反应，反应历程简单快速。氧化还原反应是电子转移反应，反应历程复杂，反应速度快慢不一，而且受外界条件影响较大。因此在氧化还原滴定法中要控制反应条件，使其符合滴定分析的要求。

4.3.2 氧化还原平衡

4.3.2.1 氧化还原反应

氧化还原反应是物质之间发生电子转移的反应，获得电子的物质称为氧化剂，失去电子的物质称为还原剂，例如 Br_2 和 I^- 的反应，

$$Br_2+2I^- \xlongequal{} 2Br^-+I_2$$

其中 Br_2 获得 I^- 给予的电子，$Br_2+2e = 2Br^-$，它是氧化剂，I^- 失去电子，将电子给了 Br_2，$2I^- -2e = I_2$，它是还原剂。Br_2 氧化 I^-，而自身被还原成 Br^-。Br_2/Br^- 是一个电对，Br_2 称为电对的氧化态，Br^- 为其还原态。同样，I_2/I^- 也是一个电对，I_2 为电对的氧化态，I^- 为其还原态，所以氧化还原反应的实质是电子在两个电对之间的转移过程。转移的方向由电极电位（简称电位）的高低来决定。

4.3.2.2 电极电位和能斯特方程式

对于可逆的氧化还原电对的电极电位，可利用能斯特方程式计算，以 ox 表示电对的氧化态，Red 表示其还原态，能斯特方程式为：

$$\varphi_{ox/Red}=\varphi_{ox/Red}^{\ominus}+\frac{0.059}{n}\lg\frac{a_{ox}}{a_{Red}} \qquad (25℃)$$

式中 $\varphi_{ox/Red}$——电对 ox/Red 的电极电位，V；

$\varphi_{ox/Red}^{\ominus}$——电对的标准电极电位，V；

n——反应中转移的电子数；

a_{ox}，a_{Red}——氧化态和还原态的活度，mol/L。

4.3.2.3 标准电极电位

标准电极电位是指25℃，有关离子浓度为1mol/L，以氢电极电位为零测得的相对电位。根据标准电极电位的高低可以初步判断氧化还原反应进行的方向和反应次序。各电对的标准电极电位见附表5。

4.3.2.4 条件电位

实际上知道的是氧化态或还原态的浓度，而不是活度。用浓度代替活度必须引入相应

的活度系数 γ_{ox} 和 γ_{Red}，而且氧化态和还原态还会发生副反应，如生成酸、形成配合物或沉淀等，影响电位变化，所以还必须引入相应的副反应系数 a_{ox} 和 a_{Red}。此时，

$$a_{ox}=[ox]\gamma_{ox}=\frac{c_{ox}\gamma_{ox}}{a_{ox}},\ a_{Red}=[Red]\cdot\gamma_{Red}=\frac{c_{Red}\cdot\gamma_{Red}}{a_{Red}}$$

式中，c_{ox} 和 c_{Red} 分别代表氧化态和还原态的分析浓度。将以上关系代入能斯特方程式

$$\varphi=\varphi^{\ominus}+\frac{0.059}{n}\lg\frac{\gamma_{ox}a_{Red}c_{ox}}{\gamma_{Red}a_{Red}c_{Red}}$$

当 $c_{ox}=c_{Red}=1\mathrm{mol/L}$ 时，$\varphi'^{\ominus}=\varphi^{\ominus}+\dfrac{0.059}{n}\lg\dfrac{\gamma_{ox}a_{Red}}{\gamma_{Red}a_{Red}}$　（25℃）

式中，$\varphi'^{\ominus}$ 为条件电位，它表示在一定介质条件下，氧化态和还原态分析浓度为 1mol/L 时的实际电位。条件电位校正了离子强度和各种副反应的影响，比标准电极电位更符合实际情况。以 Fe^{3+}/Fe^{2+} 电对为例，它在不同介质中的条件电位（$\varphi^{\ominus}_{Fe^{3+}/Fe^{2+}}=0.77\mathrm{V}$）如下：

介　质	$HClO_4$	HCl	H_2SO_4	H_3PO_4	HF
浓度/$\mathrm{mol\cdot L^{-1}}$	1	0.5	1	2	1
$\varphi^{\ominus}_{Fe^{3+}/Fe^{2+}}$/V	0.77	0.71	0.68	0.46	0.32

PO_4^{3-} 与 F^- 都与 Fe^{3+} 形成配合物，所以对电位影响较大，而在 $HClO_4$ 中 Fe^{3+} 不形成配合物，所以 $\varphi'^{\ominus}_{Fe^{3+}/Fe^{2+}}$ 与 $\varphi^{\ominus}_{Fe^{3+}/Fe^{2+}}$ 相同。附表 6 列出了一些电对的条件电位，在计算电对的电位时，应该尽量采用条件电位，若找不到完全相同的条件电位，可利用相近的条件电位；没有条件电位的电对，只能采用标准电极电位。引入条件电位后，能斯特方程式表示为

$$\varphi_{ox/Red}=\varphi'^{\ominus}_{ox/Red}+\frac{0.059}{n}\lg\frac{c_{ox}}{c_{Red}}\qquad(25℃)$$

例 4-8　计算 1.0mol/L HCl 溶液中，$c_{Ce^{4+}}=0.10\mathrm{mol/L}$，$c_{Ce^{3+}}=0.001\mathrm{mol/L}$ 时电对 Ce^{4+}/Ce^{3+} 的电位。

【解】　查附表 6，$\varphi'^{\ominus}_{Ce^{4+}/Ce^{3+}}=1.28\mathrm{V}$（在 1.0mol/L HCl 中）

$$\varphi=\varphi'^{\ominus}+0.059\lg\frac{c_{Ce^{4+}}}{c_{Ce^{3+}}}=1.28+0.059\lg\frac{0.10}{0.001}=1.40\mathrm{V}$$

若不考虑介质影响，用标准电极电位计算，查附表 5，$\varphi^{\ominus}_{Ce^{4+}/Ce^{3+}}=1.61\mathrm{V}$

$$\varphi=\varphi^{\ominus}+0.059\lg\frac{c_{Ce^{4+}}}{c_{Ce^{3+}}}=1.61+0.059\lg\frac{0.10}{0.001}=1.73\mathrm{V}$$

两者相差较大，实验证明，1.40V 符合实际。

4.3.2.5　氧化还原反应进行的方向和速度

氧化还原反应进行的方向，是两个电对中电位较高的电对的氧化态作氧化剂，电位较低的电对的还原态作还原剂，相互反应。

影响反应方向的主要因素有氧化剂和还原剂的浓度、溶液的酸度、生成配合物或沉淀等。

氧化还原反应的历程较复杂，反应速度快慢不一，对反应慢的，常采取加快措施，以满足滴定分析的要求。

影响反应速度的主要因素有反应物浓度、温度和催化剂等，在后面具体方法讨论中有介绍。

4.3.3　氧化还原滴定曲线

4.3.3.1　氧化还原滴定过程中的电位变化

在氧化还原滴定过程中，随着溶液中氧化性物质或还原性物质的浓度的变化，电对的电位不断改变，因此，以电极电位为纵坐标，滴定剂的加入量为横坐标，可绘制成氧化还原滴定曲线。例如以0.1000mol/L $Ce(SO_4)_2$ 作标准溶液滴定20.00mL 0.1000mol/L $FeSO_4$ 溶液，酸度 $c_{H_2SO_4}=1.0$mol/L，溶液中存在两个电对，即 Ce^{4+}/Ce^{3+} 和 Fe^{3+}/Fe^{2+}。当反应达到平衡时，两个电对的电位必然相等，可以根据其中一个电对的浓度比计算电位。

（1）化学计量点前。按 $\varphi=\varphi'^{\ominus}_{Fe^{3+}/Fe^{2+}}+0.059\lg\dfrac{c_{Fe^{3+}}}{c_{Fe^{2+}}}$ 计算电位。

（2）化学计量点时。按两个电对的浓度关系计算电位。化学计量点时，$c_{Fe^{2+}}$ 和 $c_{Ce^{4+}}$ 都不能直接知道，但知道 $c_{Ce^{4+}}=c_{Fe^{2+}}$ 和 $c_{Ce^{3+}}=c_{Fe^{3+}}$，所以 $c_{Ce^{4+}}/c_{Ce^{3+}}=c_{Fe^{2+}}/c_{Fe^{3+}}$，化学计量点时电位为

$$\varphi=\varphi'^{\ominus}_{Ce^{4+}/Ce^{3+}}+0.059\lg\frac{c_{Ce^{4+}}}{c_{Ce^{3+}}}$$

$$\varphi=\varphi'^{\ominus}_{Fe^{3+}/Fe^{2+}}+0.059\lg\frac{c_{Fe^{3+}}}{c_{Fe^{2+}}}=\varphi'^{\ominus}_{Fe^{3+}/Fe^{2+}}-0.059\lg\frac{c_{Ce^{4+}}}{c_{Ce^{3+}}}$$

将两式相加得 $2\varphi=\varphi'^{\ominus}_{Ce^{4+}/Ce^{3+}}+\varphi'^{\ominus}_{Fe^{3+}/Fe^{2+}}$

$$\varphi=\frac{\varphi'^{\ominus}_{Ce^{4+}/Ce^{3+}}+\varphi'^{\ominus}_{Fe^{3+}/Fe^{2+}}}{2}=\frac{1.44+0.68}{2}=1.06\text{V}$$

（3）化学计量点后。可按 $\varphi=\varphi'^{\ominus}_{Ce^{4+}/Ce^{3+}}+0.059\lg\dfrac{c_{Ce^{4+}}}{c_{Ce^{3+}}}$ 计算电位。

现将不同点的电位值列于表4－10中，并绘制成滴定曲线，如图4－10所示。

表4－10　在 $c_{H_2SO_4}=1.0$mol/L 溶液中用0.1000mol/L $Ce(SO_4)_2$ 滴定0.1000 mol/L $FeSO_4$ 溶液20.00mL时溶液的电位变化

加入 Ce^{4+}		剩余 Fe^{2+}		过量的 Ce^{4+}		电位/V
mL	%	mL	%	mL	%	
0.00	0.0	20.00	100.0			—
1.00	5.0	19.00	95.0			0.60
4.00	20.0	16.00	80.0			0.64
8.00	40.0	12.00	60.0			0.67
10.00	50.0	10.00	50.0			0.68
18.00	90.0	2.00	10.0			0.74

续表 4-10

加入 Ce^{4+}		剩余 Fe^{2+}		过量的 Ce^{4+}		电位/V
mL	%	mL	%	mL	%	
19.80	99.0	0.20	1.0			0.80
19.98	99.9	0.02	0.1			0.86
20.00	100.0					1.06 } 滴定突跃
20.02	100.1			0.02	0.1	1.26
22.00	110.0			2.00	10.0	1.38
40.00	200.0			20.00	100.0	1.44

从表 4-10 和图 4-10 看出，滴定突跃为电位 0.86～1.26V。两个电对的条件电位或标准电位相差越大，突跃也越大。一般来说，两个电对的条件电位或标准电位相差大于 0.4V，即可选用在突跃范围内变色的氧化还原指示剂指示终点。

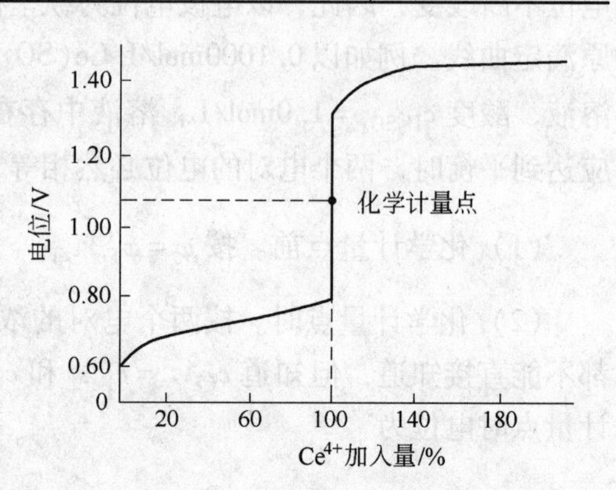

图 4-10　0.1000mol/L $Ce(SO_4)_2$ 溶液滴定 0.1000mol/L $FeSO_4$ 的滴定曲线（在 1.0mol/L H_2SO_4 中）

4.3.3.2　氧化还原指示剂

A　自身指示剂

有些标准溶液本身有颜色，可利用自身颜色的变化指示终点，而不必另外加指示剂，这种指示剂称为自身指示剂。例如，$KMnO_4$ 溶液红色，自身可作指示剂。

B　专属指示剂

碘与淀粉反应生成蓝色化合物，因此，在碘量法中就用淀粉作指示剂，淀粉被称为碘量法的专属指示剂。

C　氧化还原指示剂

氧化还原指示剂是本身具有氧化还原性质的一类有机物，这类指示剂的氧化态和还原态具有不同的颜色。当溶液中滴定体系电对的电位改变时，指示剂电对的浓度也发生改变，因而引起溶液颜色变化，以指示滴定终点。指示剂的电对为：

$$In_{(ox)} + ne = In_{(Red)}$$

指示剂的电位遵从能斯特方程式

$$\varphi_{In} = \varphi_{In}^{'\ominus} + \frac{0.059}{n}\lg\frac{[In_{(ox)}]}{[In_{|Red|}]}\ \varphi_{In} = \varphi_{In}^{'\ominus} + \frac{0.059}{n}\lg\frac{[In_{(ox)}]}{[In_{|Red|}]}$$

式中　$\varphi_{In}^{'\ominus}$——指示剂的条件电位。

表 4-11 列出一些常用的氧化还原指示剂。

当 $\frac{[In_{(ox)}]}{[In_{|Red|}]} \geqslant 10$ 时，溶液呈现指示剂氧化态的颜色，当 $\frac{[In_{(ox)}]}{[In_{|Red|}]} \leqslant \frac{1}{10}$ 时，溶液呈现指示剂还原态的颜色，所以指示剂的变色范围为：$\varphi^{'\ominus} \pm \frac{0.059}{n}$V。

表4-11　常用氧化还原指示剂

指示剂	$\varphi_{In}^{\prime\ominus}$ ([H^+]=1mol/L)/V	颜色变化		配制方法
		氧化态	还原态	
亚甲基蓝	0.53	蓝	无	0.05%水溶液
二苯胺	0.76	紫	无	0.1%浓 H_2SO_4 溶液
二苯胺磺酸钠	0.84	紫红	无	0.5%水溶液
邻苯氨基苯甲酸	0.89	紫红	无	0.1g 指示剂溶于 20mL 5% Na_2CO_3，用水稀释至100mL
邻二氮菲-亚铁	1.06	浅蓝	红	1.485g 邻二氮菲，0.695g $FeSO_4 \cdot 7H_2O$，用水稀释至100mL
硝基邻二氮菲-亚铁	1.25	浅蓝	紫红	1.608g 硝基邻二氮菲，0.695g $FeSO_4 \cdot 7H_2O$，用水稀释至100mL

选择指示剂的原则是：选 $\varphi_{In}^{\prime\ominus}$ 在滴定突跃范围内尽量靠近化学计量点电位的指示剂。例如：上述 Ce^{4+} 滴定 Fe^{2+} 例中，突跃为0.86～1.26V，可选邻苯氨基苯甲酸（$\varphi^{\prime\ominus}$=0.89V）或邻二氮菲-亚铁（$\varphi^{\prime\ominus}$=1.06V）作指示剂。

4.3.4　氧化还原滴定方法

4.3.4.1　高锰酸钾法

A　简介

高锰酸钾是一种较强的氧化剂，在强酸性溶液中与还原剂作用，MnO_4^- 被还原为 Mn^{2+}。

$$MnO_4^- + 8H^+ + 5e \rightleftharpoons Mn^{2+} + 4H_2O \quad \varphi^{\ominus} = 1.51V$$

在弱酸或碱性溶液中与还原剂作用，MnO_4^- 被还原为 Mn^{4+}。

$$MnO_4^- + 2H_2O + 3e \longrightarrow Mn^{4+} + 4OH^- \quad \varphi^{\ominus} = 0.588V$$

生成的褐色 MnO_2 沉淀，实际上是 $MnO_2 \cdot 2H_2O$ 水合物，所以高锰酸钾是一种应用广泛的氧化剂。

从强酸性反应式中得知 $KMnO_4$ 获得5e，所以 $KMnO_4$ 的基本单元为（$1/5KMnO_4$）。从弱酸或碱性反应中得知 $KMnO_4$ 获得3e，所以 $KMnO_4$ 基本单元为（$1/3KMnO_4$）。但在分析实验中很少用后一种反应，因为反应后生成的 MnO_2 为棕色沉淀，影响终点的观察。在酸性溶液中的反应常用 H_2SO_4 酸化而不用 HNO_3，因为 HNO_3 是氧化性酸，可能与被测物反应；也不用HCl，因为HCl中的 Cl^- 有还原性，也能与 $KMnO_4$ 反应。

利用 $KMnO_4$ 作氧化剂可用直接法测定还原性物质，也可用间接法测定氧化性物质，此时先将一定量的还原剂标准溶液加入到被测定的氧化性物质中，待反应完毕后，再用 $KMnO_4$ 标准溶液返滴剩余量的还原剂标准溶液。用 $KMnO_4$ 法进行测定是以 $KMnO_4$ 自身为指示剂。

B　$KMnO_4$ 标准溶液

a　配制

市售 $KMnO_4$ 纯度仅在99%左右，其中含有少量的 MnO_2 及其他杂质，同时蒸馏水中也常含有还原性物质如尘埃、有机物等，这些物质都能促使 $KMnO_4$ 还原。因此 $KMnO_4$ 标准溶液不能用直接法配制，必须先配制成近似浓度，然后再用基准物质标定。为此采取下列步骤配制：

（1）称取稍多于计算用量的 $KMnO_4$，溶解于一定体积的蒸馏水中，将溶液加热煮沸，保持微沸 15min，并放置 2 周，使还原性物质完全被氧化。

（2）用微孔玻璃漏斗过滤，除去 MnO_2 沉淀，滤液移入棕色瓶中保存，避免 $KMnO_4$ 见光分解。

一般配制的 $KMnO_4$ 溶液，经小心配制和存放在暗处，在半年内浓度改变不大。但 0.02mol/L 的 $KMnO_4$ 溶液不宜长期储存。

具体配制 $c_{1/5KMnO_4}=0.1$mol/L 方法如下：称取 3.38g $KMnO_4$，溶于 1050mL 水中，缓慢煮沸 15min，冷却后置于暗处保存两周，用 P_{16} 号玻璃滤埚（事先用相同浓度的 $KMnO_4$ 溶液煮沸 5min）过滤于棕色瓶（用 $KMnO_4$ 溶液洗 2 ~ 3 次）中。

b　标定

标定 $KMnO_4$ 标准溶液的基准物很多，如 $Na_2C_2O_4$、$H_2C_2O_4 \cdot 2H_2O$、$(NH_4)_2Fe(SO_4)_2 \cdot 6H_2O$（分析纯）和纯铁丝等。其中常用的是 $Na_2C_2O_4$，因为它易于提纯、稳定，没有结晶水，在 105 ~ 110℃烘至质量恒定即可使用。标定反应如下：

$$2MnO_4^- + 5C_2O_4^{2-} + 16H^+ = 2Mn^{2+} + 10CO_2 + 8H_2O$$

具体标定方法：称取 0.2g 于 105 ~ 110℃烘至质量恒定的基准草酸钠，称准至 0.0001g。溶于 100mL（8 + 92）硫酸溶液中，用配制好的 $KMnO_4$ 溶液（$c_{1/5KMnO_4}=0.1$mol/L）滴定，近终点时加热至 65℃，继续滴定至溶液呈粉红色保持 30s。同时作空白试验。

注意：开始滴定时因反应速度慢，滴定速度要慢，待反应开始后，由于 Mn^{2+} 的催化作用，反应速度变快，滴定速度方可加快。近终点时加热至 65℃，是为了 $KMnO_4$ 与 $Na_2C_2O_4$ 的反应完全。

$KMnO_4$ 标准溶液浓度按下式计算：

$$c_{1/5KMnO_4} = \frac{m}{(V - V_0) \times \frac{M_{1/2Na_2C_2O_4}}{1000}}$$

式中　m——$Na_2C_2O_4$ 的质量，g；

V——$KMnO_4$ 溶液的用量，mL；

V_0——空白试验 $KMnO_4$ 溶液的用量，mL；

$M_{1/2Na_2C_2O_4}$——以 $1/2Na_2C_2O_4$ 为基本单元的摩尔质量，取值为 67.00g/mol。

c　比较

量取 30.00 ~ 35.00mL 0.1mol/L $KMnO_4$ 溶液，置于碘量瓶中，加 2g KI 及 2mol/L H_2SO_4 溶液，摇匀，在暗处放置 5min。加 150mL 水，用 0.02mol/L $Na_2S_2O_3$ 标准溶液滴定，近终点时加 3mL 淀粉指示液（5g/L），继续滴定至溶液蓝色消失。同时作空白试验。

$KMnO_4$ 标准溶液浓度按下式计算：

$$c_{1/5KMnO_4} = \frac{(V_1 - V_0) \cdot c_1}{V}$$

式中　$c_{1/5KMnO_4}$——$KMnO_4$ 标准溶液浓度，mol/L；

V_1——$Na_2S_2O_3$ 标准溶液用量，mL；

V_0——空白试验 $Na_2S_2O_3$ 标准溶液用量，mL；

c_1——$Na_2S_2O_3$ 标准溶液浓度，mol/L；

V——$KMnO_4$ 标准溶液用量，mL。

C　应用实例

a　直接滴定法

例4－9　用高锰酸钾法测定工业 $FeSO_4 \cdot 7H_2O$ 的含量。称取该样品0.9108g，溶解后在强酸条件下，用 $c_{1/5KMnO_4}$ 为0.1045mol/L标准溶液滴定，消耗体积为29.86mL，求试样中 $FeSO_4 \cdot 7H_2O$ 的质量分数。

【解】　反应式为

$$MnO_4^- + 5Fe^{2+} + 8H^+ = Mn^{2+} + 5Fe^{3+} + 4H_2O$$

根据化学反应得等物质的量关系式为

$$n_{1/5KMnO_4} = n_{FeSO_4 \cdot 7H_2O}$$

$$c_{1/5KMnO_4} V_{KMnO_4} = \frac{m_{FeSO_4 \cdot 7H_2O}}{M_{FeSO_4 \cdot 7H_2O}}$$

$$m_{FeSO_4 \cdot 7H_2O} = c_{1/5KMnO_4} \cdot V_{KMnO_4} \cdot M_{FeSO_4 \cdot 7H_2O}$$

$$w_{FeSO_4 \cdot 7H_2O} = \frac{c_{1/5KMnO_4} \cdot V_{KMnO_4} \cdot M_{FeSO_4 \cdot 7H_2O}}{m_{样}}$$

$$= \frac{0.1045 \times 29.86 \times 10^{-3} \times 278.03}{0.9108}$$

$$= 0.9525\ (95.25\%)$$

答：$FeSO_4 \cdot 7H_2O$ 样品的质量分数为0.9525。

b　返滴定法

例4－10　称取软锰矿试样0.1500g，加入0.3500g $H_2C_2O_4 \cdot 2H_2O$ 及适量稀 H_2SO_4，加热至反应完全。滴定溶液中过量 $H_2C_2O_4$，消耗0.1000mol/L的 $c_{1/5KMnO_4}$ 标准溶液27.92mL，求软锰矿中 MnO_2 的质量分数。

【解】　反应式为

$$MnO_2 + H_2C_2O_4 + 2H^+ = Mn^{2+} + 2CO_2\uparrow + 2H_2O$$

$$2MnO_4^- + H_2C_2O_4 + 6H^+ = 2Mn^{2+} + 10CO_2\uparrow + 8H_2O$$

因

$$\frac{m_{样}\, w_{MnO_2}}{M_{1/2MnO_2}} = \frac{m_{H_2C_2O_4 \cdot 2H_2O}}{M_{1/2H_2C_2O_4 \cdot 2H_2O}} - c_{1/5KMnO_4} \cdot V_{KMnO_4}$$

故

$$w_{MnO_2} = \frac{\left[\frac{m_{H_2C_2O_4 \cdot 2H_2O}}{M_{1/2H_2C_2O_4 \cdot 2H_2O}} - c_{1/5KMnO_4} \cdot V_{KMnO_4}\right] M_{1/2MnO_2}}{m_{样}}$$

$$= \frac{\left(\frac{0.3500}{63.04} - 0.1000 \times \frac{27.92}{1000}\right) \times 43.47}{0.1500}$$

$$= 0.7999 (79.99\%)$$

答：软锰矿中 MnO_2 的质量分数为0.7999。

4.3.4.2 重铬酸钾法

A 简介

重铬酸钾法是以 $K_2Cr_2O_7$ 为标准溶液所进行滴定的氧化还原法。$K_2Cr_2O_7$ 是一个强氧化剂，标准电极电位 $\varphi^{\ominus}=1.36V$。在酸性溶液中，被还原为 Cr^{3+}。

$$Cr_2O_7^{2-}+14H^++6e = 2Cr^{3+}+7H_2O$$

从反应式中得知，$K_2Cr_2O_7$ 获得 6e，其基本单元为 $1/6K_2Cr_2O_7$，摩尔质量 $M_{1/6K_2Cr_2O_7}=49.03g/mol$。

$K_2Cr_2O_7$ 是稍弱于 $KMnO_4$ 的氧化剂，它与 $KMnO_4$ 对比，具有以下优点：

（1）$K_2Cr_2O_7$ 溶液较稳定，置于密闭容器中，浓度可保持较长时间不改变。

（2）$K_2Cr_2O_7$ 的 $\varphi^{\ominus}_{Cr_2O_7^{2-}/2Cr^{3+}}=1.36V$ 与氯的 $\varphi^{\ominus}_{Cl_2/2Cl^-}=1.36V$ 相等，因此可在 HCl 介质中进行滴定，$K_2Cr_2O_7$ 不会氧化 Cl^- 而产生误差。

（3）$K_2Cr_2O_7$ 容易制成纯品，因此可作基准物用直接法配制成标准溶液。

但用 $K_2Cr_2O_7$ 法测定样品需要用氧化还原指示剂。

B $K_2Cr_2O_7$ 标准溶液

$K_2Cr_2O_7$ 标准溶液通常用直接法配制，如配制 $c_{1/6K_2Cr_2O_7}=0.05000mol/L$ 溶液 250mL，将 $K_2Cr_2O_7$ 在 120℃烘至质量恒定，置干燥器中冷却至室温。准确称取 0.6129g $K_2Cr_2O_7$，置于小烧杯中，加水溶解，转移至 250mL 容量瓶中，加水至刻度，摇匀。

C 应用实例

例 4-11 称取铁矿石（主要含 Fe_2O_3）样品 2.4825g，小火加热使其溶于适量浓盐酸中，经 $SnCl_2$ 还原（Fe^{3+} 转变为 Fe^{2+}），再用 $HgCl_2$ 氧化过量的 $SnCl_2$，然后加入适量硫-磷混合酸，以二苯胺磺酸钠为指示剂，用 $c_{1/6K_2Cr_2O_7}=0.1005mol/L$ 的标准溶液滴定至终点（颜色变化为浅绿色到紫色），消耗 $K_2Cr_2O_7$ 溶液的体积为 25.10mL，求矿石中 Fe 及 Fe_2O_3 的质量分数。

【解】 反应式为

$$Fe_2O_3+6H^+ = 2Fe^{3+}+3H_2O$$

$$Sn^{2+}+2Fe^{3+} = 2Fe^{2+}+Sn^{4+}$$

$$6Fe^{2+}+Cr_2O_7^{2-}+14H^+ = 6Fe^{3+}+2Cr^{3+}+7H_2O$$

因　$n_{1/2Fe_2O_3}=n_{Fe^{3+}}=n_{Fe^{2+}}=n_{1/6Cr_2O_7^{2-}}$

故其等量关系为　$n_{1/2Fe_2O_3}=n_{Fe}=n_{1/6Cr_2O_7^{2-}}$

$$\frac{m_{Fe_2O_3}}{M_{1/2Fe_2O_3}}=\frac{m_{Fe}}{M_{Fe}}=c_{1/6K_2Cr_2O_7}V_{K_2Cr_2O_7}$$

$$w_{Fe_2O_3}=\frac{c_{1/6K_2Cr_2O_7}V_{K_2Cr_2O_7}M_{1/2Fe_2O_3}}{m_样}$$

$$=\frac{0.1005\times25.10\times10^{-3}\times\frac{1}{2}\times159.69}{2.4825}=0.8113\ (81.13\%)$$

$$w_{Fe}=\frac{c_{1/6K_2Cr_2O_7}V_{K_2Cr_2O_7}M_{Fe}}{m_样}$$

$$=\frac{0.1005\times25.10\times10^{-3}\times\frac{1}{2}\times55.847}{2.4825}=0.5675(56.75\%)$$

答：铁矿石中 Fe 的质量分数为 0.5675，Fe_2O_3 的质量分数为 0.8113。

4.3.4.3　碘量法

A　简介

碘量法是利用碘的氧化性和碘离子的还原性进行物质含量测定的方法。

$$I_2+2e \rightleftharpoons 2I^-$$

标准电极电位 $\varphi^{\ominus}_{I_2/2I^-}=0.54V$，$I_2$ 是较弱的氧化剂，而 I^- 是中等强度的还原剂。因此碘量法分为直接碘量法和间接碘量法两种。

a　直接碘量法

直接碘量法又称为碘滴定法，它是利用碘作标准溶液直接滴定一些还原性物质的方法。例如：

$$I_2+H_2S \rightleftharpoons S+2HI$$

利用直接碘量法还可以测定 SO_3^{2-}、AsO_3^{3-}、SnO_2^{2-} 等，但反应只能在微酸性或近中性溶液中进行，因此受到测量条件限制，应用不太广泛。

b　间接碘量法

间接碘量法又称滴定碘法，它是利用 I^- 的还原作用（通常使用 KI）与氧化性物质反应生成游离的碘，再用还原剂（$Na_2S_2O_3$）的标准溶液滴定，从而测出氧化性物质含量。例如测定铜盐中铜的含量，在酸性条件下与过量 KI 作用析出 I_2。

$$2Cu^{2+}+4I^- \rightleftharpoons 2CuI\downarrow+I_2$$

析出的 I_2 用 $Na_2S_2O_3$ 标准溶液滴定。

$$I_2+2Na_2S_2O_3 \rightleftharpoons 2NaI+Na_2S_4O_6$$

由此可见，间接碘量法是以过量 I^- 与氧化性物质反应析出与氧化性物质等物质量的 I_2，然后再用 $Na_2S_2O_3$ 标准溶液滴定，这一反应过程被看做是碘量法的基础。

在上述反应中，$Na_2S_2O_3$ 失去 1e。I_2 获得 2e，I_2 的基本单元为 $1/2I_2$，$M_{1/2I_2}=126.90g/mol$，$Na_2S_2O_3$ 的基本单元为 $Na_2S_2O_3\cdot5H_2O$，$M_{Na_2S_2O_3\cdot5H_2O}=248.17g/mol$。

判断碘量法的终点，常用淀粉为指示剂，直接碘量法的终点是从无色变蓝色；间接碘量法的终点是从蓝色变无色。

$$\underset{\text{无色}}{淀粉} \underset{S_2O_3^{2-}}{\overset{I_2}{\rightleftharpoons}} \underset{\text{蓝色}}{吸附化合物}$$

淀粉溶液应在滴定近终点时加入，如果过早地加入，淀粉会吸附较多的 I_2；使滴定结果产生误差。

c　碘量法误差来源

碘量法的误差来源有两个：一是碘具有挥发性，易损失；二是 I^- 在酸性溶液中易被来源于空气中的氧氧化而析出 I_2。

$$4I^-+4H^++O_2 \rightleftharpoons 2I_2+2H_2O$$

因此用间接碘量法测定时，应在碘量瓶中进行，并应避免阳光照射。为了减少 I^- 与空气的接触，滴定时不应过度摇动。

B 标准溶液的配制和标定

a 碘标准溶液的配制和标定

用升华法制得的纯碘，可作为基准物用直接法配制。但市售的 I_2 常含有杂质，不能作基准物，只能用间接法配制，再用基准物标定。常用的基准物是 As_2O_3。

由于 I_2 难溶于水，但易溶于 KI 溶液生成 I_3^- 络合离子

$$I_2 + I^- \rightleftharpoons I_3^-$$

反应是可逆的。配制时应先将 I_2 溶于 40% 的 KI 溶液中，再加水稀释到一定体积。稀释后溶液中 KI 的浓度应保持在 4% 左右。I_2 易挥发，在日光照射下易发生以下反应

$$I_2 + H_2O \xrightleftharpoons{\text{日光}} HI + HIO$$

因此 I_2 溶液应保存在带严密塞子的棕色瓶中，并放置在暗处。由于 I_2 溶液腐蚀金属和橡皮，所以滴定时应装在棕色酸式滴定管中。

标定 I_2 标准溶液的基准物是 As_2O_3（剧毒）。应将称准的 As_2O_3 固体溶于 NaOH 溶液中

$$As_2O_3 + 6NaOH \rightleftharpoons 2Na_3AsO_3 + 3H_2O$$

然后再以酚酞为指示剂，用 H_2SO_4 中和过量的 NaOH 至中性或微酸性，然后用此基准物溶液标定 I_2 溶液

$$AsO_3^{3-} + I_2 + H_2O \rightleftharpoons AsO_4^{3-} + 2I^- + 2H^+$$

$$\varphi^{\ominus}_{I_2/2I} = +0.54V$$

$$\varphi^{\ominus}_{AsO_4^{3-}/AsO_3^{3-}} = +0.57V$$

$$\varphi^{\ominus}_{I_2/2I^-} < \varphi^{\ominus}_{AsO_4^{3-}/AsO_3^{3-}}$$

从标准电极电位可以看出，AsO_4^{3-} 是更强的氧化剂，但在中性或微碱性溶液中，反应可定量地向右进行。为此可在溶液中加入固体 $NaHCO_3$ 以中和反应中生成的 H^+ 以保持溶液 pH 值约为 8。总反应式为

$$HCO_3^- + H^+ \rightleftharpoons H_2O + CO_2\uparrow$$

$$AsO_3^{3-} + 2I_2 + 2HCO_3^- \rightleftharpoons AsO_4^{3-} + 2I_2 + H_2O + 2CO_2\uparrow$$

反应式中量的关系为：$As_2O_3 \circleddash 2AsO_3^{3-} \circleddash 2I_2 \circleddash 4e$。

具体配制和标定方法如下：称取 13g 碘及 35g 碘化钾，溶于 100mL 水中，稀释至 1000mL，摇匀，保存于棕色塞瓶中。其浓度为 $c_{1/2I_2} = 0.1mol/L$。称取 0.15g 预先在硫酸干燥器中干燥至质量恒定的基准 As_2O_3，称准至 0.0001g。置于碘量瓶中，加 4mL NaOH 溶液($c_{NaOH} = 1mol/L$)溶解，加 50mL 水及 2 滴酚酞指示液（10g/L），用 H_2SO_4 溶液($c_{1/2H_2SO_4} = 1mol/L$)中和，加 3g $NaHCO_3$ 及 3mL 淀粉指示液（5g/L），用配好的碘溶液滴定至溶液呈浅蓝色，同时作空白试验。碘溶液浓度按下式计算：

$$c_{1/2I_2} = \frac{m}{(V - V_0) \times \frac{M_{1/4As_2O_3}}{1000}}$$

式中 m——As_2O_3 质量，g；

V——碘溶液的用量，mL；

V_0——空白试验碘溶液的用量，mL；

$M_{1/4As_2O_3}$——以 $1/4As_2O_3$ 为基本单元的摩尔质量，取值为49.46g/mol。

由于 As_2O_3 有剧毒，一般不使用，可以改用硫代硫酸钠标定，即比较法。方法如下：用滴定管准确量取30.00~35.00mL配好的碘溶液，置于已装有150mL水的碘量瓶中，然后用硫代硫酸钠标准溶液滴定，近终点时加3mL淀粉指示液（5g/L），继续滴定至溶液蓝色消失。

$$c_{1/2I_2} = \frac{c_{Na_2S_2O_3} \cdot V_{Na_2S_2O_3}}{V_{1/2I_2}}$$

b　$Na_2S_2O_3$ 标准溶液的配制和标定

（1）配制。$Na_2S_2O_3 \cdot 5H_2O$ 容易风化，常含有一些杂质，如S、Na_2SO_4、NaCl、Na_2CO_3 等，并且配制的溶液不稳定，易分解，所以只能用间接法配制。

$Na_2S_2O_3 \cdot 5H_2O$ 不稳定的原因有3个：一是与溶解在水中 CO_2 的反应

$$Na_2S_2O_3 + CO_2 + H_2O \rightleftharpoons NaHCO_3 + NaHSO_3 + S\downarrow$$

二是与空气中的 O_2 反应

$$2Na_2S_2O_3 + O_2 \rightleftharpoons 2Na_2SO_4 + 2S\downarrow$$

三是与水中微生物反应

$$Na_2S_2O_3 \xrightleftharpoons{\text{微生物}} Na_2SO_3 + S\downarrow$$

根据上述原因，$Na_2S_2O_3$ 溶液的配制应采取下列措施：第一，用煮沸冷却后的蒸馏水配制，以除去微生物；第二，配制时加入少量 Na_2CO_3，使溶液呈弱碱性（在此条件下微生物活动力低）；第三，将配制好的溶液置于棕色瓶中，放置两周，再用基准物标定。若发现溶液浑浊，需重新配制。

具体配制方法如下：称取26g $Na_2S_2O_3 \cdot 5H_2O$，溶于1000mL水中，缓慢煮沸10min，冷却，放置两周后过滤备用。其浓度 $c_{Na_2S_2O_3} = 0.1mol/L$。

（2）标定。标定 $Na_2S_2O_3$ 溶液的基准物有 KIO_3、$KBrO_3$ 和 $K_2Cr_2O_7$ 等。由于 $K_2Cr_2O_7$ 价廉易提纯，因此常用作基准物。用 $K_2Cr_2O_7$ 基准物标定 $Na_2S_2O_3$ 标准溶液分两步反应进行。第一步反应

$$Cr_2O_7^{2-} + 6I^- + 14H^+ = 2Cr^{3+} + 3I_2 + 7H_2O$$

反应后产生定量的 I_2，加水稀释后，用 $Na_2S_2O_3$ 溶液滴定，即第二步反应

$$2Na_2S_2O_3 + I_2 \rightleftharpoons Na_2S_4O_6 + 2NaI$$

以淀粉为指示剂，当溶液变为亮绿色即为滴定终点。

现对两步反应所需要的条件说明如下：

第一，为什么反应进行要加入过量的KI和 H_2SO_4，反应后又要放置在暗处10min？

实验证明，这一反应速度较慢，需要放置10min后反应才能定量完成。加入过量的KI和 H_2SO_4 不仅为了加快反应速度，也为防止 I_2 的挥发。此时生成 I_3^- 配位离子。由于 I^- 在酸性溶液中易被空气中的氧氧化，I_2 易被日光照射分解，故需要置于暗处，避免见光。

第二，为什么第一步反应后，用 $Na_2S_2O_3$ 溶液滴定前要加入大量水稀释？

由于第一步反应要求在强酸性溶液中进行，而 $Na_2S_2O_3$ 与 I_2 的反应必须在弱酸性或中性溶液中进行，因此需要加水稀释以降低酸度，防止 $Na_2S_2O_3$ 分解。此外，由于 $Cr_2O_7^{2-}$ 的还原产物是 Cr^{3+}，显墨绿色，妨碍终点的观察，稀释后使溶液中 Cr^{3+} 浓度降低，墨绿色变浅，使终点易于观察。但如果到终点后溶液又迅速变蓝，表示 $Cr_2O_7^{2-}$ 与 I^- 的反应不完全，也可能是由于放置时间不够，或溶液稀释过早，遇此情况应另取一份重新标定。

具体标定方法如下：称取 0.15g 在 120℃ 烘至质量恒定的基准 $K_2Cr_2O_7$，称准至 0.0001g。置于碘量瓶中，溶于 25mL 水中，加 2gKI 及 20mLH_2SO_4 溶液（20%），摇匀，于暗处放置 10min。加 150mL 水，用配制好的硫代硫酸钠溶液滴定。近终点时加 3mL 淀粉指示液（5g/L），继续滴定至溶液由蓝色变为亮绿色。同时做空白试验。

$$c_{Na_2S_2O_3} = \frac{m}{(V - V_0) \times \frac{M_{1/6K_2Cr_2O_7}}{1000}}$$

式中　m——$K_2Cr_2O_7$ 的质量，g；

V——硫代硫酸钠溶液的用量，mL；

V_0——空白试验硫代硫酸钠溶液的用量，mL；

$M_{1/6K_2Cr_2O_7}$——以 $1/6K_2Cr_2O_7$ 为基本单元的摩尔质量，取值为 49.03g/mol。

C　应用实例

a　直接碘量法

例 4－12　准确移取 $Na_2S_2O_3$ 溶液 25.00mL，以淀粉为指示剂，加适量水稀释后以 $c_{1/2I_2}=0.1010$mol/L 的标准溶液滴定至溶液由无色变为蓝色为终点，消耗碘标准溶液 24.92mL，求 $Na_2S_2O_3$ 溶液的浓度。

【解】　反应式为

$$I_2 + 2Na_2S_2O_3 \longrightarrow 2NaI + Na_2S_4O_6$$

反应的等量关系式为

$$n_{Na_2S_2O_3} = n_{1/2I_2}$$

$$c_{Na_2S_2O_3}V_{Na_2S_2O_3} = c_{1/2I_2}V_{I_2}$$

$$c_{Na_2S_2O_3} = \frac{c_{1/2I_2}V_{I_2}}{V_{Na_2S_2O_3}} = \frac{0.1010 \times 24.92}{25.00} = 0.1007\text{mol/L}$$

答：$Na_2S_2O_3$ 溶液的物质的量浓度为 0.1007mol/L。

b　间接碘量法

例 4－13　准确量取铜氨溶液 10.00mL，加入适量稀硫酸酸化后，加入过量 KI，充分反应，再经过一定处理得样品液。用浓度为 $c_{Na_2S_2O_3}=0.1020$mol/L 标准溶液滴定至溶液呈浅黄色，加入适量淀粉指示剂，继续滴定至溶液由蓝色变为无色为终点，消耗 $Na_2S_2O_3$ 标准溶液 33.20mL，求试样中 Cu^{2+} 总含量的物质的量浓度。

【解】　反应为

$$2Cu^{2+} + 4I^- \longrightarrow 2CuI\downarrow + I_2$$

$$I_2 + 2S_2O_3^{2-} \longrightarrow 2I^- + S_4O_6^{2-}$$

反应的等量关系式为：

$$n_{Cu^{2+}} = n_{1/2I_2} = n_{Na_2S_2O_3}$$

$$n_{Cu^{2+}} = n_{Na_2S_2O_3}$$

$$c_{Cu^{2+}} V_{样} = c_{Na_2S_2O_3} V_{Na_2S_2O_3}$$

$$c_{Cu^{2+}} = \frac{c_{Na_2S_2O_3} V_{Na_2S_2O_3}}{V_{样}}$$

$$= \frac{0.1020 \times 33.20}{10.00} = 0.3386 \text{mol/L}$$

答：试样中 $c_{Cu^{2+}}$ 为0.3386mol/L。

4.3.4.4　溴酸钾法

A　基本原理

溴酸钾法是以 $KBrO_3$ 为标准溶液的滴定分析法。在酸性溶液中 $KBrO_3$ 是较强的氧化剂，它的标准电极电位 $\varphi^{\ominus}_{BrO_3^-/Br^-} = +1.44V$，反应如下：

$$BrO_3^- + 6e + 6H^+ = Br^- + 3H_2O$$

反应中 $KBrO_3$ 获得6e，其基本单元为 $1/6KBrO_3$，$M_{1/6KBrO_3} = 27.83 g/mol$。

$KBrO_3$ 在酸性溶液中可以直接滴定一些还原性物质，如As(Ⅲ)、Sb(Ⅲ)、Sn(Ⅱ)等。以甲基橙为指示剂，化学计量点后，过量 $KBrO_3$ 氧化指示剂，使甲基橙褪色以指示终点。

$KBrO_3$ 法主要用于测定有机物，在配制 $KBrO_3$ 标准溶液时加入过量KBr，此溶液遇酸即产生 Br_2，发生如下反应：$BrO_3^- + 5Br^- + 6H^+ = 3Br_2 + 3H_2O$，实质上相当于 Br_2 的标准溶液，但溴水极不稳定，而 $KBrO_3$ - KBr标准溶液相当稳定，生成的 Br_2 可以取代酚类和芳香胺类的氢。测定这类有机物时，在酸性溶液中加入一定量过量的 $KBrO_3$ - KBr标准溶液，待反应完全后，过量的 Br_2 用碘量法测定。

B　$KBrO_3$ - KBr标准溶液

$KBrO_3$ - KBr标准溶液可用直接法配制。例如，配制 $c_{1/6KBrO_3} = 0.1 mol/L$ $KBrO_3$ - KBr标准溶液1L，准确称取已于130～140℃烘干2h的 $KBrO_3$ 2.7833g，溶于少量水后加入15g KBr，待全溶后转入1L容量瓶中，加水稀释至刻度，摇匀。

C　应用实例

苯酚含量的测定。

a　原理

苯酚又称石炭酸，是重要的化工原料。苯酚是弱的有机酸，由于其苯环上有羟基存在，就使其邻位和对位上的氢原子更活泼，因此卤素就容易取代这些活泼的氢原子而进行卤化反应，生成三溴苯酚沉淀。根据苯酚这种性质，常用溴酸钾法测定其含量。

$$C_6H_5OH + 3Br_2 = C_6H_2Br_3OH\downarrow + 3Br^- + 3H^+$$

（反应式以结构式给出：苯酚（OH）+3Br₂ —— 2,4,6-三溴苯酚（OH，Br，Br，Br）↓+3Br⁻+3H⁺）

要完成上述反应，应加已知过量的 $KBrO_3-KBr$ 标准溶液于苯酚溶液中，待反应完成后，使剩余量的 Br_2 与 KI 作用，置换出等量的 I_2。

$$Br_2\text{（剩余量）}+2I^- \rightleftharpoons 2Br^- + I_2$$

析出的 I_2 用 $Na_2S_2O_3$ 标准溶液滴定。

在溴化反应过程中，苯酚

$$C_6H_5OH \Leftrightarrow 3Br_2 \Leftrightarrow 3I_2 \Leftrightarrow 6Na_2S_2O_3 \Leftrightarrow 6e$$

苯酚的基本单元为 $1/6C_5H_5OH$，$M_{1/6C_5H_5OH}=15.69g/mol$。

b　测定步骤

准确称取 0.2～0.3g 苯酚试样于烧杯中，加入 5mL NaOH（100g/L），用少量水溶解后转入 250mL 容量瓶中，用水定容。准确吸取 10mL 试液于锥形瓶中，用移液管加入 25.00mL $c_{1/6KBrO_3}=0.1mol/L$ $KBrO_3-KBr$ 标准溶液，加入 10mL（1+1）HCl，充分摇动 2min，使三溴苯酚沉淀分散后，盖上表面皿，再放置 5min，加入 20mL KI（100g/L），摇匀，放置 5～10min，用 0.1mol/L $Na_2S_2O_3$ 标准溶液滴定至浅黄色，加入 3mL 淀粉指示液（5g/L），继续滴定至蓝色消失为终点。另取 25.00mL $KBrO_3-KBr$ 标准溶液进行空白试验。

c　结果计算

$$C_6H_5OH\text{ 含量}=\frac{(V-V_0)c_{Na_2S_2O_3}\times\frac{15.69}{1000}}{m\times\frac{10}{250}}\times100\%$$

式中 V_0——空白试验所耗 $Na_2S_2O_3$ 标准溶液的体积，mL；

V——滴定样品时所耗 $Na_2S_2O_3$ 标准溶液的体积，mL；

m——苯酚样品的质量，g。

4.4 沉淀滴定法

4.4.1 概述

利用沉淀的产生或消失进行的滴定，称为沉淀滴定法。

常温下，当一种物质在水中的溶解度小于 0.01mol/L 时，通常就把这种物质称为难溶物质，如以下几种难溶物质及其溶解度，$Ag_2Cr_2O_4$ 溶解度为 8.0×10^{-5}mol/L，AgCl 溶解度为 1.4×10^{-5}mol/L，$Pb_3(PO_4)_2$ 溶解度为 1.5×10^{-9}mol/L。由于难溶物质的溶解度很小，在溶液中主要以固体（即沉淀）的形式存在，所以，就把生成难溶物质的反应称为沉淀反应。

虽然能够生成沉淀的反应很多，但是能用于沉淀滴定的沉淀反应却很少，这是由于适宜沉淀滴定的沉淀反应必须符合下列条件：

（1）沉淀反应具有确定的化学计量关系，待测组分必须定量地沉淀完全。

（2）沉淀纯净。有共沉淀时不影响滴定效果。

（3）必须有适当的方法指示滴定终点。沉淀的吸附现象不影响终点的观察。

（4）沉淀反应速率要快，并很快达到平衡，反应选择性好。

（5）沉淀的溶解度必须足够小（约10g/mL）。

由于受以上条件的限制，目前实际分析工作中用于沉淀滴定法的反应主要是生成难溶性银盐的反应，例如：

$$Ag^+ + Cl^- \rightleftharpoons \underset{白}{AgCl\downarrow}$$

$$Ag^+ + Br^- \rightleftharpoons \underset{黄}{AgBr\downarrow}$$

$$Ag^+ + SCN^- \rightleftharpoons \underset{白}{AgSCN\downarrow}$$

利用生成难溶银盐的反应进行的沉淀滴定法，称为银量法。银量法可用来测定化合物中Cl^-、Br^-、I^-、SCN^-、CN^-及Ag^+等离子的含量。

目前，卤素化合物和硫氰化物含量在1%以上时，仍采用沉淀滴定法。本章仅介绍银量法。银量法根据所用指示剂不同，按创立者的名字命名，分为莫尔法、佛尔哈德法和法扬司法三种。

4.4.2　沉淀溶解平衡

4.4.2.1　溶度积原理

当把AgCl固体放入水中，组成AgCl结晶的Ag^+和Cl^-受到水分子的吸引，离开结晶表面进入溶液中，这个过程称为溶解。与此同时，已溶解的Ag^+和Cl^-在溶液中不停地运动，受到AgCl晶体表面上带相反电荷的离子的吸引，重新在结晶表面上析出，这个过程称为沉淀。在一定温度下，当溶解的速度和沉淀的速度到达相等时，未溶解的固体和溶液中离子之间达到了动态平衡，AgCl（固）$\rightleftharpoons Ag^+ + Cl^-$，溶液中离子浓度不再改变，形成饱和溶液，此时溶液中Ag^+和Cl^-浓度的乘积是一个常数，即$[Ag^+][Cl^-] = K_{sp(AgCl)}$，$K_{sp}$称为溶度积常数，简称溶度积。$K_{sp(AgCl)} = 1.8\times10^{-10}$（25℃），温度改变时，$K_{sp}$值也随之改变。

难溶化合物的离解方程式中若离子系数不等于1，则各离子浓度按其对应的系数自乘。例如，磷酸钙沉淀

$$Ca_3(PO_4)_2 \rightleftharpoons 3Ca^{2+} + 2PO_4^{3-}$$

$$[Ca^{2+}]^3[PO_4^{3-}]^2 = K_{sp(Ca_3(PO_4)_2)} = 2.0\times10^{-29}$$

若用通式表示

$$M_mA_n \rightleftharpoons mM + nA$$

$$[M]^m[A]^n = K_{sp(M_mA_n)}$$

附表7列出各种难溶化合物的溶度积。

根据溶度积原理，在含Cl^-的溶液中，滴加$AgNO_3$溶液，开始阶段$[Ag^+][Cl^-] < K_{sp(AgCl)}$为未饱和溶液，无AgCl沉淀，直至$[Ag^+][Cl^-] = K_{sp(AgCl)}$时，溶液饱和，但仍无AgCl析出；当滴加到$[Ag^+][Cl^-] > K_{sp(AgCl)}$时，溶液为过饱和，有AgCl析出，溶液中$[Ag^+]$和$[Cl^-]$尽管不相等，但$[Ag^+][Cl^-] = K_{sp(AgCl)}$，溶液保持饱和状态。

4.4.2.2　溶度积的应用

（1）用K_{sp}判断沉淀的生成和溶解。某一难溶物质溶液中，其离子浓度系数次方之积

称为离子积，用符号 Qi 表示。离子积 Qi 可能有三种情况：

1）$Qi = K_{sp}$是饱和溶液，无沉淀生成，原有的沉淀也不溶解。

2）$Qi < K_{sp}$是不饱和溶液，无沉淀生成。若原来有沉淀，沉淀将溶解，直至饱和为止。

3）$Qi > K_{sp}$有沉淀析出，直至饱和。

以上规则称为溶度积规则。可以看出，生成沉淀的条件是必须使其离子积 Qi 大于溶度积 K_{sp}。

（2）用 K_{sp}判断沉淀的先后次序。当溶液中同时存在几种待沉淀的离子时，加入一种沉淀剂，此时可以用 K_{sp}判断离子沉淀的先后次序，离子积先达到溶度积的离子先沉淀。这就是分级（步）沉淀原理。

例 4－14　在 $c_{Cl^-} = c_{CrO_4^{2-}} = 0.10$mol/L 的 Cl^- 和 CrO_4^{2-} 混合溶液中，加入沉淀剂 $AgNO_3$，判断 AgCl 和 Ag_2CrO_4 沉淀的次序？

【解】　$AgNO_3$ 和 Cl^-、CrO_4^{2-} 可能发生的反应

$$Ag^+ + Cl^- = AgCl\downarrow \qquad K_{sp} = 1.8\times10^{-10}$$

$$2Ag^+ + CrO_4^{2-} = Ag_2CrO_4\downarrow \qquad K_{sp} = 2.0\times10^{-12}$$

根据溶度积计算生成 AgCl 沉淀和 Ag_2CrO_4 沉淀所需的最小$[Ag^+]$

$$K_{sp} = [Ag^+][Cl^-]$$

$$[Ag^+] = \frac{K_{sp}}{[Cl^-]} = \frac{1.8\times10^{-10}}{0.10} = 1.8\times10^{-9}\text{mol/L}$$

$$K_{sp} = [Ag^+]^2[CrO_4^{2-}]$$

$$[Ag^+] = \sqrt{\frac{K_{sp}}{[CrO_4^{2-}]}} = \sqrt{\frac{2.0\times10^{-12}}{0.10}} = 4.5\times10^{-6}\text{mol/L}$$

从计算结果可知，生成 AgCl 沉淀所需$[Ag^+]$比生成 Ag_2CrO_4 沉淀所需$[Ag^+]$小得多，所以逐滴加入 $AgNO_3$ 溶液时，$[Ag^+]$与$[Cl^-]$的乘积先达到 AgCl 的溶度积，则 AgCl 先沉淀出来。当$[Ag^+]$达到 4.5×10^{-6}mol/L 时，也就是 Ag_2CrO_4 开始沉淀时，Cl^-浓度已降至 4.0×10^{-5}mol/L，Cl^-已经几乎沉淀完全（当离子浓度降至$10^{-4}\sim10^{-5}$mol/L 时，即可认为该离子已经沉淀完全）。

（3）用 K_{sp}判断沉淀的转化。一种难溶物质在沉淀剂作用下，转化生成另一种更难溶的物质的现象，称为沉淀的转化。如 AgCl 的 $K_{sp} = 1.8\times10^{-10}$，溶解度为 1.4×10^{-3}mol/L；AgSCN 的 $K_{sp} = 1.0\times10^{-12}$，溶解度为 1.0×10^{-6}mol/L。

可以看出，AgSCN 是比 AgCl 更难溶的物质。在 AgCl 沉淀中若加入 SCN^-溶液，即可转化成 AgSCN 沉淀。

$$AgCl + SCN^- = AgSCN\downarrow + Cl^-$$

沉淀滴定法常利用难溶物质的溶度积 K_{sp} 的大小来选择适当的沉淀剂及其用量，使沉淀生成或转化，或判断溶液中同时存在多种待沉淀离子的沉淀次序，且定量沉淀完全，进行有关离子及其化合物含量的测定。

4.4.2.3　*溶度积和溶解度的相互换算*

溶解度是指饱和溶液中溶质的量，以 S 表示，它和溶度积都表示物质的溶解能力，两

者可以相互换算。

A　MA型沉淀

$$MA \rightleftharpoons M + A$$

$$S = [M] = [A] = \sqrt{K_{sp(MA)}}。例如:AgCl 的 K_{sp(AgCl)} = 1.8 \times 10^{-10}$$

$$S = [Ag^+] = \sqrt{1.8 \times 10^{-10}} mol/L = 1.34 mol/L$$

B　通式表示

$$M_mA_n \rightleftharpoons mM + nA$$

$$(ms) \quad (ns)$$

$$[M]^m[A]^n = (ms)^m(ns)^n = K_{sp(M_mA_n)},\ S = \sqrt[m+n]{\frac{K_{sp(M_mA_n)}}{m^m n^n}}$$

例如，Ag_2CrO_4 的 $K_{sp(Ag_2CrO_4)} = 2 \times 10^{-12}$，$m = 2$，$n = 1$

$$S = \sqrt[3]{\frac{K_{sp(Ag_2CrO_4)}}{4}} = \sqrt[3]{\frac{2 \times 10^{-12}}{4}} = 7.94 \times 10^{-5} mol/L$$

$$[Ag^+] = 2S = 2 \times 7.94 \times 10^{-5} = 1.59 \times 10^{-4} mol/L$$

4.4.3　滴定方法

4.4.3.1　莫尔（Mohr）法

A　原理

莫尔法是以 $K_2Cr_2O_7$ 为指示剂的银量法。用 $AgNO_3$ 作标准溶液，在中性或弱碱性溶液中，可以直接测定 Cl^- 或 Br^-，滴定反应为

终点前：$Ag^+ + Cl^- \longrightarrow AgCl\downarrow$（白色）　　$K_{sp(AgCl)} = 1.8 \times 10^{-10}$

终点时：$2Ag^+ + CrO_4^{2-} \longrightarrow Ag_2CrO_4\downarrow$（砖红色）　$K_{sp(Ag_2CrO_4)} = 2 \times 10^{-12}$

这是利用分级沉淀原理，设$[Cl^-] = [CrO_4^{2-}] = 0.1 mol/L$，$Cl^-$ 开始生成 AgCl 沉淀时需$[Ag^+]$为

$$[Ag^+] = \frac{K_{sp(AgCl)}}{[Cl^-]} = \frac{1.8 \times 10^{-10}}{0.1} = 1.8 \times 10^{-9} mol/L$$

CrO_4^{2-} 开始生成 Ag_2CrO_4 沉淀时需$[Ag^+]$为

$$[Ag^+] = \sqrt{\frac{K_{sp(Ag_2CrO_4)}}{[CrO_4^{2-}]}} = \sqrt{\frac{2 \times 10^{-12}}{0.1}} = 4.5 \times 10^{-6} mol/L$$

显然，Cl^- 沉淀比 CrO_4^{2-} 沉淀所需 Ag^+ 浓度小得多，当滴入 $AgNO_3$ 时，AgCl 先沉淀，随着不断滴入 $AgNO_3$，溶液中$[Cl^-]$越来越小，而$[Ag^+]$不断增大，到达$[Ag^+]^2[CrO_4^{2-}] \geq K_{sp(Ag_2CrO_4)}$时，$Ag_2CrO_4$ 开始析出，以示终点到达。

B　测定条件

a　指示剂的用量

$K_2Cr_2O_7$ 用量直接影响终点误差，$[CrO_4^{2-}]$过高，终点提前；浓度过低，终点推迟。当滴定 Cl^- 到达化学计量点时，AgCl 饱和溶液中$[Ag^+] = [Cl^-]$，$[Ag^+] = \sqrt{K_{sp(AgCl)}} =$

1.34×10^{-5}mol/L，此时，Ag_2CrO_4 开始析出所需[CrO_4^{2-}]为

$$[CrO_4^{2-}]=\frac{K_{sp(Ag_2CrO_4)}}{[Ag^+]^2}=\frac{2\times10^{-12}}{(1.34\times10^{-5})^2}\approx0.01\text{mol/L}$$

由于 $K_2Cr_2O_7$ 溶液呈黄色，这样的浓度颜色太深，影响终点观察，所以 $K_2Cr_2O_7$ 的实际用量为0.05mol/L，即终点体积为100mL时，加入50g/L $K_2Cr_2O_7$ 溶液2mL，实践证明终点误差小于0.1%。对较稀溶液的测定，如用0.01mol/L $AgNO_3$ 滴定0.01mol/L Cl^-时，误差可达0.8%，应做指示剂空白试验进行校正。

b 溶液的酸度

在酸性介质中，CrO_4^{2-} 与 H^+结合成 $HCrO_4^-$，使[CrO_4^{2-}]减小；若碱性过高，会出现黑色 Ag_2O 沉淀，$2Ag^+ + 2OH^- = Ag_2O\downarrow + H_2O$，两种情况都会影响结果的准确度。因此，莫尔法只能在pH=6.5~10.5溶液中进行。若待测溶液酸性较强，可用 $NaHCO_3$、$CaCO_3$ 或硼砂中和；若碱性太强，可用稀 HNO_3 中和至甲基红变橙色，再滴加稀NaOH至橙色变成黄色。

不宜在氨性溶液中进行，因为 Ag^+ 与 NH_3形成 $Ag(NH_3)_2^+$，影响结果的准确度，若试液中含有 NH_3，可用 HNO_3 中和。若有 NH_4^+ 存在时，测定时溶液pH值应控制在6.5~7.2。

c 剧烈摇动

AgCl沉淀容易吸附 Cl^-而使终点提前，因此滴定时必须剧烈摇动，使被吸附的 Cl^-释放出来，以获得正确的终点。

C 测定对象

莫尔法能测 Cl^-和 Br^-，但不能测 I^-和 SCN^-，因为AgI沉淀强烈吸附 I^-，AgSCN沉淀强烈吸附 SCN^-，使终点过早出现且终点变化不明显。如果用莫尔法测 Ag^+，则应在试液中加入一定量过量的NaCl标准溶液，然后用 $AgNO_3$ 标准溶液返滴过量 Cl^-。

D 干扰离子

莫尔法选择性较差，凡与 CrO_4^{2-} 产生沉淀的离子，如 Ba^{2+}、Pb^{2+} 等均干扰测定；凡与 Ag^+产生沉淀的离子，如 PO_4^{3-}、AsO_4^{3-}、S^{2-}、$C_2O_4^{2-}$ 等也干扰测定。Cu^{2+}、Ni^{2+}、Co^{2+}等有色离子影响终点观察。Fe^{3+}、Al^{3+}、Bi^{3+}、Sn^{4+}等在中性或弱碱性溶液中易水解产生沉淀的离子也产生干扰。

4.4.3.2 佛尔哈德（Volhard）法

佛尔哈德法是以铁铵矾[$NH_4Fe(SO_4)_2\cdot12H_2O$]作指示剂的银量法，分为直接滴定法和返滴定法。

A 直接滴定法（测定 Ag^+）

在硝酸性溶液中，以铁铵矾作指示剂，用 NH_4SCN(KSCN)标准溶液滴定，测定 Ag^+。当到达化学计量点时，微过量 SCN^-与指示剂（Fe^{3+}）生成红色 $FeSCN^{2+}$配离子，指示终点。反应式为

$$Ag^+ + SCN^- = AgSCN\downarrow \quad（白色）$$

$$Fe^{3+} + SCN^- = FeSCN^{2+} \quad（红色）$$

实验证明，Fe^{3+}浓度应控制在0.015mol/L。

由于 AgSCN 沉淀能吸附 Ag^+，使终点提前，因此滴定时要剧烈摇动，使被吸附的 Ag^+ 释放出来。

B　返滴定法（测定卤素离子）

在含有卤素离子的 HNO_3 性溶液中，加入一定量过量的 $AgNO_3$ 标准溶液，以铁铵矾作指示剂，用 NH_4SCN 标准溶液返滴过量的 $AgNO_3$。

a　测定条件

（1）在 HNO_3 介质中，酸度控制在0.1～1mol/L；酸度过低，Fe^{3+} 水解，影响终点的确定。

（2）指示剂用量。终点体积为50～60mL时加铁铵矾（400g/L）1mL。

b　测定对象

可以测定 Br^-、I^-、SCN^-，但在测定 I^- 时，必须加入过量的 $AgNO_3$ 标准溶液后再加指示剂，以避免 Fe^{3+} 被 I^- 还原而造成误差。

在测定 Cl^- 时，由于 AgCl 的溶解度比 AgSCN 大，终点之后，发生 AgCl 沉淀转化为 AgSCN 沉淀的现象

$$AgCl + SCN^- \longrightarrow AgSCN + Cl^-$$

当终点红色出现后，经摇动，红色会消失，再滴入 SCN^-，摇动后红色再次消失，直到被转化出来的 Cl^- 浓度为 SCN^- 浓度的180倍时红色才不会消失，转化作用才会停止。

$$\frac{[Cl^-]}{[SCN^-]} = \frac{K_{sp(AgCl)}}{K_{sp(AgSCN)}} = \frac{1.8 \times 10^{-10}}{1.0 \times 10^{-12}} = 180$$

这会使测定结果产生较大的误差。为此，可采取下列措施的任何一种，以避免上述沉淀转化反应的发生。

（1）在加完 $AgNO_3$ 标准溶液后，将溶液煮沸，使 AgCl 沉淀凝聚，滤去沉淀并用稀 HNO_3 洗涤沉淀，洗涤液并入滤液中，然后用 NH_4SCN 标准溶液返滴滤液中的 Ag^+。

（2）在用 NH_4SCN 标准溶液返滴前，加入一种有机溶剂如硝基苯、1，2－二氯乙烷、邻苯二甲酸二丁酯或石油醚等。加完后用力摇动，使 AgCl 沉淀表面覆盖一层有机溶剂，与溶液隔离，阻止了沉淀的转化，这个方法很简便，但其中硝基苯毒性较大。

（3）增大 Fe^{3+} 浓度，当终点出现红色 $FeSCN^{2+}$ 时，溶液中$[SCN^-]$已降低，可以避免转化，一般在终点时$[Fe^{3+}]=0.2$mol/L，轻轻摇动，当红色布满溶液而不消失即为终点。

C　干扰离子

佛尔哈德法因为在 HNO_3 介质中测定，选择性比较高，只有强氧化剂、铜盐和汞盐能与 SCN^- 作用而干扰测定，大量 Cu^{2+}、Ni^{2+}、Co^{2+} 等有色离子影响终点观察。

4.4.3.3　法扬司（Fajans）法

A　原理

法扬司法是以吸附指示剂指示终点的银量法。吸附指示剂是一类有机染料，在溶液中能被胶体沉淀表面吸附而发生结构改变，从而引起颜色的变化。现以测定 NaCl 中 Cl^- 含量为例，说明指示剂的作用原理。

用 $AgNO_3$ 标准溶液滴定 Cl^-，以荧光黄为指示剂。荧光黄是一种有机弱酸（HFL），

在水溶液中离解出阴离子(FL^-)，呈黄绿色。离解反应式为

$$HFL \rightleftharpoons H^+ + FL^-$$

在化学计量点前，AgCl 沉淀吸附溶液中的 Cl^- 形成 $AgCl \cdot Cl^-$ 而带负电荷，如图 4-11(a)所示，荧光黄阴离子不被吸附，溶液呈黄绿色。化学计量点后，微过量的 Ag^+ 使 AgCl 沉淀吸附 Ag^+，形成 $AgCl \cdot Ag^+$ 而带正电荷，此时它吸附荧光黄的阴离子，吸附后的指示剂发生结构改变，呈粉红色，如图 4-11(b)所示。由黄绿色变为粉红色即为终点。若用 NaCl 标准溶液滴定 Ag^+，则颜色变化相反。

$$\underset{\text{(黄绿色)}}{AgCl \cdot Ag^+ + FL^-} = \underset{\text{(粉红色)}}{AgCl \cdot Ag \cdot FL}$$

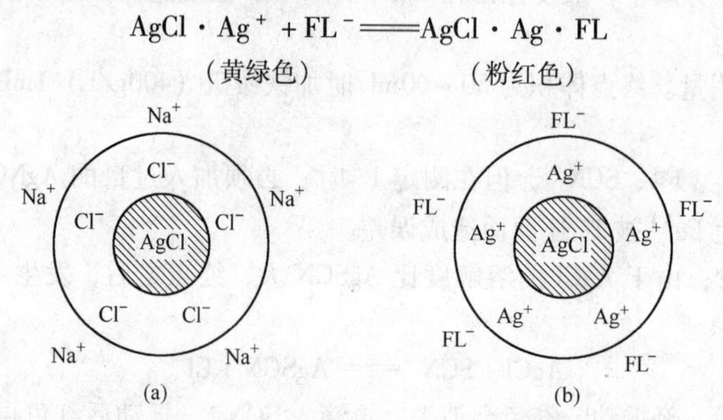

图 4-11 AgCl 胶粒表面吸附示意图

(a) 滴定终点前；(b) 滴定终点后

B 指示剂的选择

不同指示剂被沉淀吸附的能力不同，因此，滴定时应选用沉淀对指示剂的吸附力略小于对被测离子吸附力的指示剂，否则终点会提前。但沉淀对指示剂的吸附力也不能太小，否则终点推迟且变色不敏锐。卤化银沉淀对卤素离子和几种吸附指示剂的吸附力顺序为

$$I^- > \text{二甲基二碘荧光黄} > SCN^- > Br^- > \text{曙红} > Cl^- > \text{荧光黄}$$

因此，测定 Cl^- 时应选用荧光黄，不能选用曙红；测定 Br^- 可选用曙红。表 4-12 列出几种常用的吸附指示剂。

表 4-12 常用的吸附指示剂

被测离子	指示剂	滴定条件（pH 值）	终点颜色变化
Cl^-	荧光黄	7~10	黄绿→粉红
Cl^-	二氯荧光黄	4~10	黄绿→粉红
Br^-、I^-、SCN^-	曙红	2~10	橙黄→红紫
I^-	二甲基二碘荧光黄	中性	黄红→红紫
SCN^-	溴甲酚绿	4~5	黄→蓝

C 测定条件

（1）溶液酸度。根据所选指示剂而定，荧光黄是弱酸，酸度高，阻止其电离，只适合在 pH=7~10 使用。二氯荧光黄适合在 pH=4~10 使用。曙红适合在 pH=2~10 使用。

（2）保持沉淀胶体状态。常加入一些保护胶体，如糊精或淀粉，阻止卤化银凝聚，保持胶体状态使终点变色明显。

（3）滴定中应避免强光照射。卤化银沉淀对光敏感，易分解出金属银，使沉淀变为灰黑色，影响终点观察。

现将上述3种银量法汇总于表4-13中。

表4-13 银量法一览表

名 称	指示剂	测定对象	测定条件	干扰情况
莫尔法（Mohr）	$K_2Cr_2O_7$	（1）直接法测 Br^-、Cl^- （2）返滴定法测 Ag^+	pH = 6.5 ~ 10.5；有 NH_4^+ 时，pH = 6.5 ~ 7.2；剧烈摇动	Ba^{2+}、Pb^{2+} 和 PO_4^{3-}、AsO_4^{3-}、SO_3^{2-}、S^{2-}、CO_3^{2-}、$C_2O_4^{2-}$ 等干扰
佛尔哈德法（Volhard）	铁铵矾（Fe^{3+}）	（1）直接法测 Ag^+ （2）返滴定法测 Cl^-、Br^-、I^-、SCN^- （3）有机卤化物中卤素	（1）HNO_3 介质酸度为0.1~1mol/L （2）测 Cl^- 时，防止沉淀转化，将 AgCl 过滤或加有机溶剂等	强氧化剂、铜盐和汞盐能与 SCN^- 作用，干扰；测 I^- 时，加入 $AgNO_3$ 后再加 Fe^{3+}
法扬司法（Fajans）	吸附指示剂	（1）测 Cl^- 用荧光黄 （2）测 Br^-、I^-、SCN^- 用曙红	pH = 7 ~ 10；pH = 2 ~ 10，加保护胶体充分摇动	避免直接光照，否则析出黑色金属银，影响终点观察

习 题

（一）酸碱滴定法

1. 指出下列物质哪些是酸、哪些是碱、哪些是两性物质？

（1）NH_4Cl；（2）H_2S；（3）$NaHCO_3$；（4）Na_2SO_3；（5）Na_2S

2. 写出下列物质的共轭酸或共轭碱：

（1）HCOOH；（2）Na_2CO_3；（3）HF；（4）NaH_2PO_4；（5）$Na_2C_2O_4$

3. 将下列水溶液中[H^+]换算成 pH 值：

（1）0.20mol/L；（2）5.0×10^{-7}mol/L；（3）1.8×10^{-12}mol/L

答：（1）0.70；（2）6.30；（3）11.70

4. 将下列水溶液中[OH^-]换算成 pH 值：

（1）2.0×10^{-3}mol/L；（2）0.20mol/L；（3）1.2×10^{-12}mol/L；

答：（1）11.30；（2）13.30；（3）2.08

5. 计算下列溶液的 pH 值：

（1）$c_{HAc}=2.0\times10^{-3}$mol/L HAc 溶液；

（2）$c_{H_3BO_3}=0.10$mol/L H_3BO_3 溶液；

（3）$c_{NH_4NO_3}=0.10$mol/L NH_4NO_3 溶液。

答：（1）3.74；（2）5.12；（3）5.12

6. 计算下列缓冲溶液的 pH 值：

（1）1L 溶液中 $c_{HAc}=1.0mol/L$，$c_{NaAc}=0.50mol/L$；

（2）1L 溶液中 $c_{NH_3}=0.10mol/L$，$c_{NH_4Cl}=0.050mol/L$

答：（1）4.44；（2）8.96

7. 什么是反应的化学计量点和滴定终点？
8. 酸碱指示剂为什么能变色，指示剂的变色范围如何确定？
9. 某溶液滴入酚酞无色，滴入甲基红为黄色，指出该溶液的 pH 值范围。
10. 判断在下列 pH 值溶液中，指示剂显何色：

（1）pH=3.5 溶液，滴入甲基红；

（2）pH=7 溶液，滴入溴甲酚绿；

（3）pH=4.0 溶液，滴入甲基橙；

（4）pH=10.0 溶液，滴入甲基橙；

（5）pH=6.0 溶液，滴入甲基红和溴甲酚绿的混合指示剂。

11. 为什么 NaOH 可以滴定 HAc 而不能直接滴定 H_3BO_3？
12. 为什么能直接用 HCl 滴定 $Na_2B_4O_7 \cdot 10H_2O$ 和 Na_2CO_3 而不能直接滴定 NaAc？
13. 工业硼砂 1.000g，用 $c_{HCl}=0.2000mol/L$ 标准溶液滴定，用去 $V_{HCl}=25.00mL$ 到达终点。计算试样中 $Na_2B_4O_7 \cdot 10H_2O$ 的含量（%）及 B 的含量（%）。

答：$Na_2B_4O_7 \cdot 10H_2O$ 含量 =95.34%；B 含量 =10.81%

14. 称取混合碱试样 0.8719g，加酚酞指示剂，用 $c_{HCl}=0.3000mol/L$ 标准溶液滴定至终点，用去 $V_{HCl}=28.60mL$，再加甲基橙指示剂，继续滴定至终点用去 $V_{HCl}=24.10mL$，求试样中各组分的含量（%）。

答：Na_2CO_3 含量 =87.90%；NaOH 含量 =6.19%

（二）配位滴定法

1. 为什么配位滴定中都要控制一定的 pH 值，如何控制溶液的 pH 值？
2. 根据酸效应曲线，用 0.01mol/L EDTA 滴定同浓度的下列各离子时，最低 pH 值各为多少？

（1）Ca^{2+}；（2）Zn^{2+}；（3）Fe^{3+}；（4）Pb^{2+}；（5）Bi^{3+}

3. 计算 pH=2.0 和 pH=5.0 时 ZnY 的条件稳定常数。如用 0.020mol/L EDTA 滴定 0.020mol/L Zn^{2+} 时，pH 值应控制在 2 还是 5？

答：pH=5.0

4. 混合等体积的 0.20mol/L EDTA 和 0.20mol/L Mg^{2+} 溶液，溶液 pH=8.0，计算未配合的 Mg^{2+} 浓度为多少？

答：1.9×10^{-4}mol/L

5. 称纯 $CaCO_3$ 0.4206g，用 HCl 溶解并冲稀到 500.00mL，用移液管移取 50.00mL，用 $V_{EDTA}=38.84mL$ 滴定到终点。求 EDTA 的物质的量浓度。若配制 2L 此溶液，需称取 $Na_2H_2Y \cdot 2H_2O$ 多少克？

答：0.01082mol/L，8.0544g

（三）氧化还原滴定法

1. 已知 $\varphi^{\ominus}_{Fe^{3+}/Fe^{2+}}=0.77V$，当 $[Fe^{3+}]=1.0mol/L$ 和 $[Fe^{2+}]=0.01mol/L$ 时，$\varphi_{Fe^{3+}/Fe^{2+}}$ 为多少？

答：0.89V

2. 已知 $[Ce^{4+}]=0.020mol/L$，$[Ce^{3+}]=0.0040mol/L$，计算在 1mol/L HCl 中 Ce^{4+}/Ce^{3+} 的电极电位。

答：1.32V

3. 配平下列反应式：

（1）$Mn(NO_3)_2 + NaBiO_3 + HNO_3 \rightarrow NaMnO_4 + Bi(NO_3)_3 + NaNO_3 + H_2O$；

（2）$KBrO_3 + KI + H_2SO_4 \rightarrow I_2 + KBr + K_2SO_4 + H_2O$；

（3）$K_2Cr_2O_7 + H_2S + H_2SO_4 \rightarrow Cr_2(SO_4)_3 + K_2SO_4 + S\downarrow + H_2O$

4. 现有一标准溶液，每1000mL中含有 $KHC_2O_4 \cdot H_2C_2O_4 \cdot 2H_2O$ 25.42g，求此溶液：

（1）与KOH作用时的物质的量浓度；

（2）在酸性溶液中与 $KMnO_4$ 作用的物质的量浓度。

答：（1）0.3000mol/L；（2）0.4000mol/L

5. $KMnO_4$ 标准溶液的物质的量浓度是 $c_{1/5KMnO_4}=0.1242$mol/L。求用：（1）Fe；（2）$FeSO_4 \cdot 7H_2O$；（3）$Fe(NH_4)_2(SO_4)_2 \cdot 6H_2O$ 表示的滴定度。

答：（1）0.006936g/mL；（2）0.03453g/mL；（3）0.04870g/mL

6. 溶解纯 $K_2Cr_2O_7$ 0.1434g，酸化并加入过量KI，稀释放出的 I_2，用28.24mL $Na_2S_2O_3$ 溶液滴定至终点，计算 $Na_2S_2O_3$ 溶液的物质的量浓度。

答：0.1036mol/L

（四）沉淀滴定法

1. 已知AgCl的 $K_{sp(AgCl)}=1.8\times10^{-10}$，请计算它在100mL纯水中能溶解多少毫克。

答：0.192mg

2. 根据 $Mg(OH)_2$ 在纯水的溶解度9.62mg/L，试计算 K_{sp} 值。

答：1.8×10^{-11}

3. 什么是沉淀转化作用？试用沉淀转化作用说明佛尔哈德法以铁铵矾作指示剂对测定的影响。

4. 说明用下列方法进行测定是否会引入误差（说明原因）：

（1）在pH=2的溶液中，用莫尔法则 Cl^-；

（2）用佛尔哈德法测定 Cl^-，没有加二氯乙烷有机溶剂。

5. 为使指示剂在滴定终点时颜色变化明显，对吸附指示剂有哪些要求？

6. 氯化钠试样0.5000g，溶解后加入固体 $AgNO_3$ 0.8920g，用 Fe^{3+} 作指示剂，过量的 $AgNO_3$ 用0.1400mol/L KSCN标准溶液返滴，用去25.50mL。求试样中NaCl的含量（%）。（试样中除 Cl^- 外，不含有能与 Ag^+ 生成沉淀的其他离子）。

答：NaCl含量=19.64%

7. 某纯NaCl和KCl混合试样0.1204g，用 $c_{AgNO_3}=0.1000$mol/L $AgNO_3$ 标准溶液滴定至终点，耗去 $AgNO_3$ 溶液20.06mL，计算试样中NaCl和KCl各为多少克。

答：NaCl 0.1057g；KCl 0.0147g

技 能 篇

项目1 矿石分析

1.1 基础知识：锰矿石

1.1.1 概述

锰在自然界中分布很广，几乎所有矿石及硅酸盐的岩石中都含有锰。最常见的锰矿是无水或含水的氧化锰或碳酸锰，主要是：软锰矿（MnO_2），硬锰矿（$MnO_2 \cdot MnO \cdot nH_2O$），水锰矿（$MnO_2 \cdot Mn(OH)_2$），褐锰矿（$Mn_2O_3$），黑锰矿（$Mn_3O_4$）和菱锰矿（$MnCO_3$）。这些矿物中，除了菱锰矿外锰含量都可高达50%～70%。

锰是钢铁工业中不可缺少的原料，重要的脱硫剂和脱氧剂。钢中加少量锰，能增加钢的硬度、延展性、韧性和抗磨能力。锰钢、锰铁以及锰的有色金属合金，在工业上极其重要。

锰矿石通常可被酸分解，常用的酸有盐酸、盐酸－硝酸、硝酸－过氧化氢、磷酸、磷酸－过氧化氢、氢氟酸－硫酸等。不被酸分解的矿样可用碱性或酸性熔剂熔解分解。在多元素的系统分析中常用盐酸分解，然后将残渣用碳酸钠熔融后合并。

锰矿中常伴有二氧化硅、铁、铝、钙、磷、砷、镁、硫等元素，其中二氧化硅、磷、硫、砷是有害元素，尤其是磷的含量是锰矿的重要质量指标。在锰矿石的分析中，一般要求测定的组分有全锰、硅、铝、铁、钙、镁、磷、硫等含量。但由于锰矿石分析内容和测定方法有很多与铁矿石相同，在此只对一些特殊的内容作介绍。

在锰矿各组成的测定方法中必须考虑大量锰的干扰问题。分离锰的主要方法如下：

（1）在硝酸溶液中，用氯酸钾将Mn^{2+}氧化成水合二氧化锰析出。这是分离大量锰较好的广泛应用的方法。也可用过硫酸铵代替氯酸钾，此时介质可以是稀硝酸或稀硫酸溶液。析出的二氧化锰中常夹杂有微量杂质。

（2）在氨性介质中用溴水或过硫酸铵或过氧化氢将Mn^{2+}氧化成水合二氧化锰与铁、铝的氢氧化物一起沉淀析出，从而与钙、镁等分离。锰含量高时，吸附严重，为了减少吸附，需反复沉淀3～4次，繁琐费时。

（3）采用国产717型阴离子交换树脂静态交换高锰酸根方法，高达200mg锰的试液一次交换后残留于溶液中的锰已低于2mg，对于锰含量高达60%～70%的试样中有效地分离锰以便测定钙、镁含量尤其适用。试样在银坩埚中用碱熔分解，以 20mL(1+8) 硫酸浸出，在约 0.25mol/L 硫酸介质中，用 3g 过硫酸铵将锰氧化成 MnO_4^-（试液中已有银盐，不必另外加入），煮沸除去过剩的过硫酸铵，冷却后加入 717 型阴离子交换树脂 5g，搅拌 5min，过滤，以水洗净。滤液用六次甲基四胺及铜试剂沉淀铁、铝、重金属离子及残存的锰，再次过滤。滤液供测定钙、镁用。由于克服了吸附，分析结果稳定、准确。

锰与铁铝之间一般不需要分离。必要时在足够铵盐存在的情况下，用六次甲基四胺沉淀铁与铝。

（4）在弱酸性至中性介质中，Mn^{2+} 与铜试剂生成沉淀，可用甲苯、氯仿或四氯化碳萃取，从而与钙、镁分离。这一方法用于分离少量的锰较为方便。

1.1.2　锰的分析

常用过硫酸铵－硝酸银法（亚砷酸钠－亚硝酸钠快速容量法）测定锰。

在过硫酸铵法氧化 Mn^{2+} 为 Mn^{7+} 的操作中，煮沸环节不易掌握，并且当锰含量大时，大量的高锰酸不稳定，容易分解析出二氧化锰沉淀。因此，7 价锰盐法已逐渐被 3 价锰盐法所取代。

高氯酸或硝酸铵都能将 Mn^{2+} 定量地氧化为 Mn^{3+}，在磷酸介质中生成稳定的配合物 $[Mn(PO)_4]^{3-}$，以苯代邻氨基苯甲酸为指示剂，用硫酸亚铁铵标准溶液滴定。

硝酸铵在使用温度低时氧化不完全，结果偏低；温度太高又可能有焦磷酸酸盐析出。一般在磷酸（或加入少许硝酸）溶样后，液面平静并开始冒白烟时加入硝酸铵最为适宜。硝酸铵用量 1～2g 为好。氧化过程中氮的氧化物气体必须赶尽。

1.1.3　铝的分析

大量 Mn^{2+} 的存在，对 EDTA 配合滴定法测定铝有严重干扰，无法正确判别终点。试液中即使只有 0.5～1.0mg 锰的存在，也会使终点不稳定，因此必须分离锰。

试样用盐酸分解后，用硝酸－氯酸钾法在热溶液中将 Mn^{2+} 氧化成 $MnO(OH)_2$ 沉淀过滤分离。残渣（硅酸盐）连同含水二氧化锰沉淀，经硫酸－过氧化氢洗涤去锰后，灰化滤纸并去碳，再用硫酸－氢氟酸分解硅酸盐残渣，赶尽氢氟酸后制成盐酸溶液，与二氧化锰滤液合并即为测铝的试液。

用 EDTA 测定矿石中的铝，为提高选择性，一般采用置换法，即加入过量的 EDTA 标准溶液，在 pH 值为 5.5～6.0 的乙酸－乙酸钠的缓冲溶液中，煮沸数分钟，使铝充分配合，冷却后用二甲酚橙作指示剂，以锌盐返滴过剩的 EDTA（不计数），然后加入氟化铵溶液与铝生成更为稳定的 $[AlF_6]^{3-}$，并置换出等分子的 EDTA，用锌盐标准溶液滴定释放出来的 EDTA，即可求得氧化铝的量。

锰矿中钙、镁等项的测定与硅酸盐分析相同，强调分离大量的锰之后才能测定。

1.2　任务：锰矿石分析

1.2.1　高氯酸脱水质量法测定二氧化硅

称取风干试样：（$w_{SiO_2}<10\%$ 者称取 1.0000g，$w_{SiO_2}>10\%$ 者称取 0.5000g），置于

250mL 烧杯中，加 20 ~25mL 浓 HCl，加热溶解试样，然后加约 50mL 热水煮沸，用中速定量滤纸（加适量纸浆）过滤，收集滤液在 250mL 烧杯中，用带橡皮头的玻璃棒擦净杯壁，用热水洗涤烧杯，并洗涤滤纸及残渣 3 ~4 次（保留滤液及洗液），将滤纸连同残渣置于铂坩埚中，小心干燥，灰化后，在 800℃灼烧 20min，冷却，加 3 ~4g 混合熔剂（2 份无水碳酸钠与 1 份硼砂研细，混匀），搅匀，表面再覆盖少许混合熔剂，置于 900 ~ 1000℃高温炉中熔融 10 ~15min，取出，冷却，将坩埚放入盛有滤液及洗液的 250mL 烧杯中，加热，待熔融物溶解后，用热水洗净铂坩埚并取出，蒸发溶液至 20 ~30mL，加 15 ~ 20mL 高氯酸，盖上表面皿（留一缝隙），置于电热板上加热至冒高氯酸浓厚白烟 10 ~ 15min，取下稍冷，加 10mL 浓 HCl，约 40mL 热水，搅拌溶解盐类（如果试液呈棕褐色，应加少量过氧化氢使颜色褪去），用慢速定量滤纸过滤，并用带橡皮头的玻璃棒将附在杯壁上的沉淀擦净，用热 HCl（5 +95）洗净烧杯并洗涤沉淀至无铁离子（用 50g/L NH_4SCN 溶液检查），最后用热水洗至无氯离子（用 10g/L$AgNO_3$ 溶液检查），滤液及洗液再按上述手续加热，蒸发冒烟，过滤，洗涤。

将两次所得沉淀连同滤纸置于铂坩埚中，小心干燥，灰化后，再在 600℃灼烧 20min，取出，冷却。加 1mL 浓 HCl、1mL 无水乙醇，于低温电炉上小心蒸干，并重复一次，然后置于 1000℃高温炉中灼烧 40min，取出，置于干燥器中，冷却至室温，称重，反复灼烧至恒重（W_1），沿坩埚内壁加 3 ~5 滴水润湿沉淀，加 4 滴硫酸（1 +1），5mLHF，低温蒸干至冒尽三氧化硫白烟（若有 SiO_2 沉淀时，需再用 2mL HF，2 滴硫酸（1 +1），蒸干一次），再将铂坩埚置于 1000℃高温炉中灼烧 20min，取出，置干燥器中，冷却至室温，称重，并反复灼烧到恒重（W_2）。试剂空白试验按分析步骤随同试样操作。

$$w_{SiO_2} = \frac{W_1 - W_2}{m} \times \frac{100}{100 - A}$$

式中 W_1——HF 处理前沉淀与铂坩埚的质量，g；

W_2——HF 处理后沉淀与铂坩埚的质量，g；

A——试样中湿存水的质量分数，%；

m——称取试样量，g。

1.2.2 硅钙镁的系统测定

试样以混合熔剂熔融，以稀酸浸取溶物定容，分液以硅钼蓝分光光度法测定二氧化硅，EDTA 容量法测定氧化钙，氧化镁。

1.2.2.1 二氧化硅测定

称取 0.2500g 试样，置于已放有 3g 混合熔剂（2 份无水碳酸钠与 1 份硼砂研细，混匀）的铂坩埚内，盖好盖放入 1000℃马弗炉里熔融 7min，取出，放入已有 80mL 硝酸(1 +6)中，加热浸出熔物到全部溶解，滴加过氧化氢到二氧化锰沉淀消失，煮沸，冷却后，移入 250mL 容量瓶中定容。

移取 2.00mL 母液于 100mL 容量瓶中，补加 10mL 硫酸（5 +1000），加 5mL 50g/L 钼酸铵溶液摇匀，于沸水浴中加热 30s，取下以流水冷却至室温，加 15mL 草硫混酸，摇匀，加 5mL 硫酸等，剩余步骤同 1.5.2.3 中硅钼蓝分光光度法测定二氧化硅。

1.2.2.2　氧化钙、氧化镁的测定

A　方法要点

溶液中的铁、铝、锰等离子干扰氧化钙、氧化镁的测定，因此，应先分离出铁、铝、锰，然后用 EDTA 在不同的 pH 值下，测定氧化钙、氧化镁。

B　氧化钙的测定

吸取 100mL 作二氧化硅的母液于 300mL 烧杯中，滴加 0.5mL 硝酸（约 5 滴），加热氧化低价铁，加 0.5g 氯化铵固体，以水稀至 150mL，将溶液加热近沸，以氨水（1+1）中和至出现沉淀，再过量数滴，加 5mL 250g/L 过硫酸铵溶液，摇匀，煮沸 8~10min，取下用氨水（1+1）调 pH 值为 7~8（用试纸检查），再煮沸 1~2min，再用氨水（1+1）调至 pH 值为 7~8，静置数分钟，用快速滤纸过滤于 200mL 容量瓶中，用热的 20g/L 氯化铵洗液洗烧杯 3~4 次，洗沉淀 7~8 次，稀释到刻度，滤液供作钙镁用。

吸取 50mL 滤下液于 300mL 三角瓶中，加入 5mL 50g/L 盐酸羟胺，2mL 三乙醇胺（1+1），加 10mL 200g/L 氢氧化钾溶液，4g/L 钙指示剂数滴，以 0.00446mol/L EDTA 标准溶液滴定，由红色恰好变为纯蓝色为终点，记下消耗的毫升数 V_1 为钙量。计算公式：

$$w_{CaO}=\frac{c\times V_1\times 56.08}{1000\times m\times\frac{100}{200}\times\frac{50}{200}}$$

式中　c——EDTA 标准溶液浓度，mol/L；

V_1——氧化钙消耗 EDTA 标准溶液的毫升数，mL。

C　氧化镁的测定

吸取 50mL 滤下液于 300mL 三角瓶中，加入 5mL 50g/L 盐酸羟胺，2mL 三乙醇胺（1+1），10mL 氨水（1+1），加 3 滴 4g/L 铬黑 T 指示剂，用 EDTA 标准溶液滴定，由红色恰好变为纯蓝色为终点，记下消耗的毫升数 V_2 为钙镁合量

$$w_{MgO}=\frac{c\times(V_2-V_1)\times M_{MgO}}{1000\times m\times\frac{100}{200}\times\frac{50}{200}}$$

式中　c——EDTA 标准溶液浓度，mol/L；

M_{MgO}——MgO 的相对分子质量，g/mol；

V_2——钙镁合量消耗 EDTA 标准溶液的毫升数，mL。

D　附注

（1）在以氢氧化铵、过硫酸铵分离铁、铝、锰时，要注意煮沸，使过硫酸铵充分分解完全，以免在滴定时破坏指示剂；

（2）做钙镁时，滴定标样，结果高于标样氧化钙、氧化镁含量时，应做一个水的空白试验，计算时减去水空白的含量。

1.2.3　全锰的测定

称取 0.2000g 试样，置于 250mL 三角瓶中，加少量水湿润试样，加 5mL 硫酸(1+1)，20mL 磷酸，加热溶解，加 3~5mL 硝酸，使碳及有机物氧化，加热冒三氧化硫白烟 3min，

取下冷却至室温，然后再加热至刚冒白烟，加2~3g硝酸铵，充分摇动三角瓶，用吸耳球吹尽氮氧化物，稍冷加80mL水溶解盐类，冷却后，以0.03000mol/L硫酸亚铁铵标准溶液滴定至浅红色，加3滴2g/L N-苯基邻氨基苯甲酸指示剂，继续滴定至亮黄色为终点，随同做标样：

$$w_{Mn}=\frac{w_{标样}}{V_{标样}}\times V_{试样}$$

式中 $w_{标样}$——标样中锰的质量分数,%；

$V_{标样}$，$V_{试样}$——标样和试样分别所消耗硫酸亚铁铵的毫升数，mL。

1.3 基础知识：铁矿石

1.3.1 概述

铁矿是钢铁工业的基础原料。铁矿石的种类很多，有代表性的能用来冶炼的铁矿石及其性质列于表1-1。此外，尚有含硫的铁化合物及含砷的铁化合物［黄铁矿（FeS_2），毒砂（FeAsS）］等，虽含有大量铁，但由于硫和砷都严重影响钢铁质量，不能用来炼铁，习惯上不称为铁矿。值得注意的是，有的铁矿除含铁外，还含有大量其他更有价值的元素的铁化合物也不能认为是铁矿。

不符合表1-1品位要求的，要进行选矿处理。

铁矿石中的铁大都以高价铁（Fe_2O_3）状态和亚铁（FeO）状态存在，少数以硅酸盐形式存在，几乎无金属铁。此外还含有有害组分，如二氧化硅、硫、磷、砷等，它们在冶炼过程中还原为单质并渗入生铁中，严重影响金属质量。铁矿分析一般仅需测定二氧化硅、全铁（TFe）、硫、磷。有时从冶炼需要出发，还要测定酸溶性铁（SFe）、氧化亚铁（FeO）、氧化钙、氧化镁、氧化锰、烧碱等。矿石中TFe/FeO不大于2.7时为磁铁矿；TFe/FeO大于2.7时为赤铁矿；TFe与SFe之差即为硅酸铁，这部分铁在冶炼过程中不能还原为金属，当硅酸铁中的铁大于2%~4%时，要相应提高全铁的品位要求。依照矿石$(CaO+MgO)/(SiO_2+Al_2O_3)$的比值不同，铁矿石又可分为自熔性矿石（比值为0.8~1.2），半自熔性矿石（比值为0.5~0.8）；酸性矿石（比值小于0.5）和碱性矿石（比值大于1.2）。只有自熔性矿石在冶炼时不需要再配入碱性熔剂（石灰石或石灰），其余几类矿石都需要配入一定量的碱性熔剂或酸性熔剂（硅石），使配入后$(CaO+MgO)/(SiO_2+Al_2O_3)$的比值到达所需的指标。

表1-1 铁矿石矿物的各种性质

名称	化学式	由化学式计算的组成			晶系	密度/$g\cdot cm^{-3}$	硬度（莫氏）	颜色	磁性
		铁品位/%	w_{Fe}/%	w_{H_2O}或w_{CO_2}/%					
赤铁矿	Fe_2O_3	>54~58	70.0		六方	4.5~5.3	5.5~6.5	红、红褐、灰、黑	弱
磁铁矿	Fe_3O_4	>56~60	72.0		等轴	4.9~5.2	5.5~6.5	铁黑	强
褐铁矿	Fe_2O_3	>45~50	4862.9	(H_2O)5.6~31.0	非晶质+斜方	3.6~4.0	4.0~5.5	黄褐、红褐	弱
菱铁矿	$FeCO_3$	>30~35	48.2	(CO_2)37.9	六方	3.7~3.9	3.5~4.0	浅黄褐色	弱

铁矿石通常用盐酸加热分解，如残渣为白色，表明试样分解完全；若残渣有黑色或其他颜色，可用氢氟酸或氟化铵处理。磁铁矿分解很慢，可加几滴氯化亚锡加速分解，或用磷硫混合酸（2+1）分解。铁矿石的系统分析常用碱熔法分解试样，常用的熔剂有氢氧化钠、过氧化钠、碳酸钠和过氧化钠－碳酸钠（2+1）混合熔剂。熔融通常在银坩埚、镍坩埚和石墨坩埚中进行，也可用过氧化钠在镍坩埚中烧结分解试样。铬铁矿宜用过氧化钠分解，钛铁矿则可用焦硫酸钾分解。

铁矿中铁的测定方法目前多采用氯化亚锡、三氯化钛将 Fe^{3+} 还原为 Fe^{2+}。铜有时混杂在铁矿中，由于 $SnCl_2$ 能将 Cu^{2+} 还原为 Cu^{+}，Cu^{+} 能被 $K_2Cr_2O_7$ 氧化，同时 Cu^{2+} 又能催化 Fe^{2+} 被空气氧化，因此，铜的含量大于 0.5mg 时，应预先用氨水分离（钴、镍、铂等干扰元素也被分离），使铁成为氢氧化铁沉淀而铜氨配离子则留在溶液中。经碱熔分解的试样，在水浸取的碱性溶液中加入适量氯化铵也可以达到同样目的。

钨和钼被还原剂还原为钨蓝和钼蓝，妨碍终点判别；钒则被还原为低价，能消耗重铬酸钾。碱熔法分解试样并用水浸取，钨、钼和钒均以可溶性的含氧酸盐留在溶液中而与氢氧化铁分离。

砷、锑都能被氯化亚锡还原为低价而消耗重铬酸钾，可在热的硫酸介质中用氢溴酸逐出砷和锑的溴化物；也可用碱熔法分解试样，使砷和锑转入溶液，在用盐酸分解铁矿时加入适量氯化亚锡，使三氯化砷挥发除去。

铂的存在（即使含量极微）能被还原为低价状态，即棕色或暗黄色的稳定的氯铂酸（H_2PtCl_4）胶体溶液，严重影响还原终点的判别。自然界的铁矿中几乎不含有铂，往往是由于使用铂坩埚分解矿样残渣时引入，要引起注意。采用氨水沉淀铁而与铂分离。

硝酸根影响还原和滴定，须用硫酸或盐酸低温反复蒸干除去。此外，大量的氟以及含有羟基的有机酸等妨碍氢氧化铁沉淀完全，前者还使亚铁溶液的稳定性降低，在用盐酸－氟化钠法分解矿样时，应当避免引入大量氟盐。

1.3.2　铁的分析

1.3.2.1　全铁（TFe）和酸溶性铁（SFe）的分析

A　$K_2Cr_2O_7$ 容量法

常量铁（0.5%以上）的测定，多采用 $SnCl_2$ 为还原剂的 $K_2Cr_2O_7$ 容量法测定，方法简便易行，过量的 $SnCl_2$ 容易除去，$K_2Cr_2O_7$ 标准溶液稳定并可用直接法配制。

在盐酸和硫酸介质中，用 $SnCl_2$ 还原 Fe^{3+} 为 Fe^{2+}，以 $HgCl_2$ 氧化过量的 $SnCl_2$，在硫磷混酸存在下，以二苯胺磺酸钠为指示剂，即可用 $K_2Cr_2O_7$ 标准溶液滴定，主要反应有：

$$2Fe^{3+} + Sn^{2+} + 6Cl^{-} = 2Fe^{2+} + SnCl_6^{2-}$$

$$Sn^{2+} + 2Hg_2Cl_2 + 4Cl^{-} = Hg_2Cl_2 \downarrow + SnCl_6^{2-}$$

$$6Fe^{2+} + Cr_2O_7^{2-} + 14H^{+} = 6Fe^{3+} + 2Cr^{3+} + 7H_2O$$

用 $SnCl_2$ 还原 Fe^{3+} 时，应保持小体积、较高的酸度（6mol/L 以上）和温度，否则还原较慢，且 $SnCl_2$ 容易发生水解。

还原滴定时溶液的酸度应控制在 1～3mol/L 范围内，酸度过高，终点变色迟钝，会使测定结果偏高；酸度过低，滴定反应不完全。

为了保证三价铁全部还原为二价并防止滴定前再被氧化，$SnCl_2$ 必须过量。过量的 $SnCl_2$ 也将被 $K_2Cr_2O_7$ 滴定，因此必须加入弱氧化剂 $HgCl_2$ 氧化过量 $SnCl_2$，生成白色丝光状 Hg_2Cl_2 沉淀。这一反应并不是瞬间即可完成的，尤其当溶液酸度控制不当时，因此，加入 $HgCl_2$ 摇匀并放置 3~5min。必须避免引入过多的 $SnCl_2$，因为它能将 Hg_2Cl_2 进一步还原为黑色的金属汞。

$$Sn^{2+} + Hg_2Cl_2 + 4Cl^- = 2Hg + SnCl_6^{2-}$$

金属汞能被 $K_2Cr_2O_7$ 氧化，并在滴定过程中将生成的 Fe^{3+} 重新还原为 Fe^{2+}，因而用 $SnCl_2$ 还原时宜逐滴加入，待 Fe^{3+} 的黄色刚好消失再过量 1~2 滴为宜。

滴定过程中［Fe^{3+}］不断升高，［Fe^{2+}］不断降低，溶液电位不断升高，当溶液电位高于指示剂二苯胺磺酸钠的标准电对电位时，指示剂被氧化，这时距滴定终点尚早；为了避免终点过早出现，加入硫磷混酸，使 Fe^{3+} 形成稳定的无色配合物 $[Fe(PO_4)_2]^{3-}$，从而降低了铁电对电位，使指示剂的变色范围全部落在滴定曲线的突跃范围之内，把滴定的系统误差控制在允许误差范围之内。但是磷酸的加入加剧了 Fe^{2+} 的不稳定性，用加入硫酸的方法在一定程度上抑制了空气对 Fe^{2+} 的氧化。实际上，加入硫磷混酸后仍要求立即滴定。

铁矿石的合适溶剂是盐酸或硫磷混酸。但用酸分解时，铁的硅酸盐不被分解，测出的值仅为酸溶性铁（SFe）。若在酸溶时，加入适量碱金属氟化物，则测得值中包括了硅酸铁，即全铁（TFe）。氟化物的用量不可超过 1g。过多氟盐的引入不仅促使亚铁氧化，还妨碍铁的还原，侵蚀玻璃器皿析出硅酸，吸附铁离子干扰测定。用酸不能完全分解的铁矿样必须改用碱熔分解，才能准确测出全铁。

B 无汞盐测铁

为了避免汞的毒性，提高环境的质量，近年来，研究了多种无汞盐测铁的方法。下面主要介绍无汞盐测铁法。

试样溶解后，首先用 $SnCl_2$ 还原大部分的 Fe^{3+}，然后用 $TiCl_3$ 定量还原剩余的 Fe^{3+}。

$$2Fe^{3+} + Sn^{2+} = 2Fe^{2+} + Sn^{4+}$$

$$Fe^{3+} + Ti^{3+} + H_2O = Fe^{2+} + TiO^{2+} + 2H^+$$

用钨酸钠作指示剂指示还原终点，即当 Fe^{3+} 定量还原为 Fe^{2+} 后，过量 1 滴 $TiCl_3$ 溶液，可使作为指示剂的六价钨（无色）还原成蓝色的五价钨化合物，俗称钨蓝，故溶液呈蓝色。过量的 $TiCl_3$ 可在 Cu^{2+} 的催化下，借水中溶解的氧氧化，从而消除少量还原剂的影响。

还原 Fe^{3+} 时，不能单用 $SnCl_2$，因为在此酸度下，$SnCl_2$ 不能将 W^{6+} 还原为 W^{5+}，故溶液没有明显的颜色变化，无法控制其用量，而且过量的 $SnCl_2$ 没有适当的非汞方法除去，但也不宜单用 $TiCl_3$，因为钛盐较贵，且使用时易产生 4 价钛盐沉淀，影响测定，故常将 $SnCl_2$ 与 $TiCl_3$ 联合使用。

Fe^{3+} 定量还原为 Fe^{2+} 和过量还原剂除去后，即可用二苯胺磺酸钠为指示剂，以 $K_2Cr_2O_7$ 标准溶液滴定至溶液呈稳定的紫色即为终点。

C EDTA 容量法

EDTA 容量法是以 Fe^{3+} 和 EDTA 形成很稳定的配合物（$\lg K_{FeY} = 25.1$）为基础的。反

应方程式为

$$Fe^{3+} + H_2Y^{2-} \longrightarrow FeY^- + 2H^+$$

Fe^{2+}的 EDTA 配合物不太稳定（$\lg K_{FeY} = 14.3$），因此，一般都滴定 Fe^{3+}。滴定可在较强的酸性介质中进行，避免了许多离子的干扰。滴定方式有直接法和返滴法，直接法可在较高的酸度下进行，应用更为广泛。这里仅介绍用磺基水杨酸为指示剂的直接滴定法。

Fe^{3+}和磺基水杨酸在不同酸度环境中，生成不同配位数的配合物。在 pH 为 1.3～2.0 的酸性介质中，磺基水杨酸与 Fe^{3+}形成紫色配合物，此配合物的稳定常数远小于 FeY^-配合物，因此在终点时，溶液由紫红色变为 FeY^-的浅黄色，其反应方程式为

$$Fe^{3+} + Sal^- \longrightarrow Fe(Sal)^{2+}$$

$$Fe(Sal)^{2+} + H_2Y^- \longrightarrow FeY^- + Sal^- + 2H^+$$

紫红色　　　　　　　浅黄色

此滴定反应较慢，应在 70～80℃的热溶液中滴定以增加反应速度。但是过高的温度会使试液中的 Al^{3+}也与 EDTA 配位，使滴定结果偏高。

Al^{3+}也和磺基水杨酸生成无色配合物。因此，当样品铝含量较高时，应该适当增大显色剂用量。Cu^{2+}和磺基水杨酸生成绿色配合物，干扰测定。

碱金属、碱土金属、Mn^{2+}、铝、锌、铅及少量 Cu^{2+}、Ni^{2+}不干扰测定。铜、镍含量高时，影响终点观察，可加入邻二氮杂菲掩蔽。

1.3.2.2　亚铁的分析

有时由于高炉冶炼需要或者确定可否进行磁选时，需了解矿石或烧结矿中亚铁的含量。

对于单纯的铁矿中亚铁的测定可用盐酸－氟化钠或硫酸－氢氟酸（铂坩埚）分解试样。盐酸－氟化钠分解试样时，氧化亚铁和硅酸亚铁都被溶解转入溶液，然后以二苯胺磺酸钠为指示剂，用重铬酸钾标准溶液滴定。亚铁盐在热的酸性介质中易被空气氧化，因此试样分解过程中必须注意隔绝空气，并要求整个过程尽快完成。排除空气的最简便方法是在锥形瓶中加盐酸之前预先加入适量的碳酸氢钠或洁净的方解石，盐酸加入后立即产生二氧化碳排出空气，立即塞以带导管的胶塞。试样分解完毕，开启塞子并迅速加入碳酸氢钠饱和溶液或几粒方解石，重新盖上塞子流水冷却，加硫磷混酸和指示剂，即可滴定。

大量氟的存在促使亚铁被空气氧化，并腐蚀玻璃器皿，因此应避免过多地加入氟化钠，或者补加硼酸。

矿样中如果含有高价锰的化合物及可溶于盐酸的硫化物时，将严重干扰亚铁的测定。显然试样分解时，高价锰能将亚铁氧化，而酸溶性硫化物生成的硫化氢又将 Fe^{3+}还原为 Fe^{2+}，使测定工作复杂化。对于这一类的试样必须经过预先处理，只有排除了高价锰和硫化氢的干扰后，才有可能准确地测出亚铁的含量。对于仅含有高价锰化合物的矿样，例如铁锰矿中亚铁的测定，应当事先将高价锰还原为不干扰亚铁测定的 Mn^{2+}。较为有效的方法是在微酸性（pH 为 4.1）的乙酸－亚硫酸钠溶液中，高价锰被亚硫酸还原为 Mn^{2+}，即采用 10mL 200g/L 亚硫酸钠和 10mL 乙酸（1＋1）所构成的微酸性混合液。实践证明，煮沸 10min 之后，可将大量的 MnO_2、Mn_3O_4、Mn_2O_3 和硬锰矿还原为 Mn^{2+}，然后加入碳

酸氢钠或大理石，用盐酸分解矿样。分解高价锰后残存的亚硫酸能在大于5mol/L的盐酸介质中将Fe^{2+}氧化。为消除这一影响，在热浸除锰后的试液中先加入少许碳酸氢钠产生二氧化碳把二氧化硫带出。

对于同时含有高价锰和酸溶性硫化物的矿样，必须同时排除锰和硫的干扰才能测定其中的亚铁。目前较为普通的方法是利用过氧化氢在微酸性介质中的氧化还原性质来实现。在pH = 3.5的HAc - NaAc缓冲溶液中，用过氧化氢热浸来消除锰和硫的干扰，反应如下

$$S^{2-} + 4H_2O_2 = SO_4^{2-} + 4H_2O$$

$$MnO_2 + 2H_2O_2 = Mn^{2+} + 2H_2O + 2O_2\uparrow$$

反应宜在低温电热板上进行，热浸1～1.5h，适当搅拌并酌情补加H_2O_2。在热浸过程中，矿样中一部分亚铁（如FeS、$FeCO_3$及部分可溶性$FeSiO_3$）也被氧化进入溶液

$$2Fe^{2+} + H_2O_2 + 2H^+ = 2Fe^{3+} + 2H_2O$$

因此，实际亚铁含量应为残渣中亚铁量与浸取液中铁量之和。热浸完毕，通过抽滤和洗涤，残渣按盐酸 - 氟化钠法测定亚铁，滤液用氨水沉淀Fe^{3+}，过滤洗净用盐酸溶解，用氯化亚锡还原，测定其中的铁再换算成FeO。两者亚铁之和即为试样中FeO的含量。

高价铈和六价铬也严重影响亚铁的测定，但尚无很好的方法来解决。

1.3.3　铁矿石化学分析

有时根据冶炼需要除铁、硅、硫和磷外，还有测定铝、钙、镁、锰和钛等项目。现仅对硅、硫等含量的测定方法做简单介绍。锰含量的测定详见锰矿石分析。

1.3.3.1　硅含量的分析

铁矿石中硅含量的快速测定采用钼蓝分光光度法。试样经无水碳酸钠和硼酸混合熔剂熔融后，稀盐酸浸取，使硅成硅酸状态，在合适酸度下加入钼酸铵以形成黄色硅钼杂多酸，然后以硫酸亚铁铵为还原剂还原为硅钼蓝，测定其吸光度。反应如下：

$$SiO_2 + Na_2CO_3 = Na_2SiO_3 + CO_2\uparrow$$

$$Na_2SiO_3 + 2HNO_3 + H_2O = H_4SiO_4 + 2NaNO_3$$

除上述方法外，还有高氯酸脱水质量法、动物胶质量法和氟硅酸钾滴定法等。

1.3.3.2　硫的分析

在铁矿石中，硫多以硫化物（如FeS_2）或硫酸盐（如$CaSO_4 \cdot 2H_2O$）等形式存在。在铁矿中硫的含量为万分之几至千分之几，少数达百分之几。

铁矿中硫的测定方法通常有两类：一类是将矿样以碱熔或酸溶分解，使硫转化为可溶性的硫酸盐，然后测定硫酸根。方法有硫酸钡质量法、EDTA容量法、硫酸联苯胺容量法。另一类为通入氧气或空气，矿样在管式炉中燃烧，这时硫转化为二氧化硫气体，经吸收后测定。方法有碘量法、中和法和光度法。目前应用广泛的是燃烧气体容量法（碘量法、中和法）和红外吸收法。

A 碘量法

试样在高温下（1250~1350℃）通氧燃烧，其中的硫化物被氧化为二氧化硫

$$3MnS + 5O_2 = Mn_3O_4 + 3SO_2\uparrow$$

$$3FeS + 5O_2 = Fe_3O_4 + 3SO_2\uparrow$$

生成的二氧化硫导入吸收液中被水吸收，生成亚硫酸

$$SO_2 + H_2O = H_2SO_3$$

用碘标准溶液滴定亚硫酸：

$$I_2 + H_2O + H_2SO_3 = 2HI + H_2SO_4$$

用淀粉作指示剂，过量的碘与淀粉作用，溶液由无色变为蓝色，即到达终点。

B 中和法

中和法的仪器装置和原理基本与碘量法相同，所不同的是中和法用1%的过氧化氢溶液吸收

$$SO_2 + H_2O_2 = H_2SO_4$$

用甲基红－亚甲基蓝为指示剂，以氢氧化钠标准溶液滴定生成的硫酸，终点由紫色至亮绿色。

氟含量高的试样，在燃烧过程中生成 SiF_4 形态逸出，遇水后水解生成氢氟酸和硅酸消耗氢氧化钠标准溶液，使结果偏高，不宜采用此法。也有人认为，碳含量高的试样燃烧时生成大量二氧化碳，对于中和法测定硫也有影响。

C 红外吸收法

极性分子，如 CO_2、SO_2、SO_3 等，将对红外波段特定波长的谱线产生能量吸收，不同的气体分子浓度对谱线的吸收程度不同，且存在一定的比例关系，因此通过检测谱线的强度变化，即可得出气体分子的浓度，也即求得物质的碳、硫含量。

红外碳硫仪就是基于这一基本原理实现对碳硫的分析。首先它由红外源产生位于红外波段的红外线，经切光电机调制为固定频率的高变信号，试样经高频炉的加热，通氧燃烧，使碳和硫分别转化为二氧化碳和二氧化硫，并随氧气流流经红外池，产生对红外线的能量吸收，根据它们对各自特定波长的红外吸收与其浓度的关系，经微处理机运算处理，显示并打印出试样中的碳、硫含量。

1.4 任务：铁矿石、精矿粉、烧结矿、球团矿的分析

1.4.1 烧结矿、球团矿全铁的分析——重铬酸钾容量法（有汞）

1.4.1.1 要点

本法测定铁主要是经过还原和氧化两个过程。首先将矿样用盐酸和氟化钠（钾）分解

$$Fe_2O_3 + 6HCl = 2FeCl_3 + 3H_2O$$

$$FeO + 2HCl = FeCl_2 + H_2O$$

$$FeCO_3 + 2HCl = FeCl_2 + CO_2\uparrow + H_2O$$

$$FeSiO_3 + 4NaF + 6HCl = FeCl_2 + 3H_2O + SiF_4 + 4NaCl$$

三价铁用氯化亚锡溶液作为还原剂，还原为二价：

$$2FeCl_3 + SnCl_2 + 2HCl = 2FeCl_2 + H_2SnCl_6$$

$SnCl_2$ 在浓盐酸溶液中亚锡离子和氯离子结合成配合离子［$SnCl_4^{2-}$］，此离子具有高度还原能力，将铁还原成二价铁，故以上反应也可写成

$$2FeCl_3 + H_2SnCl_4 = 2FeCl_2 + H_2SnCl_6$$

为了保证三价铁离子被还原完全，加入过量的 1～2 滴氯化亚锡，而过量的氯化亚锡再用氯化汞溶液氧化

$$SnCl_2 + 2HgCl_2 = Hg_2Cl_2 \downarrow + SnCl_4$$

二氯化汞不能将二价铁氧化，只能氧化亚锡离子，其本身成为不溶的银丝状 Hg_2Cl_2（氯化亚汞）沉淀，若氯化亚锡过量太多，则氯化亚锡能与氯化汞作用生成灰黑色的金属汞。

$$SnCl_2 + HgCl_2 = SnCl_4 + Hg \downarrow$$

析出的金属汞在用重铬酸钾滴定时，能起还原作用，使测定结果增高，并能影响滴定终点的观察。遇此情况分析失败。

将还原后的二价铁用重铬酸钾标准溶液滴定，氧化至三价铁，用二苯胺磺酸钠为指示剂，根据消耗的重铬酸钾毫升数计算出铁的含量。

$$6FeCl_2 + K_2Cr_2O_7 + 14HCl = 6FeCl_3 + 2KCl + 2CrCl_3 + 7H_2O$$

滴定时要求在较强的酸性中进行，加入（1～2mol/L）硫、磷酸，一方面增加酸度，另一方面磷酸能与反应物 Fe^{3+} 生成［$Fe(PO_4)_2$］$^{3-}$ 无色配离子，从而降低 Fe^{3+}/Fe^{2+} 氧化电位。否则随着滴定的进行，溶液中三价铁离子浓度的增高，在化学计量点以前就达到指示剂的氧化还原电位而使指示剂氧化变色，使结果偏低，而且无色配离子的生成能消除三价铁离子的黄色，使终点观察清楚。

1.4.1.2　试剂

（1）盐酸（相对密度 1.19）。

（2）固体氟化钠。

（3）15% 二氯化锡。称取二氯化锡 15g 溶于 100mL1∶1 盐酸中。

（4）氯化汞饱和溶液。

（5）H_3BO_4 饱和液。

（6）1% 二苯胺磺酸钠指示剂。

（7）硫磷混酸。1L 中含硫酸 150mL、硼酸 150mL，水 700mL。

（8）固体氯酸钾。

（9）0.0167mol/L 重铬酸钾。称取烘干后重铬酸钾 4.9035g，溶于 1L 容量瓶中，用水稀至刻度。

1.4.1.3　分析步骤

称取试样 0.4g 置于 500mL 三角瓶中，加 5mL 水湿润，加氟化钠 0.2g，加浓盐酸 50mL，于低温电炉上加热溶解，待试样溶解后（黑色颗粒消失），趁热用氯化亚锡还原，小心摇动至溶液由黄色变为浅黄色，再小心过加一滴为白色，使黄色的三价铁还原为无色的二价铁并过加两滴（球团矿全铁必须经过二次还原。当试样溶好后，用二氯化锡还原

至无色，放在电炉上再溶，如果变黄说明没溶好需再溶；如果不变色，说明已溶好)。用水稀至200mL左右，冷却至室温。加氯化汞5mL，静止2min，加硼酸10mL，加硫磷混酸30mL，加二苯胺磺酸钠指示剂5滴，用0.0167mol/L重铬酸钾标准溶液滴定至溶液由浅红色变为稳定的紫色的观察为终点。

1.4.1.4 分析结果计算

$$w_{TFe} = T \times V_1$$

$$T = \frac{标样含量}{V_2} \times 100$$

式中 T——滴定度实际值，g/mL；

V_1——滴定生产样时消耗重铬酸钾体积，mL；

V_2——滴定标样时消耗重铬酸钾体积，mL；

1.4.1.5 注意事项

(1) 溶解试样时温度不可过高，以免试样未溶完全，酸液被蒸干。

(2) 滴加二氯化锡还原时要严格控制加入量，边加边摇动，不可过量太多，若不慎加入过量，可以加高锰酸钾或氯酸钾氧化至溶液呈黄色，煮沸后重新还原。实践指出，在较浓的酸度，较小的体积和热的试液中还原，容易掌握还原终点。

(3) 还原冷却后应立即滴定，否则空气会氧化二价铁为三价铁，使结果偏低，滴定时开始速度不要太慢。

(4) 如果铁含量较高时，在滴定过程中会产生大量三价铬离子，使溶液呈较深的绿色，会影响终点的观察，因此溶液体积不宜过小。

(5) 二氯化汞饱和溶液必须一次迅速加入并摇动，然后静止1~2min。因为氯化亚锡被氧化为高价时作用较慢，否则作用不完全，使结果偏高。

(6) 二氯化锡溶液配制不宜过长（不超过一星期)，时间过长易失效。

(7) 滴定近终点时，速度应缓慢，并充分摇动，否则滴定终点易滴过。

(8) 加二氯化锡还原反应在近沸的（80~900℃）溶液中才能迅速进行。温度太低，还原反应缓慢，易滴加过量；温度太高，会引起三氧化二铁的挥发损失。

(9) 还原后应迅速冷却，可使被还原的低价铁受空气中氧的氧化作用减慢。

(10) 溶样时加氟化钠起助溶作用，对一些不溶的硅酸盐用氟化钠处理。加氯酸钾也是起助溶作用（作球团矿全铁时，必须加氯酸钾助溶)。加氯酸钾后一定要使其分解完全，氯气跑尽后再用氯化亚锡还原（氯气可使用有碘化钾的试纸检查，有蓝色证明还有氯气)。

(11) 在溶解试样时，可将氯化亚锡加入少许，这样可使试样溶解速度加快。盐酸宜稍多，对铁分析无影响，因为盐不被重铬酸钾氧化。

(12) 加硼酸是为了掩蔽过量的氟化物

$$H_3BO_3 + 4NaF + 4HCl = [HBF_4] + 4NaCl + 3H_2O$$

(13) 硫磷混酸：加入硫酸是提高酸度，控制空气对二价铁的氧化，加入磷酸与三价铁形成稳定无色的配离子 $[Fe(PO_4)_3]^{3-}$，从而降低了 Fe^{3+}/Fe^{2+} 氧化还原电位，消除了三价铁氧化指示剂的影响，使不致过早出现蓝色，实际上，加入硫磷混酸后要求立即滴定。

（14）二苯胺磺酸钠指示剂的还原态为无色，氧化态为紫红色，当滴定至化学计量点时，重铬酸钾就能使二苯胺磺酸钠由还原态转化为氧化态，溶液呈紫红色，因而可以判定终点。

（15）加氯化汞是氧化过量的二氯化锡，氯化汞只能氧化二氯化锡，不能氧化二价铁，因为 Fe^{3+}/Fe^{2+} 电位（+0.77V）高于 $2HgCl_2/HgCl$ 的电位（0.63V），所以加入弱氧化剂氧化。

1.4.2 烧结矿、球团矿亚铁的分析（重铬酸钾容量法）

1.4.2.1 方法要点

试样在隔绝空气的条件下，加入碳酸氢钠，利用其与盐酸作用后产生二氧化碳，以消除空气对亚铁的氧化作用。加盐酸和氟化钠溶解得到二价铁离子，在磷酸存在的情况下，以二苯胺磺酸钠为指示剂，用重铬酸钾标准溶液滴定，以标准溶液的用量计算铁的含量。

（1）试样在大量二氧化碳气体条件下的分解反应：

$$NaHCO_3 + HCl = NaCl + H_2O + CO_2\uparrow$$

$$FeO + 2HCl = FeCl_2 + H_2O$$

（2）二价铁离子用重铬酸钾标准溶液滴定的反应：

$$6FeCl_2 + K_2Cr_2O_7 + 14HCl = 6FeCl_3 + 2KCl + 2CrCl_3 + 7H_2O$$

1.4.2.2 试剂

（1）盐酸（相对密度1.19）。

（2）固体氟化钠。

（3）1%二苯胺磺酸钠指示剂。

（4）硫磷混酸。1L中含硫酸150mL、硼酸150mL，水700mL。

（5）固体氯酸钾。

（6）0.0167mol/L 重铬酸钾。称取烘干后重铬酸钾4.9035g，溶于1L容量瓶中，用水稀至刻度。

（7）固体碳酸氢钠。

1.4.2.3 分析步骤

称取试样0.72g于300mL三角瓶中，加碳酸氢钠约0.5g，氟化钠约0.5g，加水少许稍加热溶解后，加盐酸50mL，迅速盖上瓷坩埚盖，于低温电炉加热溶解至试样全溶（瓶底没有黑粒），如试样难溶须补加少量水和碳酸氢钠，待溶好后，立即用水稀至200mL，盖上盖冷却至室温。取下瓷盖立即加硼酸10mL，硫磷混酸30mL，加二苯胺磺酸钠指示剂5~6滴，以重铬酸钾标准溶液滴定至溶液由黄色变为紫色，即为终点。

1.4.2.4 分析结果计算

$$w_{TFeO} = T \times V_1$$

$$T = \frac{标样含量}{V_2} \times 100$$

式中 T——滴定度实际值，g/mL；

V_1——滴定生产样时消耗重铬酸钾体积，mL；

V_2——滴定标样时消耗重铬酸钾体积，mL。

如果已知重铬酸钾的准确浓度，可按下式计算

$$w_{FeO} = \frac{3c \times V \times 71.85}{m \times 1000}$$

式中 c——重铬酸钾标准溶液的摩尔浓度，mol/L；

V——消耗标准溶液的体积，mL；

71.85——FeO 的摩尔质量，g/mol；

m——试样量，g。

1.4.2.5 注意事项

（1）操作过程应迅速，称样后不可久置，因为三角瓶潮湿，使铁氧化。冷却后立即滴定，避免长时间接触空气，使结果偏低。

（2）溶解试样必须放在低温电炉上加热溶解，温度不宜过高。

（3）操作应在通风良好的条件下进行，以免氟化物中毒。

（4）亚铁盐在热的酸性介质中，易被空气氧化，因此试样分解过程必须注意隔绝空气，并要求整个过程快速完成。

（5）加碳酸氢钠是排除空气的简便方法，在加盐酸前，预先加入适量的碳酸氢钠。盐酸加入后，反应生成的二氧化碳气体可驱除空气，防止亚铁氧化，但加热不可中断，以免空气进入瓶内使氯化亚铁被氧化，结果偏低。可在瓶口盖瓷坩埚盖，隔绝空气，防止铁被氧化。

（6）大量氟的存在，促使亚铁被空气氧化，并腐蚀玻璃器皿，因此应避免过多加入氟化钠，在滴定前加入 5% 硼酸溶液 10mL 配合氟离子。

（7）如果试样硅含量高时，最好以氢氟酸及硫酸在铂坩埚内处理后进行测定。

（8）注意边溶试样边注水，保持一定的体积。

1.4.3 精矿粉、铁精粉中全铁的分析

1.4.3.1 方法要点

将试样加盐酸及氟化钠低温溶解，以钨酸钠为指示剂，二氯化锡、三氯化钛联合还原三价铁，利用铜离子催化水中溶解氧化过量的三氯化钛，然后以二苯胺磺酸钠为指示剂，用重铬酸钾标准溶液进行滴定。

主要反应

$$Fe_2O_3 + 6HCl = 2FeCl_3 + 3H_2O$$

$$FeO + 2HCl = FeCl_2 + H_2O$$

$$FeSiO_3 + 4NaF + 6HCl = FeCl_2 + 3H_2O + SiF_4 + 4NaCl$$

$$2FeCl_3 + SnCl_2 = 2FeCl_2 + SnCl_4$$

$$FeCl_3 + TiCl_3 = FeCl_2 + TiCl_4$$

$$6FeCl_2 + K_2Cr_2O_7 + 14HCl = 6FeCl_3 + 2CrCl_2 + 7H_2O$$

1.4.3.2　试剂

（1）盐酸（相对密度1.19）。

（2）固体 NaF。

（3）4%氯化亚锡溶液。称4g氯化亚锡于50mL盐酸中，以水稀至100mL（加几粒锡粒）。

（4）25%钨酸钠溶液。称25g钨酸钠溶于90mL水中，加磷酸10mL（防止水解）。

（5）1∶9三氯化钛溶液。取10mL三氯化钛溶液，用1∶4的盐酸稀至100mL，加三粒无砷锌粒，过夜后使用。（配100mL三氯化钛溶液，加10mL三氯化钛，加18mL盐酸，加72mL水）

（6）0.5%硫酸铜溶液。

（7）硫磷混酸（硫酸∶磷酸∶水＝1.5∶1.5∶7）。取450mL浓硫酸在搅拌冷却条件下，徐徐注入2100mL水中，冷却后加磷酸450mL。

（8）1%二苯胺磺酸钠水溶液。

（9）0.00464mol/L重铬酸钾标准溶液。称取烘干后重铬酸钾1.3650g，溶于1L容量瓶中，用水稀至刻度。

1.4.3.3　分析步骤

准确称取矿石样0.1g，于250mL三角瓶中，加氟化钠固体0.5g，加盐酸15mL（可根据样品溶解难易程度，适当增加酸量，增加溶样时间），微沸至溶（沸后约10min），趁热用4%的氯化亚锡还原至浅黄色（如变白色，结果偏高，可用高锰酸钾还原至浅黄色）。流水冷却，加水至100~120mL，加25%的钨酸钠4滴，继续用1∶9三氯化钛还原至钨蓝出现。加0.5%硫酸铜溶液2滴，放至无色，1min后，加硫磷混酸15mL，二苯胺磺酸钠指示剂2~3滴。用重铬酸钾标准溶液滴定至稳定蓝紫色为终点。

1.4.3.4　分析结果计算

$$w_{TFe} = \frac{T \times V}{m}$$

式中　T——重铬酸钾标准溶液对铁的滴定度，g/mL；

V——消耗重铬酸钾标准溶液的体积，mL；

m——试样量，g。

1.4.3.5　注意事项

（1）加氯化亚锡还原，如变白色，需加高锰酸钾氧化成浅黄色后，再用三氯化钛还原。

（2）试样要低温溶解，防止 $FeCl_3$ 逸出。

（3）如果盐酸不能将试样全溶时，可以加氟化钠1g保持微沸15min。如原不溶黑颗粒已溶解，底下只有一些白色盐类，则可趁热加入饱和硼酸10mL再沸腾一下。

1.5 技能实训：烧结矿、球团矿中铁钙镁硅的系统测定

1.5.1 全铁的测定——EDTA容量法

1.5.1.1 测定步骤（无汞）

吸取制备母液50mL（相当于0.1g试样）于300mL三角瓶中，在电炉上加热至沸（约10min）取下，趁热用4%的氯化亚锡还原三价铁为二价铁至浅黄色刚刚消失（如变白色，结果偏高，可用高锰酸钾还原至浅黄色）。流水冷却，加水至100~120mL，加25%的钨酸钠4滴，继续用1∶9三氯化钛还原至钨蓝出现。加0.5%硫酸铜溶液2滴，放至无色，1min后，加硫磷混酸15mL，二苯胺磺酸钠指示剂（1%）2~3滴。用重铬酸钾标准溶液滴定至稳定蓝紫色为终点。

1.5.1.2 数据处理

$$w_{TFe} = \frac{T \times V}{m}$$

式中 T——重铬酸钾标准溶液对铁的滴定度，g/mL；

V——消耗重铬酸钾标准溶液的体积，mL；

m——试样量，g。

1.5.2 二氧化硅的测定——硅钼蓝分光光度法

1.5.2.1 原理

试样用碳酸钠和过氧化钠熔融，熔块以盐酸分解形成硅酸，在适当的酸度下，与钼酸铵生成黄色的硅钼杂多酸配合物，再以亚铁还原成硅钼蓝，此蓝色强度与二氧化硅含量成正比，测其吸光度可求出硅含量。

试样熔融反应（碳酸钠和过氧化钠）

$$2FeSiO_3 + 3Na_2CO_3 + [O] = 2NaFeO_2 + 2Na_2SiO_3 + 3CO_2\uparrow$$

$$Na_2CO_3 + SiO_2 = Na_2SiO_3 + CO_2\uparrow$$

$$SiO_2 \cdot Al_2O_3 \cdot 2H_2O + 2Na_2CO_3 = Na_2SiO_3 + 2NaAlO_2 + 2CO_2\uparrow + 2H_2O$$

用盐酸浸取熔块的反应

$$Na_2SiO_3 + 2HCl + 2H_2O = H_2SiO_4 + 2NaCl$$

硅酸和钼酸铵生成硅钼杂多酸（酸度一般在0.15mol/L以下最为适宜）

$$H_4SiO_4 + 12H_2MoO_4 = H_8[Si(Mo_2O_7)_6] + 10H_2O$$

然后加入草酸破坏磷、砷等元素生成的杂多酸，随即（否则草酸破坏硅）加入硫酸亚铁铵溶液，将硅钼黄还原为硅钼蓝。

$$H_8[Si(Mo_2O_7)_6] + 4FeSO_4 + 2H_2SO_4 \longrightarrow H_8[Si(Mo_2O_5)(Mo_2O_7)_5] + 2Fe_2(SO_4)_3 + 2H_2O$$

1.5.2.2 试剂

（1）硫酸（5∶1000）。

（2）草硫混酸。4%草酸与16mol/L硫酸混合使用。

（3）5%硫酸亚铁铵。

（4）5%钼酸铵。

1.5.2.3 测定步骤

准确吸取上述母液25mL于200mL容量瓶中，以水稀释至刻度混匀，吸取稀释液5mL，置于100mL容量瓶中，加5∶1000硫酸15mL，钼酸铵5mL在沸水浴上加热30s，冷却至室温，加入草硫混酸（4∶1）15mL，立即加硫酸亚铁铵5mL，摇动以水稀释至刻度混匀，用721型比色计比色。（670nm，2cm比色皿）。

1.5.3 氧化钙、氧化镁的测定——EDTA容量法

1.5.3.1 原理

在系统分析中，由于矿样中常含有大量铁和其他铝、锰、钛等元素，对用EDTA配合滴定钙、镁有严重干扰，故溶液中用氢氧化铵使铁、铝、钛等生成氢氧化物沉淀滤掉。吸取滤下液，用KOH调节pH＞12，加钙指示剂以EDTA滴定钙。

$$FeCl_3 + 3NH_4OH = Fe(OH)_3 \downarrow + 3NH_4Cl$$
$$AlCl_3 + 3NH_4OH = Al(OH)_3 \downarrow + 3NH_4Cl$$

1.5.3.2 试剂

（1）20%氢氧化钾。

（2）1∶1氨水。

（3）钙试剂。称1g钙指示剂，100g氯化钠混匀研细。

（4）1∶2三乙醇胺。

（5）0.00446mol/L EDTA标准溶液。称EDTA8.375g溶于5000mL水中，用NaOH溶液调pH＝7。

1.5.3.3 测定步骤

吸取上述母液50mL（相当于0.1g试样）于300mL烧杯中加水约100mL，加热近沸，用氢氧化铵控制pH＝6.5～7.5，煮沸3min（如pH值不够，再加氨水使pH＝6.5～7.5）。取下以流水冷却至室温，移入200mL容量瓶中，稀释至刻度，混匀，用干滤纸过滤于烧杯中。吸取滤下液50mL（相当于0.025g试样）放入300mL三角瓶中，加三乙醇胺3mL，加氢氧化钾20mL，加钙指示剂4～5滴，用EDTA标准溶液滴定溶液由紫红色变为纯蓝色，即为终点。

1.5.3.4 数据处理

$$钙镁合量 = \frac{标准样品含量}{标准样消耗\ EDTA\ 体积} \times 生产样消耗\ EDTA\ 体积$$

吸取滤下液50mL（相当于0.025g试样）放入300mL三角瓶中，加氨水20mL，加铬

黑T指示剂1~2滴，用EDTA标准溶液滴定溶液由紫红色变为纯蓝色，即为终点。记取消耗的体积数V_2。

$$镁含量=\frac{标准样品含量}{钙镁合量消耗体积-钙消耗体积}\times(V_2-生产样消耗体积)$$

1.6 基础知识：钼矿石

钼在地壳中的含量很低，约为0.0001%，且多以硫化物（辉钼矿）存在，这是因为钼与硫有较强的亲和力。除辉钼矿（MOS_2）外，钼还以钼华（MO_3）、钨钼钙矿Ca（WMo）O_4、彩钼铅矿$Pb-MoO_4$等形式存在。在通常选冶过程中，钼矿石的物相分析只测定钼的硫化物和氧化物的含量，钼华、钨钼钙矿、彩钼铅矿等均包括在钼的氧化物中。但是，对于复杂的钼矿石，根据选矿冶炼的要求，仅分硫化物和氧化物是不够的，往往需要将钼华或铁钼华、钨钼钙矿、彩钼铅矿及辉钼矿进行分析测定。

钼矿的测定可用质量法、容量法、比色法、极谱法、原子吸收分光光度法、X射线光谱法。由于矿石中钼的含量一般均较低，一般均采用比色法测定，催化极谱法也有采用。

比色测定钼的方法有硫氰酸盐法、二硫酚法、过氧化氢法和苯肼法。测定微量钼尚有有机溶液萃取的桑色素法、铜试剂（二乙胺基硫代甲酸钠）法、二苯偕法以及酸性铬蓝K法等等。目前应用最广的是硫氰酸盐比色法，即在酸性溶液中将钼（Ⅵ）还原为钼（Ⅴ），钼（Ⅴ）与硫氰酸盐形成橙红色的配合物进行比色。可在硝酸或硫酸溶液中，用相应的弱还原剂如氯化亚锡、硫脲还原。此法简便、迅速，干扰元素少，稳定性好，准确度高。较高含量钼可用差示光度法，微量钼也可用乙酸乙酯等萃取比色。

测定高含量钼（钼精矿），可采用质量法和容量法。质量法有钼酸铅法、安息香肟法和8-羟基喹啉法等，其中钼酸铅法，干扰元素较多，手续繁复，但沉淀时的酸度范围宽，钼酸铅组成稳定，因而准确性高，在生产中被普遍采用。安息香肟法的干扰元素较少，但沉淀条件要求相当严格，试剂价格高，在大批量生产中用得不多。8-羟基喹啉法操作比较简便，易于掌握，但干扰元素较多。容量法有EDTA配合滴定法、碘量法和氧化还原法等。氧化还原法是较老的方法，即用还原剂（如金属锌、各种汞齐、铬（Ⅱ）等）将钼还原成钼（Ⅴ），然后用氧化剂（如重铬酸钾、高锰酸钾和钒酸铵等）进行滴定。其中EDTA配合滴定法操作比较简便，适用于大批量生产。

1.7 任务：钼矿石分析

1.7.1 原理

在硫酸（1+9）溶液中，钼（Ⅵ）能被硫脲还原为钼（Ⅴ），钼（Ⅴ）与硫氰酸钾作用生成琥珀色的钼酰硫氰酸配合物，有色溶液可稳定4h。

1.7.2 试剂

（1）烧结剂。500g无水碳酸钠，500g氧化锌，混合磨细保存于带盖的瓶中备用。

（2）（1+1）硫酸。

（3）含铜硫酸溶液。4g 硫酸铜，加入 2000mL 水后，缓缓加入 2000mL 硫酸，混匀。

（4）5% 硫脲。

（5）30% 硫氰酸钾。

（6）钼标准溶液。准确称取 0.15g 三氧化钼于 300mL 烧杯中，加入 50mL 水及 3～5mL 40% NaOH 溶液，加热溶解，冷却后吸入 1000mL 容量瓶中，稀释至刻度，混匀。吸取上述溶液 100mL 于另一 1000mL 容量瓶中，用水稀释至刻度摇匀。此溶液为 10μg/mL 钼。

（7）0.1% 酚酞指示剂。

1.7.3 分析步骤

称取 0.5～1g 试样放入盛有 6～7g 烧结剂的 30mL 瓷坩埚中，充分搅拌均匀，其表面再以少量烧结剂覆盖，移入马弗炉中，在 760℃ 烧结 30min，取下冷却后，将烧结物小心移入 100mL 容量瓶中。用热水洗净坩埚，加水稀释至 30～40mL，煮沸 1～2min，冷却至室温，用水稀释至标线，混匀。用干滤纸过滤于 100mL 烧杯中，最初滤液弃去，继续过滤，滤液供测定用。为了确定试液的取量，取一滴试液至试板上，加含铜硫酸溶液，5% 硫脲溶液及 30% 硫氰酸钾溶液各一滴，用玻璃棒调匀，根据上述实验呈现的颜色，移取试液 2～20mL 于事先加好的硫酸（1+1）0.5～3mL、含铜硫酸 8mL 的 50mL 容量瓶中，用水稀释至 30～35mL，充分摇动，使二氧化碳气体尽可能溢出，冷却后加入 5mL 5% 硫脲溶液，混匀，再加入 5mL 30% 硫氰酸钾溶液用水稀释至刻度，静止 30min。在波长 455nm，用 3cm 比色皿，与标准曲线同时制备的空白溶液作比较，测量试液的吸光度，在同时测绘的标准曲线上查出钼的量，计算其含量。

标准曲线的制备：分别移取钼含量为 100μg/mL 溶液 0.0、0.1、0.2、0.4、0.6、0.8、1.0、1.2mL 于 50mL 容量瓶中，加入 8mL 含铜硫酸溶液用水稀释至 30～35mL，冷却，以下操作按试样分析步骤进行。

1.7.4 数据处理

$$w_{\mathrm{Mo}} = K\frac{V}{V_1 \times m}$$

式中 V——试液稀释总体积，mL；

V_1——移取试液体积，mL；

K——从标准曲线查得的移取部分试液中钼含量，g；

m——试样重量，g。

1.7.5 注意事项

（1）若移取 2mL 试液钼含量仍大于 120μg，可直接将试液移入 100mL 容量瓶中，此时各种试剂加入的量应加倍，按上述公式计算的钼量乘以 2。

（2）为避免析出硅酸，应迅速加入硫酸并允许有小小的过量。因此可不用酚酞作指示剂，根据试液移取量加固定数量硫酸。

例如：在上述规定条件下，取 10mL 试液加入 1mL 硫酸（1+1），以此类推。

本方法规定条件适用于钼含量在2.4%以下钼的测定。

1.8 技能实训：钼酸铅质量法测定钼精矿中的钼

1.8.1 原理

在pH=5的醋酸-醋酸铵缓冲溶液中，Mo(6价)与醋酸铅作用生成难溶性钼酸铅沉淀，该沉淀易于过滤，洗涤在550~600℃下，灼烧其组成不变，故可根据灼烧后钼酸铅质量计算钼含量。用氨水沉淀分离铁、铅等氢氧化物，以消除其干扰。但若试样中含有大量铅时，由于氨水弱碱性溶液中部分与钼形成钼酸铅沉淀混入氢氧化物沉淀，使钼测定结果偏低。用硝酸氯酸钾饱和溶液分解试样后，硫化钼中的硫转变成硫酸盐。如果操作条件控制不当，在钼酸铅沉淀中常常夹带少量硫酸铅使钼测定结果偏高。钼酸铅沉淀的纯净程度，取决于溶液中醋酸铵浓度、沉淀时加入醋酸铅的速度及溶液温度等。钨干扰本方法测定。

1.8.2 试剂

（1）氯酸钾硝酸饱和溶液。取硝酸加入固体氯酸钾，使之在硝酸中饱和。

（2）盐酸（1+1）。取500mL水，加500mL盐酸混匀。

（3）25%醋酸铵溶液。取250mL醋酸铵加水溶解，加入150mL醋酸，过滤后用水稀至1000mL混匀。

（4）1.8%醋酸铵溶液。取18g醋酸铅加热溶解于15mL醋酸和50mL水中，过滤，冷却后稀释至1000mL混匀。

（5）氯化铵-氢氧化氨洗液。每100mL水加入2g氯化铵和2mL氨水。

（6）醋酸铵洗液。每100mL水中加入5mL 25%醋酸铵溶液。

（7）纸浆。取定量滤纸湿润后捣碎，呈糊状。

（8）甲基橙指示剂。取0.1g甲基橙，溶于100mL水中。

（9）单宁酸指示剂。取1g单宁酸溶于100mL水中。

1.8.3 分析步骤

称取0.25g试样于400mL烧杯中，以少量水湿润，加入20mL饱和溶液于低温加热分解，逐渐升高温度，蒸发至3~5mL，取下再加入5mL饱和溶液，继续蒸发至约3mL，稍冷后加入10mL盐酸，蒸发至2~3mL，再加入10mL盐酸及几粒氯酸钾，加入80mL水，煮沸，在搅拌下徐徐加入氨水至氢氧化铁完全沉淀后再过量25mL，煮沸4~5min，用快速滤纸过滤于500mL烧杯中，沉淀用热的氯化铵-氢氧化氨洗液洗涤4次，然后沉淀用盐酸（1+1）溶解于原烧杯中，先用热水洗涤至滤纸无黄色，然后再用氯化铵-氢氧化氨洗液洗两次，最后用水将体积稀至50mL加入25mL氢氧化氨煮沸4~5min，用原滤纸过滤于主液中并用上述氨性溶液洗涤4次。

两次沉淀氢氧化物的滤液用水稀至300mL，以甲基橙为指示剂，用盐酸（1+1）中和并过量0.5mL，加入50mL 25%醋酸铵溶液，加热至微沸，在搅拌下徐徐加入醋酸铅溶液，置于单宁酸指示剂不成黄色反应后，在过量3mL，加少量滤纸浆，加热微沸数分钟，至溶液澄清后再用定量滤纸过滤（黏附在烧杯和玻璃棒上的沉淀用小片滤纸擦净），沉淀物用热的醋酸铵洗液洗涤10～12次，将沉淀连同滤纸移入已知质量的瓷坩埚中，烘干灰化在550～600℃高温炉中灼烧至恒重，冷至室温，称重。

1.8.4　数据处理

$$w_{Mo} = \frac{0.2613W}{m}$$

式中　W——称得钼酸铅质量，g；

m——称取试样量，g。

0.2613——钼酸铅换算成钼的系数。

习　题

1. 简述容量法和过硫酸铵－硝酸银法测定锰的基本原理。
2. 钢和铁有何区别，如何分类？
3. 简述钢铁中的合金元素及杂质对钢铁的影响。
4. 钢铁制样的一般规定和试样采取与制备时的注意事项是什么？
5. Ti^{4+}被Al还原时需注意哪些条件？
6. 光度法测定钛所用的有机试剂有哪些，都有什么干扰？

项目2 炉渣分析

2.1 基础知识：炉渣

一般情况下，炉渣是冶金生产的副产品，是矿石杂质和各种熔剂等在熔炼过程中形成的，其化学成分很复杂，由 CaF_2、SiO_2、Al_2O_3、CaO、MgO、Fe_2O_3、FeO、MnO、C、TiO_2、磷酸盐、硫化物、碳化物等组成，有时还有氟化物。在冶炼合金钢时，炉渣中有时还有镍、铬、钒、钼等合金元素；在冶炼有色金属时，炉渣中有时还含有铜、铅、铋等有色金属元素。

由于各种炉渣的成分和性质不同，大致可分成三类：

（1）高炉渣：主要成分是 SiO_2、Al_2O_3、CaO；碱度（CaO/SiO_2）常在0.9～1.3之间。一般由炉渣断口观察可大致判断其成分，如锰含量高，断口呈绿色；铁含量高，断口呈釉黑色；铝含量高，断口有浅蓝色；石头状断口且易风化破碎则碱度大，玻璃状断口则酸性大，这类炉渣常不含磷。

（2）炼钢炉渣（氧化性渣）：包括除电炉还原期炉渣以外的各种钢渣。它的特点是FeO和MnO含量高，因而断口呈黑色，所以又称黑渣。碱性钢渣的碱度常在1.5～4.5之间，不但比高炉渣碱度高，而且波动幅度也大；一般熔化初期的渣碱度低而铁、锰含量高，后期精炼时的渣碱度较高，酸性炼钢的炉渣中除铁和锰外几乎全是 SiO_2，且不含磷。

（3）电炉还原性炉渣：低锰、低铁和高碱度，且常含有较多的氟化物。通常分成三种：

1）白渣：以石灰、萤石、硅砂为主要造渣材料，以碳粉、硅铁粉为还原剂而生成；

2）电石渣：造渣材料同上，但由于高温和大量的碳粉作用，生成2%～5%的 CaC_2，有显著的乙炔（C_2H_2）气味，很易辨别；

3）火砖渣：以石灰、火砖块（SiO_2 和 Al_2O_3）或铁矾土为主要造渣材料而生成。

常见的炉渣成分及含量见表2－1。

表2－1 常见的炉渣成分及含量

炉渣类型	化学组成（质量分数）/%								
	SiO_2	CaO	Al_2O_3	MgO	FeO 和 Fe_2O_3	MnO	P_2O_5	CaS	F
高炉渣	33.00	38.00	10.04	2.00	0.50	0.50	—	5.0	—
酸性转炉渣	58.00	0.30	3.00	0.20	20.00	18.00	—	—	—
碱性平炉渣	22.00	43.00	3.00	3.00	10.00	12.00	1.50	0.50	0.25

根据炉渣中氧化钙和氧化镁质量分数之和与二氧化硅和氧化铝质量分数之和的比，即碱性率来划分，炉渣又可分为三类：碱性率大于1的称为碱性炉渣；碱性率小于1的称为酸性炉渣；碱性率等于1的称为中性炉渣。

人们把冶金过程中形成的以氧化物为主要成分的熔体称为冶金炉渣，主要分为以下四类：

（1）还原渣。以矿石或精矿为原料，焦炭为燃料和还原剂，配加熔剂CaO进行还原，在得到粗金属的同时，形成的渣称为高炉渣或还原渣。

（2）氧化渣。在炼钢过程中，给粗金属（一般为生铁）中吹氧和加入熔剂，在得到所需品质的钢的同时形成的渣称为氧化渣。

（3）富集渣。将精矿中某些有用的成分通过物理化学方法富集于炉渣中，便于下道工序将它们回收利用的渣称为富集渣，例如，高钛渣、钒渣、铌渣等。

（4）合成渣。根据冶金过程的不同目的，配制的所需成分的渣为合成渣，例如，电渣、重熔用渣、连铸过程的保护渣。

炉渣的主要作用在于使矿石中的脉石熔化，去除有害元素和夹杂物，使金属具有一定的成分等。为此，要求炉渣有合格而又稳定的化学成分。例如，只有这样才能使脉石熔化成物理性能合格的液体，保证高炉顺行、高产和长寿；才能有利于生铁去硫、钢液去硫和磷，并达到较高的合金元素回收率。冶金工作者们常说："炼好钢就是要炼好渣。"

一般冶金炉渣的分析比较简单，但如遇到合金钢渣或有色金属炉渣，则稍复杂些。由于冶炼的炉子、品种和条件不同，所得到的合金钢渣或有色金属炉渣中所含各种成分之间的比例，往往也有较大波动。因此，要求分析人员根据不同冶炼情况的炉渣，灵活地运用，必要时正确地改变各有关元素的分析方法（包括试样的处理和干扰元素的分离等），以免处于被动和发生错误。

炉渣分析方法应适合炉渣成分特点，如氧化渣中铁高锰高，须用碱性乙酸盐分离法分离；而含氟炉渣就要先用硫酸将氟赶走，并且注意分析SiO_2时硅的挥发，另外还要注意各种成分的可能波动范围：SiO_2为12%～65%；Al_2O_3为1%～5%；FeO为微量～60%；CaO为0.5%～50%；MnO为微量～18%；MgO为微量～15%；P_2O_5为微量～15%；S为微量～1.5%。

现对无氟的系统分析简述如下：

（1）一般的炉渣都可用酸来分解（酸性炉渣则不易溶于酸，必须经过熔融）。将1g左右的试样磨细过筛后溶于HCl中，蒸干，加水稀释、过滤、沉淀、灼烧后称量。沉淀以氢氟酸及硫酸处理，所失的质量为SiO_2的质量。

（2）滤液用NH_4Cl饱和，再加NH_4OH，使Fe^{3+}、Al^{3+}、Cr^{3+}和Ti^{4+}沉出；Cr^{3+}和Ti^{4+}最好用比色法测定；Fe^{3+}和Al^{3+}则分别用容量法和减差法求出。

（3）滤液经溴水和氨水处理，使Mn^{3+}沉出为MnO_2，再行测定。

（4）钙、镁的测定是基于同时沉淀的方法，钙成为草酸盐沉淀，镁成为砷酸盐沉淀或磷酸盐沉淀，最后用容量法滴定。

（5）以前像Cr_2O_3、MnO和P_2O_5要用单独称样来完成，现在这些氧化物的含量可在硅酸分离后的溶液中取等份部分来测定。

特种炉渣（即渣中含有镍、铬、钒、钼等元素）一般难溶于酸，因此渣样在分析之前须经过下列任一方法处理：（1）用碳酸钾和碳酸钠混合剂熔融；（2）将渣样先溶于盐酸，不溶的残渣再用碳酸钾和碳酸钠熔融；（3）溶于硝酸和氢氟酸的混合酸中。其化学组成的大约含量，见表2-2。

表 2-2　特种炉渣化学组成的大约含量

成　分	SiO_2	Cr_2O_3	Al_2O_3	Fe_2O_3	NiO	CaO	MgO
含量（质量分数）/%	3.2	3.2	1.5	0.5	0.26	61.8	10.8
	3.1	3.1	2.5	0.57	0.27	16.3	49.5
	2.9	2.9	2.4	—	0.4	33.6	5.6

2.1.1　炉渣试样的制备

高炉炉渣可在出渣时用样勺从渣沟中接取。出渣过程中可以取 2～3 次，即出渣 1/3 时取一次，出 1/2 时取一次，出 2/3 时再取一次。

平炉炼钢冶炼时间长，渣层上下成分不匀，一般通过炉门用长勺在渣层中间采样。

转炉冶炼周期短，生产过程炉渣成分变化较大。一般利用副枪样杯取渣样。转炉倒炉时可用洁净的长钢棒伸入渣中粘取，在钢棒的头、中、尾黏附的渣壳中，采用厚度均匀而不带石灰块的渣壳混合物作为渣样。

电弧炉氧化期取样同平炉。还原期的白渣因其中正硅酸钙冷至 675℃时发生晶变，体积膨胀而自行粉化；而电石渣中 CaC_2 遇空气中水分形成 C_2H_2 也迅速粉化。因此，电炉还原期采取的渣样应立即包装放入干燥器中，并尽快调制送样分析。

将送来的炉渣试样，用手锤轻轻砸碎，取数块，置于钢钵中捣碎，让其通过 0.147～0.113mm(100～140 目）筛，用磁铁吸去金属铁，所得的试样装入样袋或瓶中，即可供分析用，而电炉还原渣在捣碎后应迅速置于磨口玻璃瓶中。

2.1.2　二氧化硅的测定

2.1.2.1　概述

硅在炉渣中呈 $FeO \cdot SiO_2$、$MnO \cdot SiO_2$、$CaO \cdot SiO_2$ 等状态存在，其含量（质量分数）范围（一般为 22%～58%）较大。易溶于酸的炉渣可以用酸溶解，这时硅即生成硅酸；难溶于酸的硅酸盐则必须用 NaOH 熔融，使其转化为硅酸钠，再用热水和盐酸浸取。

炉渣中硅的测定方法，多用质量法。质量法中的硫酸脱水法手续繁杂，但准确度高，可作为标类法使用；还可以用硅钼蓝分光光度法。

2.1.2.2　测定方法

二氧化硅的测定方法，主要有动物胶质量法和硅钼蓝分光光度法两种。下面主要介绍动物胶质量法。

加酸生成的硅酸为水溶胶，因各种不同条件的影响，其含水率不一定，一个分子 SiO_2 最高与 30 个水分子结合。

各种硅酸的性质也不一样，例如 H_4SiO_4 以胶体状态存在于溶液中，过滤时可以穿过滤纸，加热后可转化为 H_2SiO_3，在 100～110℃脱水即可生成 $H_2Si_3O_7$ 不溶于水及酸，过滤后，在 1000℃灼烧，即变成不含水的 SiO_2。

为了加快分析速度，硅酸的水溶胶在强酸性溶液中与带有相反电荷的动物胶相遇，便失去电荷而凝聚为沉淀析出，聚沉以在 60～70℃及 8mol/L 盐酸中为最好，且应不断搅拌，但千万不可煮沸。

析出的硅酸沉淀在高温（1000℃）灼烧，灼烧的温度愈高，SiO_2 的吸水性愈小，这样就便于称量。

2.1.3 倍半氧化物的测定

2.1.3.1 概述

在经典的系统分析中，测定 SiO_2 后的滤液，在加热的情况下加氨水沉淀铁、铝、钛等的氢氧化物，以便与钙、镁分离。过滤后，灼烧至恒重，所得的混合氧化物以 R_2O_3 表示，称为倍半氧化物。

测定 R_2O_3 后，将其用焦硫酸钾熔融成可溶性硫酸盐，用重铬酸钾法测定其中 Fe_2O_3 的含量，并将 R_2O_3 经 $K_2S_2O_7$ 熔融后的熔块用水浸取，加 H_2O_2 则生成黄色，用比色法测出其中 TiO_2 含量。如 R_2O_3 中锰、磷等杂质极少时，Al_2O_3 的测定用减量法求得

$$w_{Al_2O_3} = w_{R_2O_3} - (w_{Fe_2O_3} + w_{TiO_2})$$

2.1.3.2 测定方法

炉渣中倍半氧化物的测定方法以质量法为主。它的基本原理如下：

分离 SiO_2 后的滤液，用氨水中和至微碱性，Fe^{3+}、Al^{3+}、Ti^{4+} 等离子即形成氢氧化物沉淀

$$FeCl_3 + 3NH_4OH = Fe(OH)_3\downarrow + 3NH_4Cl$$
$$AlCl_3 + 3NH_4OH = Al(OH)_3\downarrow + 3NH_4Cl$$
$$TiCl_4 + 4NH_4OH = Ti(OH)_4\downarrow + 4NH_4Cl$$

过滤后，灼烧至恒重，此混合氧化物以 R_2O_3 表示，即倍半氧化物的总量为

$$2Fe(OH)_3[2Al(OH)_3] = Fe_2O_3[Al_2O_3] + 6H_2O$$
$$Ti(OH)_4 = TiO_2 + 2H_2O$$

沉淀时如所加氨水过量，则 Al（OH)$_3$ 会重新溶解，所以必须控制溶液的 pH 值，Al（OH)$_3$ 完全沉淀所需的 pH 值与甲基红变色比较一致（pH 值为 4.4～6.2）。因此在加氨水之前，可加入甲基红指示剂以便控制 pH 值。

炉渣中常含有一定量的 Ca、Mg，溶液中应有适量的 NH_4Cl 降低 OH^- 不至沉淀析出。在 $R(OH)_3$ 沉淀时，常有少量 Ca、Mg 与之共沉淀，为得到准确结果，应沉淀两次。

洗涤用 NH_4NO_3 溶液，以防少量 $R(OH)_3$ 形成胶体溶液，NH_4NO_3 对灼烧沉淀并无妨碍，但不可用 NH_4Cl，因为灼烧时形成的 $FeCl_3$ 会挥发，影响分析结果。

2.1.4 铁的测定

2.1.4.1 概述

铁在炉渣中包括全铁、氧化亚铁、金属铁、氧化铁，但大部分均以 2 价状态存在。用铝金属脱氧前部分铁可能和 2 价铁形成 $xFe_2O_3 \cdot yFeO$ 型中间氧化物，因此在炉渣中只测定 2 价铁不能表示出金属的氧化程度，所以通常先分别测定全铁量、2 价铁和金属铁，然

后由计算求出 Fe_2O_3 的含量。

炉渣的黏度是炉渣一个很重要的性质，对酸性渣来说，其基本组成是 SiO_2、FeO 和 MnO。一般 SiO_2 含量过多时，炉渣黏度增加；反之，FeO 含量过多，可以降低黏度。要使炉渣和钢水之间的反应进行得活跃，必须使反应物质迅速地达到反应区和迅速地从界面移开，而这个反应能力主要为 FeO 所决定。

2.1.4.2 测定方法

一般测定铁的方法多采用重铬酸钾法，其方法原理同铁矿石分析中铁的分析，这里不再赘述。

2.1.5 氧化钙的测定

2.1.5.1 概述

氧化钙是炉渣中的主要组分，因为它直接影响炉渣的熔点、黏度和碱度。为了控制冶炼过程，必须经常测定炉渣中 CaO 的含量。

目前生产中所用测定 CaO 的方法是 EDTA 配位滴定法，而部颁标准方法中所规定的标类法则用高锰酸钾法。

2.1.5.2 测定方法

一般测定氧化钙的方法，多采用高锰酸钾法，也用钢铁分析中钙的测定方法。高锰酸钾法是试样经溶解和滤去二氧化硅以后，硅酸已经去掉而其他杂质如铁、铝、锰和磷仍旧存在于溶液中。

由于在一定酸度（pH 值为 3.6~4.2）溶液中用草酸铵沉淀钙时，铁、铝、锰和钛不沉淀，并且过量的草酸铵可使镁形成配合物而保留在溶液中，所以可直接用测定 SiO_2 的滤液测定钙，无需事先分离以上各种杂质。

在盐酸溶液中草酸铵和钙的沉淀反应如下：

$$CaCl_2 + (NH_4)_2C_2O_4 \longrightarrow 2NH_4Cl + CaC_2O_4$$

但在这种情况下，CaC_2O_4 结晶析出较慢，同时，溶液内有过量 $C_2O_4^{2-}$ 存在，使 CaC_2O_4 的溶解度大大降低，因此生成的沉淀是极细的结晶。结晶太细的缺点有：(1) 过滤时容易通过滤纸的孔隙而损失；(2) 堵塞滤纸的孔隙使过滤迟缓；(3) 不易洗涤干净。

为了使 $CaCl_2$ 溶液中钙沉淀为比较粗粒的结晶，可采用下列的措施：先在 $CaCl_2$ 溶液中加入 HCl 酸化，再加入草酸，最后再用氨水中和游离的酸类。

草酸是中等强度的酸，它的电离常数为 3.9×10^{-2}。在 $H_2C_2O_4$、H^+、$C_2O_4^{2-}$、$C_2O_4^-$ 这四种存在形式中，$C_2O_4^{2-}$ 是沉淀所必需的，但是从它的电离常数可以看出，$C_2O_4^{2-}$ 的浓度是很小的，溶液中因有盐酸的存在使 $C_2O_4^{2-}$ 浓度更加降低，这样可使得到的 CaC_2O_4 结晶大一些，但不可能使所有的钙全部沉淀。加入氨水中和过剩的盐酸，然后再中和草酸

$$H_2C_2O_4 + 2NH_4OH \longrightarrow 2H_2O + (NH_4)_2C_2O_4$$

溶液中 $C_2O_4^{2-}$ 的浓度逐渐增加，留在溶液中的钙离子也逐渐形成 CaC_2O_4 沉淀析出。

在这种情况下，既可使钙离子沉淀完全，而且沉淀出来的结晶具有较大的颗粒

$$CaCl_2 + H_2C_2O_4 + 2NH_4OH = CaC_2O_4 \downarrow + 2NH_4Cl + 2H_2O$$

滤出 CaC_2O_4 的沉淀，溶解于稀硫酸中，用高锰酸钾溶液滴定

$$CaC_2O_4 + H_2SO_4 = CaSO_4 + H_2C_2O_4$$

$$5H_2C_2O_4 + 2KMnO_4 + 3H_2SO_4 = K_2SO_4 + 2MnSO_4 + 10CO_2 \uparrow + 8H_2O$$

2.1.6 氧化镁的测定

2.1.6.1 概述

炉渣的熔点通常和它的黏度有关，SiO_2 能降低炉渣的熔点，但增加炉渣的黏度。FeO 和 MgO 能升高它的熔点，但却降低它的黏度。同时 CaO 和 MgO 的含量还决定去硫量的多少，故氧化镁也是炉渣分析中经常测定的项目之一。

2.1.6.2 测定方法

一般快速法最常用的是 EDTA 配位滴定法，而标类法则采用焦磷酸盐法或中和法。以标类法为主介绍。

当氯化铵及氨水存在的时候，用磷酸氢二钠或磷酸氢二铵沉淀为磷酸镁铵 $NH_4MgPO_4 \cdot 6H_2O$，加热灼烧到这种沉淀转变为焦磷酸镁 $Mg_2P_2O_7$ 后称量，由焦磷酸镁重计算 MgO 的含量。其反应式

$$Na_2HPO_4 + MgCl_2 + NH_4OH = NH_4MgPO_4 + 2NaCl + H_2O$$

$$2NH_4MgPO_4 = Mg_2P_2O_7 + 2NH_3 + H_2O$$

用磷酸氢二钠沉淀镁时必须在氨水中进行，但溶液中的镁遇氨水则将沉淀为 $Mg(OH)_2$，为了避免镁沉淀成 $Mg(OH)_2$，必须加入大量的氯化铵，为了使溶液中的镁完全沉淀成磷酸镁铵，必须加入足够的氨水。磷酸镁铵的洗涤通常用的洗液为稀氨水或硝酸铵与稀氨水的混合溶液而不用纯水，因磷酸镁铵对水稍有溶解性。

2.1.7 炉渣系统分析

2.1.7.1 概述

在炉渣的系统分析中，为了适应生产的需要，多广泛采用 EDTA 配位滴定法进行铁、铝、钙、镁的连续测定，它与在炉渣总概述中所介绍的经典系统分析法比较，分析时间可以缩短 2/3，化验费用可以节约 1/3，并能达到与经典法相同的准确度，所以配位滴定法是符合多快好省的原则，结合生产实际的分析方法。

2.1.7.2 测定方法

A 炉渣系统分析

炉渣系统分析流程如图 2－1 所示。

B 分离钙、镁后铁、铝的连续滴定

在过滤 SiO_2 后所得的滤液中，加入六亚甲基四胺，使水解生成氨及甲醛，铁、铝离

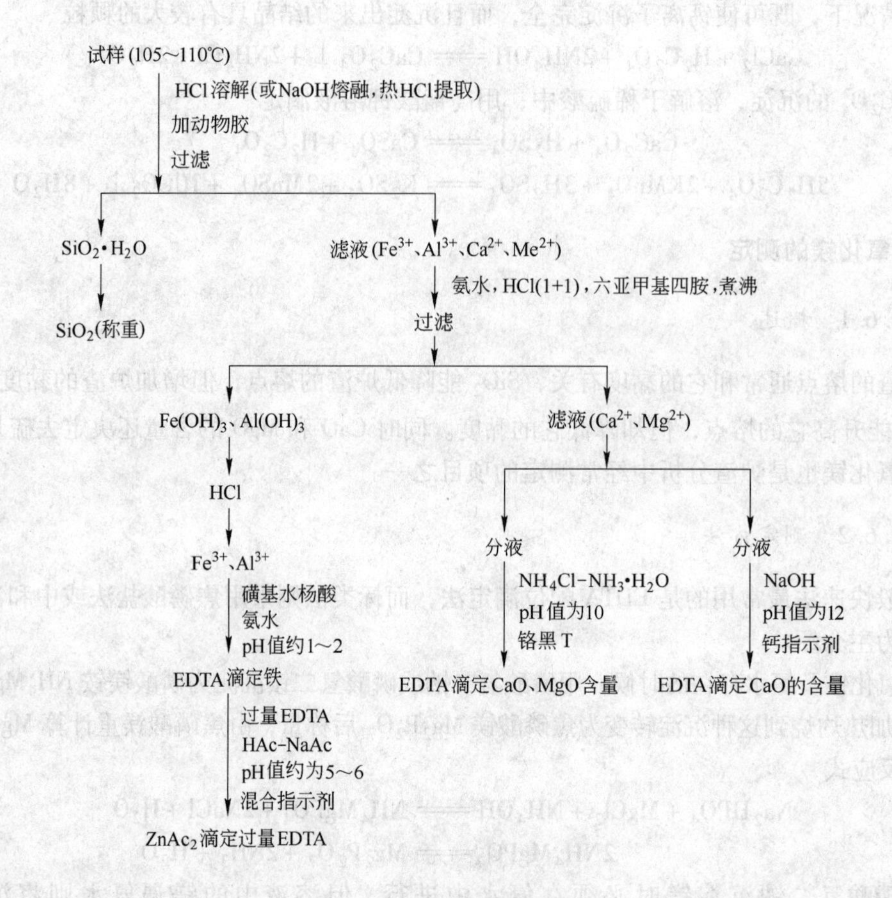

图2-1 炉渣系统分析流程

子便在氨性溶液中形成氢氧化物沉淀：

$$(CH_2)_6N_4 + 10H_2O \Longrightarrow 4NH_3 \cdot H_2O + 6HCHO$$

$$FeCl_3 + 3NH_3 \cdot H_2O \Longrightarrow Fe(OH)_3 \downarrow + 3NH_4Cl$$

$$AlCl_3 + 3NH_3 \cdot H_2O \Longrightarrow Al(OH)_3 \downarrow + 3NH_4Cl$$

沉淀反应控制在一定的 pH 值范围内进行，使金属氢氧化物的沉淀速度降低，对溶液中其他离子的吸附作用可减弱，避免共沉。沉淀过滤后，可使铁、铝与钙、镁分离。用适量酸溶解所得铁、铝氢氧化物沉淀，用 EDTA 溶液进行滴定。

利用 Fe^{3+}、Al^{3+} 与 EDTA 生成配合物的稳定性不同，用 EDTA 连续配位滴定铁、铝。当溶液的酸度在 0.1mol/L 以下时（pH 值大于 1），Fe^{3+} 即与 EDTA 定量配位，$\lg K \geqslant 25.1$，而 EDTA 与 Al^{3+} 要在溶液酸度 pH = 4.7 时，才能定量配位，$\lg K \geqslant 16.3$。由于 Fe^{3+} 与 EDTA 生成的配合物稳定，所以可在溶液中有 Fe^{3+}、Al^{3+} 同时存在时，控制溶液一定的 pH 值，先用 EDTA 滴定铁，用磺基水杨酸作指示剂，在溶液 pH 值为 1 ~ 2 时，Fe^{3+} 与磺基水杨酸反应显棕紫色，滴加 EDTA 后 Fe^{3+} 为 EDTA 夺取配位至棕紫色完全消失，即配位完全为滴定终点。记下所用 EDTA 体积（mL），根据每毫升 EDTA 溶液相当于铁的质量（g），计算其质量分数。

然后在溶液中加入一定过量的 EDTA，连续测定铝，使 Al^{3+} 与 EDTA 配位完全后仍有过量的 EDTA 存在，控制溶液 pH 值在4.7左右，用标准 $ZnAc_2$ 溶液滴定 EDTA 过量部分，计算与铝实际配位所需的 EDTA 用量，根据每毫升 EDTA 溶液相当于铝的质量（g），计算铝的质量分数。

2.2 任务：炉渣分析

2.2.1 炉渣中二氧化硅、氧化钙、氧化镁和磷的系统测定

所涉及的主要试剂有 200g/L KOH、4g/L 动物胶、100g/L 过硫酸铵、氨水（1+1）和20g/L 铬黑 T、5g/L 铬黑 T、5g/L 钙指示剂、缓冲液（pH=10）（配法为称取67.5g 氯化铵溶于 300mL 水中，加入 570mL 浓氨水，稀释至 1000mL）、40g/L $KMnO_4$、钼酸铵-酒石酸钾钠（100mL 80g/L 钼酸铵溶液加入8g 酒石酸钾钠溶解，混匀后备用，此溶液现配先用）、氟化钠-氯化亚锡溶液（每100mL 35g/L 的氟化钠溶液（已过滤）使用前加0.40g 氯化亚锡）。

2.2.1.1 二氧化硅测定

称取0.5g 除去金属铁的干燥试样，于400mL 烧杯中，加 30mLHCl（1+1），打碎结块，加热试样溶解，并蒸发至干，取下稍冷，加 10mL 浓 HCl，使盐类不溶残渣溶解。加10mL 动物胶，搅拌1~2min，在70~80℃保温10min，用无灰纸浆过滤。滤下液及洗液用250mL 容量瓶收集，以热盐酸（5+95）洗净烧杯3次，洗沉淀至无铁离子，用热水洗至无氯离子，冷至室温，稀至刻度混匀。将纸浆及沉淀移入瓷坩埚中灰化，在900℃马弗炉中灼烧30 min，取出稍冷，放入干燥器中冷至室温，恒重，称量。

2.2.1.2 氧化钙的测定

吸取100mL SiO_2 滤下液，于400mL 烧杯中，加5mL 过硫酸铵，加热至近沸。用氨水（1+1）调至 pH=7，煮沸 5 min（保持 pH=7），取下，沉淀液下沉后，趁热过滤，用2%的氨水洗涤烧杯4~5次，洗沉淀7~8次，滤液及洗液用200mL 容量瓶收集，冷却，稀释至刻度混匀。吸取50mL，于300mL 锥形瓶中，加 KOH 使 pH>12（约20mL），加3~4滴钙指示剂，用 EDTA 标准溶液滴定，滴定至溶液由红色变为蓝色，即为终点。

2.2.1.3 氧化镁的测定

吸取（同 CaO）50mL 于300mL 锥形瓶中，加20mL 缓冲溶液，使 pH=10，加4~5滴铬黑 T 指示剂，用 EDTA 标准溶液滴定至溶液由红色变为蓝色，即为终点。

SiO_2、CaO、MgO 计算与石灰石、白云石相同。

2.2.1.4 磷的测定

吸取5mL SiO_2 滤下液，于100mL 锥形瓶中，加10mL 硝酸（1+3），加热至沸约0.5min，加 $KMnO_4$ 至有 MnO 沉淀生成（约10滴），煮约0.5min 取下，立即加5mL 钼酸铵-酒石酸钾钠溶液，加40mL 氟化钠-氯化亚锡溶液，摇匀立即比色，结果用标样换算。随同做标样试验。

2.2.1.5 滤渣中钙镁的测定

称取 0.2500g 试样，加 20mL HCl(1+1)，加 1~2mL 浓 HNO_3，加 3~5mL 46% HF，加 5~8mL 高氯酸，加热尽干，再加 20mL HCl(1+1)，定容至 250mL 容量瓶。移取 100mL 试液，放在 300mL 玻璃杯中，加 0.5g NH_4Cl 煮沸，NH_4OH 调至 pH=8，加入 3~10mL 250g/L 过硫酸铵，煮沸 8~10min，再调至 pH=8，再煮 2~3min，再调 pH=8，过滤，热水洗，冷却，定容至 200mL 容量瓶。

(1) 测 CaO：吸取 50mL 母液，加 20mL 水、5mL 三乙醇胺、20mL KOH（如 Mg 含量低，加 1mL $MgSO_4$）、少许钙指示剂，用 EDTA 标准溶液滴至终点为蓝色。

(2) 测 MgO：吸取 50mL 母液，加 5mL 三乙醇胺、1.6mL pH=10 缓冲溶液、少许铬黑 T 指示剂，用 EDTA 标准溶液滴定到终点为蓝色。

一般炉渣通常用酸来溶解。在实际生产中，不同性质的炉渣选用不同分析方法。

2.2.2 保护渣中氧化钙、氧化镁的测定

2.2.2.1 氧化钙、氧化镁测定

A 要点

试样用盐酸、氢氟酸、硝酸溶解，高氯酸“冒烟”驱尽氮氧化物。滤渣在高温铂坩埚中熔融，测定氧化钙和氧化镁。

B 分析步骤

称取 0.2500g 试样于石英（氟）杯中，加少许水润湿，加 15mL 盐酸（1+1），稍溶解，加 5mL 46% HF、5mL 浓 HNO_3，在电热板上低温加热溶解，加 10mL 高氯酸，加热赶尽酸烟，高氯酸至干，加 100mL 水冲洗杯壁，加 20mL 盐酸（1+1）加热，溶液沸腾 2min，溶解盐类，溶液过滤，洗烧杯及沉淀各 3 遍（滤下液不超过 150mL），滤液保留。

将不溶物过滤，连同滤纸放入铂坩埚中，灰化后，加入 1~2g 混合熔剂，盖上铂盖，置于高温炉中，950~1000℃ 熔融，6min 取出，冷却至室温，置于保留的滤下液中，浸出，冷却，稀释到 250mL 容量瓶中。

CaO、MgO 的滴定同滤渣中钙、镁的测定，这里不再赘述。

2.2.2.2 其他成分测定

保护渣中其他成分用 ICP 分析。用 ICP 带转炉渣标样，标样溶解同上。另外，用铂坩埚把混合溶剂同试样一起在马弗炉中烧熔后，浸入已溶好的标样溶液中，冷却稀释到 250mL 容量瓶。

2.2.3 高炉渣的测定

(1) 要点。试样在沸水条件下以硝酸溶解定容至 250mL，分别测定二氧化硅、氧化钙、氧化镁。

(2) 分析步骤。称取 0.1000g 试样，于 200mL 烧杯内，以少量水润湿，加沸水 10mL

左右，在不断搅拌下，加20mL浓硝酸溶解，试样全溶后，移入250mL容量瓶内，洗净烧杯以水稀至刻度，混匀。

2.2.3.1　二氧化硅、氧化钙、氧化镁的联合测定

（1）二氧化硅的测定——硅钼蓝光度法。吸取3mL母液于100mL容量瓶内，补加硫酸等剩余步骤同项目2.2.1.1中二氧化硅测定。

（2）氧化钙的测定——EDTA容量法。吸取50mL母液，于锥形瓶内加1~2mL三乙醇胺（1+1），摇匀，加20mL 200g/L氢氧化钾，加1~2滴钙指示剂，以0.007130mol/L EDTA标准溶液滴定至纯蓝色为终点，记下消耗EDTA标准溶液的体积V_1：

$$w_{CaO}=\frac{c\times V_1\times 250\times M_{CaO}}{m\times 50\times 1000}$$

（3）镁的测定——EDTA容量法。吸取50mL母液，于锥形瓶内，加2mL三乙醇胺（1+1），滴4g/L铬黑T指示剂，以0.007130mol/L EDTA标准溶液消耗EDTA标准溶液的体积V_2

$$w_{MgO}=\frac{c\times (V_2-V_1)\times 250\times M_{MgO}}{m\times 50\times 1000}$$

注：1）对碱度较低试样往往溶解不完全，故需改用碱熔法。

　　2）滴定钙、镁注意滴定速度由快到慢，并不断振动。

2.2.3.2　全氧化铁的测定——重铬酸钾容量法

A　要点

试样用盐酸溶解，用金属铝将Fe^{3+}还原为Fe^{2+}，以重铬酸钾标准溶液测定全铁。

B　分析步骤

称取0.1000g除去金属铁的试样于300mL锥形瓶内，以少量水润湿，加20mL盐酸（1+1），在低温电炉加热溶解，待试样溶解完全后，用纯铝丝将溶液还原为无色。冷却至室温，加20~30mL左右水，加7~8滴4g/L二苯胺磺酸钠，以0.004640mol/L重铬酸钾标准溶液滴定溶液至紫蓝色即为终点，记下消耗重铬酸钾溶液的体积V。

$$w_{(Fe_2O_3)}=\frac{3\times c\times V\times M_{(Fe_2O_3)}}{m\times 1000}$$

C　注意事项

（1）炉渣内的金属铁，必须先用磁铁吸除干净。

（2）还原用铝丝表面要清洗干净。

2.2.3.3　氧化铝的测定——EDTA容量法

A　要点

试样以硝酸直接溶解，以强碱分离铁、铝，在一定的酸度下用EDTA配位铝。过量的EDTA用硫酸铜返滴，以消耗EDTA标准溶液的体积计算氧化铝含量。

B　分析步骤

称取0.1000g试样于300mL烧杯中，加少量水润湿，加100mL左右沸水，在不断搅

拌的情况下加20mL浓硝酸，在电炉上继续加热至全部溶解后，以氨水调至pH值为7～8，在电炉上加热至沸腾3min，取下冷却以定性滤纸过滤于烧杯中，以水洗净烧杯3次，弃滤下液，将沉淀以20mL盐酸（1+1）溶解于烧杯内，以盐酸（5+95）洗净滤纸，将溶液以水稀至100mL左右，加100g/L氢氧化钠调至中性，并过量3～4g，于电炉上煮沸4～5min。取下流水冷却移入200mL容量瓶内，洗净烧杯，定容混匀，以定性滤纸干过滤于烧杯中，吸50mL滤下液，于300mL烧杯中，加20mL左右0.004460mol/L EDTA标准溶液，加10g/L酚酞指示剂数滴，用盐酸（1+1）和100g/L氢氧化钠溶液调至浅红色刚刚消失，加20g/L乙酸－乙酸铵缓冲溶液，在电炉上加热煮沸3min，取下趁热加2g/LPAN指示剂数滴，以0.004460mol/L硫酸铜标准溶液返滴过量的EDTA标准溶液，滴定至紫红色为终点，记下消耗硫酸铜标准溶液体积。

C 注意事项

（1）EDTA加入量要适当，一般按含量并过量5mL左右为宜；

（2）当中和时，若溶液出现混浊现象，表示EDTA加入量不足，可重新调整酸度，补加，最好重新再做；

（3）煮沸时间不小于3min，滴定温度不低于80℃，热滴终点易观察。

2.2.3.4 硫的测定——燃烧碘量法

渣中硫的分析同生铁中硫的分析，只是温度为1250℃。

2.2.4 转炉渣的测定

（1）要点。试样以盐酸或硝酸直接溶解定容至250mL，分析二氧化硅、氧化钙、氧化镁。

（2）分析步骤。称取0.2500g试样，于200mL烧杯内，以少量水润湿，加60mL硝酸（1+6）将试样散开，于低温电炉加热溶解，待试样全部溶解后，再加50mL水，加热至沸，取下冷却移入250mL容量瓶内，洗净烧杯，以水稀释至刻度，摇匀。

2.2.4.1 二氧化硅的测定——硅钼蓝分光光度法

除吸取5mL母液于100mL容量瓶内，补加硫酸等剩余步骤同1.5.2.3中硅钼蓝光度法测定二氧化硅。

2.2.4.2 氧化钙、氧化镁的测定——EDTA容量法

吸取100mL母液于300mL烧杯内，加少量水，以氨水调至pH值为7～8，于电炉上再加热到沸腾3min后，取下用试纸检查pH值，直至pH值为7～8，冷却，移入200mL容量瓶内，以水洗净烧杯稀至刻度摇匀，以定性快速滤纸干过滤于原烧杯内。

（1）氧化钙的测定。吸取50mL滤下液于300mL锥形瓶内，加100mL 200g/L氧氧化钾、1～2滴4g/L钙指示剂，以0.004460mol/L EDTA标准溶液滴至纯蓝色为终点，记下消耗EDTA标准溶液的体积V_1。

（2）氧化镁的测定。吸取50mL滤下液于300mL锥形瓶内，加10mL氨水（1+1），加1～2滴4g/L铬黑T指示剂，以0.004460mol/L EDTA标准溶液滴至纯蓝色为终点，记

下消耗 EDTA 标准溶液的体积 V_2。

$$w_{CaO} = \frac{c \times V_1 \times 200 \times 250 \times M_{CaO}}{m \times 50 \times 100 \times 1000}$$

$$w_{MgO} = \frac{c \times (V_2 - V_1) \times 200 \times 250 \times M_{MgO}}{m \times 50 \times 100 \times 1000}$$

（3）注意事项

1）试样必须事先去除金属铁；

2）试样在烧杯内必须以水散开，不可成团；

3）溶解试样时间、温度和液体体积和标样一致，加水不可低于 30mL。

2.2.4.3 氧化铝的测定

同高炉渣测定方法。

2.3 技能实训：炉渣中二氧化硅的测定

2.3.1 原理

试样以盐酸溶解，加热脱水，使硅酸转为不溶性硅酸，灼烧成二氧化硅，然后称其质量。

2.3.2 试剂

（1）盐酸（$\rho = 1.19 g/cm^3$）；

（2）硝酸（$\rho = 1.41 g/cm^3$）；

（3）氯化铵（分析纯）；

（4）盐酸溶液（5 +95）。

2.3.3 分析步骤

称取 0.5000g 试样置于 300mL 蒸发皿中，滴水润湿试样，盖好表面皿。加 10mL 浓盐酸、3mL 浓硝酸，低温加热溶解，并蒸发至干，在烘箱中于 105 ~110℃烘 1h，冷却后以少许浓盐酸润湿，放置 2min。加 5g 氯化铵、100mL 热水，加热使盐类溶解，并静置 1 ~2min。以定量滤纸过滤，用盐酸溶液（5 +95）洗涤 7 ~8 次，再以热水洗至无氯离子反应为止。将滤液注入 500mL 容量瓶中，供测定钙、镁、铁、铝、磷及氧化物用。将沉淀连同滤纸移入已恒重的瓷坩埚中，烘干并低温炭化后移入 950 ~1000℃箱式电阻炉中灼烧 1h，冷却后称量。

2.3.4 数据处理

$$w_{SiO_2} = \frac{m_1 - m_2}{m} \times 100$$

式中 m_1——坩埚质量 + 沉淀质量，g；

m_2——坩埚质量，g；

m——试样量，g。

习 题

1. 炉渣的成分及炉渣化学组成的大约含量是多少？
2. 如何进行炉渣试样的制备？
3. 炉渣中的硅大多以何种形态存在？
4. 什么是倍半氧化物，质量法测定倍半氧化物的基本原理是什么？
5. 炉渣中的铁大多以何种形态存在？
6. 用磷酸氢二钠沉淀镁的条件是什么？

项目3 钢铁分析

3.1 基础知识：钢铁

钢铁是工业的支柱，国民经济的各项建设都离不开钢铁。为了保证钢铁的质量，对用于生产钢铁的各种原料、生产过程的中间产品以及产品（如各种钢材）有关成分的测定有着重要的意义。钢铁分析是研究钢铁工业中有关分析测定的原理和方法，是分析化学在钢铁生产中的具体应用。

为了掌握钢铁分析的主要内容，首先应了解钢铁材料的分类、钢铁中各种元素存在的形式及其对钢铁品质的影响，这不仅有助于把握分析对象，明确检测目的，而且对研究选择适宜分解试样的试剂和分解手段、确保分解完全以及具体选择测定方法等都有帮助。

钢铁分析的概念有两种，广义的钢铁分析包括钢铁的原材料分析、生产过程控制分析和产品、副产品及废渣分析等；狭义的钢铁分析，主要是钢铁中硅、锰、磷、碳、硫等元素分析和铁合金、合金钢中主要合金元素分析。本项目着重于狭义钢铁分析。

3.1.1 钢铁中的主要化学成分及钢铁材料的分类

钢铁是应用最广泛的一种金属材料，是铁和碳的合金。就它的化学成分来说，绝大部分是铁，还含有碳及硅、锰、磷、硫其他一些元素。生铁和钢由于碳含量的不同，性质也不同。一般生铁碳含量高于1.7%，小于6.67%，杂质总含量约7%；钢碳含量低于1.7%，杂质总含量约1%~3%。其他元素的含量虽各有不同，但对划分生铁和钢不起决定作用，只是使各种钢具有不同的特殊性质而已。

生铁质硬而脆，不便轧制和焊接。主要可分为：（1）灰口生铁（铸造生铁），硅含量一般大于1.75%，具有很好的铸造性；（2）白口生铁（炼钢生铁），硅含量为0.6%~1.75%，性脆而硬，主要用作炼钢的原料。

3.1.1.1 钢的分类

钢的种类很多，性能也千差万别，但是它们都是用生铁炼成的。钢具有很好的韧性、塑性和焊接性，可以进行锻打和各种机械加工。常见的钢的分类有以下几种：

（1）按冶炼方法分类。可分为平炉钢、转炉钢（底吹转炉钢、侧吹转炉钢和氧气顶吹转炉钢）、电炉钢（电弧炉钢、感应电炉钢、真空感应电炉钢和电渣炉钢等）三类。

（2）按化学成分分类。可分为以下两类：

1）碳素钢。以碳含量不同可分为：低碳钢（0.05%~0.25%C）；中碳钢（0.25%~0.60%C）；高碳钢（0.60%~1.40%C）。

若以碳素钢内Si、Mn、P、S等杂质含量的不同分类如下表所示：

分 类	Mn	Si	P	S
普通碳素钢	≤0.8%	≤0.4%	≤0.1%	≤0.1%
优质碳素钢	0.8%	0.4%	0.04%	0.04%
高级优质碳素钢	0.35%	0.35%	0.030%	0.020%

若为易切削钢，硫、磷含量可以高达：S 0.08% ~0.30%，P 0.06% ~0.15%。

2）合金钢。以钢中合金元素（镍、铬、钨、钒、钼、铍、钛、钴、硼等）含量的不同又可分为：低合金钢（合金元素含量小于5%）；中合金钢（合金元素含量5% ~10%）；高低合金钢（合金元素含量大于10%）。

（3）按质量分类。可分为普通钢、优质钢、高级优质钢。

1）普通钢。这类钢材含杂质元素较多，一般磷含量不超过0.045%，硫含量不超过0.055%。普通钢按标准又分为三类：

① 甲类钢是保力学性能和P、S、N_2、Cu含量的钢；

② 乙类钢是保化学成分C、Si、Mn、S、P和残铜含量的钢；

③ 特类钢是既保力学性能、化学成分，又保Cr、Ni、Cu、N_2含量的钢。

2）优质钢，可分为结构钢和工具钢。结构钢是一般含P、S均不大于0.04%；工具钢是一般 $w_P \leq 0.035\%$，$w_S \leq 0.030\%$。

3）高级优质钢。一般P、S含量均被限制在0.030%以下。

（4）按用途分类。可分为结构钢、工具钢、特殊钢。

1）结构钢又分为碳素结构钢（普通碳素结构钢和优质碳素结构钢）与合金结构钢（渗碳钢、调质钢、弹簧钢和轴承钢）。

2）工具钢又分为碳素工具钢和合金工具钢。合金工具钢又分为刃具钢（低合金刃具钢和高速钢）、量具钢和模具钢等。

3）特殊钢又分为不锈钢、耐热钢和耐磨钢。

3.1.1.2 钢的牌号

钢的分类只能把具有共同特征的钢种划分和归纳为同一类，不能将每一种钢的特征都反映出来，因此还必须采取钢号，对所确定的某一种钢的特征全部表示出来。有了钢的牌号，对所确定的某一种钢就有了共同的概念，这对生产、使用、设计、供销工作和科学技术交流及发展国际贸易方面，都有很大的便利。

我国国家标准代号为“GB”。钢铁产品牌号表示方法的原则如下：

（1）牌号中化学元素用汉字或国际化学符号来表示，如“碳”或“C”、“锰”或“Mn”、铬或“Cr”等。

（2）产品名称、用途、冶炼和浇注的表示方法，一般采用汉字和汉语拼音字母的编写，见表3-1。

（3）优质碳素结构钢牌号和合金钢牌号中碳含量的表示方法，一律以平均碳含量的万分之几表示，例如平均碳含量为0.1%或0.25%的钢，其钢号就相应为“10”或“25”。至于沸腾钢、半镇静钢的表示方法和普通碳素钢相同，只是在表示碳含量的两位数字后面加一符号如“10F”表示平均碳含量为0.1%的优质沸腾钢，而“50Mn”则表示平均碳含量为0.5%、锰含量为0.7% ~1.00%的镇静钢（镇静钢不加符号）。

表3-1 产品名称及牌号

名 称	牌号名称		名 称	牌号名称	
	汉字	采用符号		汉字	采用符号
平炉	平	P	滚动轴承钢	滚	G
酸性转炉	酸	S	高级优质钢	高	A
碱性转炉	碱	J	特殊钢	特	C
顶吹转炉	顶	D	桥梁钢	桥	q
沸腾炉	沸	F	锅炉钢	锅	g
半镇静钢	半	B	钢轨钢	轨	U
碳素工具钢	碳	T	铆螺钢	铆螺	ML
焊条用钢	焊	H	铸钢（铁）	铸	Z

合金钢中主要合金元素的含量一般以百分之几表示。合金元素平均含量小于1.5%时，钢号中只表明元素而不表明含量。例如平均碳含量为0.36%，锰含量为1.50%~1.80%，硅含量为0.40%~0.70%的合金钢，其钢号应为36Mn2Si。不锈钢、高速钢等高合金钢一般碳含量大于1.0%时，不予标出。平均碳含量小于1.0%时，以千分之几表示，例如“2Cr13”表示碳含量为0.2%左右，铬含量为13%的不锈钢。

专门用途的钢，则在钢号的前面或后面加上表示用途的符号。例如平均碳含量为0.2%的锅炉钢，其钢号为“20g”。平均碳含量为1.00%~1.10%，铬含量为0.90%~1.20%的滚动轴承钢，其钢号为GCr9。

3.1.1.3 钢中的主要化学成分

钢铁中各化学元素，常以下列形式存在：（1）固溶态（或游离态）；（2）碳化物；（3）氮化物；（4）氧化物；（5）硼化物；（6）硫化物；（7）硅化物；（8）磷化物等。一般来说，合金元素在钢铁中的分布形式主要是前两种情况。由于钢铁的质量是由其所含杂质或合金元素的成分来决定，下面简单介绍钢铁中的合金元素及杂质对钢铁质量的影响。

(1) 碳。碳是钢的最主要成分之一，对钢的性能起着决定性的作用。钢中碳含量高时，其硬度随之增高（这是由碳化铁性能决定的），而延展性及冲击韧性则相应降低。

(2) 硫。硫是钢铁中极有害的元素，它可使钢产生热脆现象，降低钢的力学性能和耐蚀性。优质钢中硫的含量不超过0.04%，在碳素钢中也应在0.055%~0.07%之间，硫含量在0.1%以上的钢实用价值很小，而钢中硫是由生铁中带来的，因此，碱性侧吹转炉所用的炼钢生铁硫含量不得超过0.08%。

(3) 磷。磷在钢铁中也是有害杂质。当钢中磷含量超过1.2%时，钢的结构就有Fe_3P出现，如果磷含量小于此值，则它以固定熔体存在。熔于纯铁中的磷，能使其硬度、强度及脆性增加，磷含量高的钢，具有冷脆性。磷的偏析现象很严重，这对钢的危害性就更大了。

(4) 硅。硅是钢中有益元素。硅在钢中的作用像碳一样，能增加钢铁的硬度和强度，硅量增加，则铁中游离碳的比率增加，故硅与碳两者同时存在，可相互调节。若两者各单独存在，则使铁质硬而脆。硅含量稍高的钢铁，流动性大，易于铸造，且能增加钢铁的弹性。因此，弹簧钢中常加入硅。硅又能增加钢的电阻及耐酸性；但硅能降低钢铁的延展性，在碳素钢中硅含量不能大于0.4%，因为大于0.5%时，钢的冲击韧性便显著下降。

（5）锰。锰是钢铁中有益元素。在冶炼中锰的存在对除硫有显著效果，锰还能增加钢铁的硬度，但作用较差些。钢中锰含量必须在0.3%～0.4%以上时能增加硬度。锰的作用与碳含量有关，碳低则锰的作用小，碳高则锰的作用大。锰能减小钢铁的延展性，锰的成分超过1.5%时则钢变脆，不能使用。锰含量在7%以上时，则钢的性质又变成抗磨性极优的材料。

（6）铝。铝与氧氮有很大的亲和力。铝在钢铁中的作用，一是用作炼钢时脱氧定氮剂，且细化晶粒，减小或消除低碳钢的时效现象，提高钢冲击韧性，特别是降低钢的脆性转变温度；二是作为合金元素加入钢中，显著提高钢的抗氧化性，改善钢的电磁性能，提高渗氮钢的耐磨和疲劳强度等，铝还能提高钢在氧化性酸中的耐蚀性。但铝也有不良影响，如在某些钢中，脱氧时铝用量过多，将使钢产生反常组织，降低韧性，并给浇注等方面带来困难。

（7）铬。铬作为残余元素时，它虽提高钢的强度、硬度，但同时降低塑性和韧性。在碳素钢中，即使钢中含少量铬，也与镍一样能降低钢的冷冲性能，所以碳素钢一般都要求Cr、Ni含量在0.3%以下。

（8）镍。镍作为残余元素，作用与铬同。

（9）铜。铜作为残余元素，如在钢中超过某一数值（一般规定为0.3%左右）并在氧化气氛中加热，在氧化铁皮下将形成一层熔点在1100℃左右的富铜合金层，加热温度超过1100℃，富铜金属层将熔化并浸蚀钢表面层的晶粒，在1100℃以上进行锻轧热变形加工，将使钢的表面鱼鳞状升裂（此现象称为铜脆）。

（10）钒。钒是强的碳化物、氮化物形成元素，在钢中主要以碳化物的形态存在。它在钢中的主要作用是细化钢的晶粒和组织，提高钢的强度和韧性；在高温熔入奥氏体，增加钢的淬透性；增加淬火钢的回火稳定性，并产生二次硬化效应，提高钢的耐磨性。

（11）钨。钨在钢中的作用主要是增加钢的回火稳定性、红硬性和热强性，以及形成特殊的碳化物而增加钢的耐磨性。

综上所述，可见钢铁的质量是由其所含杂质或合金元素的成分来决定的，所以经常测定钢铁中各元素的含量及其中的杂质（碳、硅、疏、磷、锰）含量是保证和帮助掌握冶炼过程的重要手段。

3.1.2 钢铁试样的采集、制备与分解方法

3.1.2.1 试样的采集

任何送检样的采取都必须保证试样对母体材料的代表性。因为钢铁在凝固过程中的偏析现象常常不可避免，所以，除特殊情况之外，为了保证钢铁产品的质量，一般是从质地均匀的熔融液态取送检样，并依此制备分析试样。所谓特殊情况，有两种：一种就是成品质量检验，钢铁成品本身是固态的，只能从固态中取样；另一种是铸造过程中必须添加镇静剂（通常是铝），而又必须分析母体材料本身的镇静剂成分的情况。对于这种情况，需要在铸锭工序后适当的炉料或批量中取送检样。

（1）常用的取样工具：钢制长柄取样勺，容积约200mL；铸模70mm×40mm×30mm（砂模或钢制模）；取样枪。

（2）在出铁口取样，是用长柄取样勺臼取铁水，预热取样勺后重新臼出铁水，浇入砂模内，此铸件作为送检样。在高炉容积较大的情况下，为了得到可靠结果，可将一次出铁划分为初、中、末三期，在每阶段的中间各取一次作为送检样。

（3）在铁水包或混铁车中取样时，应在铁水装至1/2时取一个样或在装入铁水的初、中、末期各阶段的中点各取一个样。

（4）当用铸铁机生产商品铸铁时，考虑到从炉前到铸铁厂的过程中铁水成分的变化，应选择在从铁水包倒入铸铁机的中间时刻取样。

（5）从炼钢炉内的钢水中取样，一般是用取样勺从炉内臼出钢水，清除表面的渣子之后浇入金属铸模中，凝固后作为送检样。为了防止钢水和空气接触时，钢中易氧化元素含量发生变化，有的采用浸入式铸模或取样枪在炉内取送检样。

（6）从冷的生铁块中取送检样时，一般是随机地从一批铁块中取3个以上的铁块作为送检样。当一批的总量超过30t时，每超过10t增加一个铁块。每批的送检样由3~7个铁块组成。当铁块可以分为两半时，分开后只用其中一半制备分析试样。

（7）钢坯一般不取送检样，其化学成分由钢水包中取样分析所决定。这是因为钢锭中会带有各种缺陷（沉淀、收缩口、偏析、非金属夹杂物及裂痕）。轧钢厂用钢坯，要进行原材料分析时，钢坯的送检样可以从原料钢锭1/5高度的位置沿垂直于轧制的方向切取钢坯整个断面的钢材。

（8）钢材制品，一般不分析。要取样可用切割的方法取样，但应多取一点，便于制样。

3.1.2.2　制样的一般规定

（1）制样者应遵守试样制样规程、设备维护及安全规程等，以确保试样制备质量。

（2）制样时，应防止油污、灰尘及其他杂质带入试样内。制样所用的工具、设备、场所等，都应保持清洁。

（3）制备金属试样时，应除去表面锈垢、涂层及其他金属镀层。试样内应无气孔、夹渣。

（4）试样制备前应将钢钵、捣杵、破碎和研磨机清洗干净，并用此试样洗1~3次。

（5）试样制备过程中如需以四分法减少试样质量时，可将制备到一定粒度的样品，充分混匀，堆成圆锥形，然后压成圆饼，通过中心分成四等份。弃去任何一对角两份，余下两份收集在仪器，混匀。如需要可继续缩分。什么品种，多大粒度，缩分到什么程度，均有规定。

（6）试样收发要建账登记。制备好的试样，装袋或装瓶后，应注明名称、分析项目、编号、委托日期、单位等。

（7）为备复查，加工剩余试样应按月、日顺序保持一段时间。

3.1.2.3　分析试样的制备

试样的制取方法有钻取法、刨取法、车取法、捣碎法、压延法、锯取法、锉取法等。

针对不同送检试样的性质、形状、大小等采取不同方法制取分析试样。

A 生铁试样的制备

（1）白口铁。由于白口铁硬度大，只能用大锤打下，砂轮机打光表面，再用冲击钵碎至过0.147mm（100目）筛。

（2）灰口铸造铁。灰口铁中碳主要以碳化物形式存在，而灰口铁中含有较多的石墨碳。在制样过程中灰口铁中的石墨碳易发生变化，要防止在制样过程产生高温氧化。清除送检样表面的砂粒等杂质后，用ϕ20～25mm的钻头（前刃角130°～150°）在送检样中央垂直钻孔（钻头转速80～150r/min），表面层的钻屑弃去。继续钻进25mm深，制成50～100g试样。选取5g粗大的钻屑供定碳用，其余的用钢研钵轻轻捣碎研磨至过0.84mm（20目）筛，供分析其他元素用。

B 钢样的制备

对于钢样，不仅应考虑凝固过程中的偏析现象，而且还要考虑热处理后表面发生的变化，如难氧化元素的富集、脱碳或渗碳等，特别是钢的标准范围窄，致使制样对分析精度的影响达到不可忽视的程度。

（1）钢水中取来的送检样。一般采用钻取方法，制取分析试样应尽可能选取代表送检样平均组成的部分垂直钻取，切取厚度不超过1mm的切屑。

（2）半成品、成品钢材送检样：

1）大断面钢材：用$\phi \leq$12mm的钻头，在沿钢块轴线方向断面中心点到外表面的垂线的中点位置钻取。

2）小断面钢材：可以从钢材的整个断面或半个断面上切削分析样，也可以用$\phi \leq$6mm钻头在断面中心至侧面垂线的中点打孔取样。

3）薄卷板：垂直轧制方向切取宽度大于50mm的整幅卷板作送检样。经酸洗等表面处理后，沿试样长度方向对折数次。由$\phi >$6mm钻头钻取，或适当机械切削制取分析样。

3.1.2.4 试样的分解方法

钢铁试样易溶于酸，常用的酸有盐酸、硝酸、硫酸等，可用单酸，也可用混合酸。有时针对某些试样，还需加H_2O_2、氢氟酸或磷酸等。一般均用稀酸，而不用浓酸，防止反应过于激烈。对于某些难溶试样，则可用碱熔分解法。

（1）对于生铁和碳素钢。常用稀硝酸分解，常用（1+1）～（1+5）的稀硝酸，也有用稀盐酸（1+1）分解的。

（2）合金钢和铁合金比较复杂，针对不同对象需用不同的分解方法。

硅钢、含镍钢、钒铁、钼铁、钨铁、硅铁、硼铁、硅钙合金、稀土硅铁、硅锰铁合金：可以在塑料器皿中，先用浓硝酸分解，待剧烈反应停止后再加氢氟酸继续分解；或者用过氧化钠（或过氧化钠和碳酸钠组成的混合熔剂）于高温炉中熔融分解，然后用酸提取。

铬铁、高铬钢、耐热钢、不锈钢：为防止生成氧化膜而钝化，不宜用硝酸分解，而应在塑料器皿中用浓盐酸加过氧化氢分解。

高碳锰铁、含钨铸铁：由于所含游离碳较高，且不为酸所溶解，因此试样应于塑料器皿中用硝酸加氢氟酸分解，并脱脂过滤除去游离碳。

高碳铬铁：宜用Na_2O_2熔融分解，酸提取。

钛铁：宜用硫酸（1+1）溶解，并冒白烟1min，冷却后用盐酸（1+1）溶解盐类。

（3）于高温炉中用燃烧法将钢铁中碳和硫转变为CO_2和SO_2，是钢铁中碳和硫含量测定的常用分解法。

3.1.3　试样采取与制备时注意事项

取样的长柄勺应保持洁净，注意敲掉上面的氧化铁，否则，可能使试样中的碳被氧化，影响碳的测定；取铁水试样时先扒开炉渣，铁勺伸到铁水中层以下舀取；钢水试样要搅匀后才舀取，试样倒入模时应预先加铝丝脱氧，否则，有气孔不易钻取，而且偏析大；制取试样时不得使油脂、污物或其他杂质混入试样中。因此制样者的双手、钻头工具、盛器等均需洁净干燥，表面不沾油垢，未曾使用过的切削工具，用前必须用热水、酒精洗净，并用干净布拭干除去油垢；制样工具专用。钻头工具等应为特种钢所制，用前须小心磨制锋利，不得有缺口；钻孔或车取试样时，绝对不能用水、油或其他润滑剂；进刀速度不宜太快，否则易使样品受热氧化；钻孔或车取试样，不宜太厚，为0.1~0.2mm，应避免卷成长条；如样品太硬不便于切削，可用退火处理后再制取，即将试样放入马弗炉内在650~900℃灼烧约1h后，取出缓慢冷却。如果是高锰钢轧辊等试样不易钻取时，可采用红钻法取样；接取试样时，应用清洁的铁器或搪瓷器皿，并防止所取样品飞失或跳出而损失；在钻取试样时，发现钻孔有气泡时，可另换位置钻取，继续发现有气泡时可通知现场另行取样；硬质合金钻头发热时不得用冷水或放置于温度特别低的地方；所需试样量，一般五元素分析需30g以上，如增加合金元素分析，则需50~60g；制好的样品一律用磨口玻璃瓶盛装，贴上标签注明试样名称、委托单位、分析项目、制样日期、原号及制样号等；化验后的试样应保存3~6个月（炉前分析样为一星期）。

3.2　任务：钢铁中主要元素（C、S、P、Si、Mn、Cr）分析

3.2.1　碳的测定——燃烧气体容量法

3.2.1.1　要点

试料与助熔剂在高温炉中通氧燃烧，碳被完全燃烧、氧化为二氧化碳。以活性二氧化锰（或粒状钒酸银）吸收二氧化硫，将混合气体收集于碳量测量装置的量气管中，测量其体积，然后以氢氧化钾溶液吸收二氧化碳，再测量剩余气体体积。吸收前后体积差即为二氧化碳体积，经温度、压力校正，计算碳的质量分数。

方法适用于钢铁及合金中0.05%以上碳量的测定。

3.2.1.2　测定步骤

（1）连接好碳量测量装置：将炉温升至1200~1350℃，通氧检查并调节测量装置，使其严密不漏气。调节并保持仪器装置在正常的准备工作状态。

（2）试样量：按碳含量称取不同量试样。碳含量0.05%~0.50%，称取2.00g；0.50%~1.00%，称取1.00g；1.00%~1.50%，称取0.50g；1.50%~3.0%，称取

0.25g；大于3.0%，称取0.15g，精确至0.0001g。

（3）空白试验：分析前按试样分析步骤做空白试验，直至得到稳定的空白值。由于室温的变化和分析过程中冷凝管水温的变化，在测试过程中须插入做空白试验，并从测量值中扣除。

（4）验证分析：选择与被测样品碳含量相近的标准物质按试样分析步骤操作，当测量值与标准值一致（在规定的允许差内），表明仪器装置和操作正常，可开始进行试样分析。否则，应检查仪器装置和操作，直至测量值与标准值一致。

（5）试样分析：称取试样置于瓷舟中，覆盖适量助熔剂，开启耐热连接塞，用不锈钢长钩将瓷舟送入高温区，立即塞上耐热连接塞，预热1min。开启通氧活塞，使瓷管与量气管相通，量气管内酸性水液面缓慢下降。控制通氧速度，在约1~1.5 min内使燃烧后的混合气体充满量气管（酸性水液面降至为零），转动小三通活塞，使量气管短暂与大气相通，液面自动调零（注意观察液面是否对准零点）。

关闭通氧活塞，转动大三通活塞，使量气管与吸收器相通，提起水准瓶，将量气管内混合气体全部压入吸收器，氢氧化钾溶液吸收混合气体中的二氧化碳。放低水准瓶，气体压回量气管内，重复操作吸收一次。最后将吸收后的气体导入量气管，至吸收器上浮到原来位置并不留气泡。关闭大三通活塞，将水准瓶放回原来位置，待液面平稳后（约15s），记下量气管标尺读数。

3.2.1.3 分析结果计算

（1）当量气管标尺的读数是碳含量时，按下式计算碳的质量分数：

$$w_C = \frac{xf}{m}$$

式中 x——量气管标尺上读出1g试样时碳的质量分数，%；

f——温度、压力校正系数，查表求得；

m——试样量，g。

（2）当量气管标尺的读数是体积时，按下式计算碳的质量分数：

$$w_C = \frac{AVf}{m} \times 100$$

式中 A——温度16℃、气压101.32kPa，封闭液上每毫升二氧化碳中碳的质量，用酸性水作封闭液时A值为0.0005000g/mL；用氯化钠酸性溶液作封闭液时A值为0.0005022g/mL；

V——量气管标尺读数，mL；

f——温度、压力校正系数，查表求得；

m——试样量，g。

3.2.1.4 注释

（1）生铁、碳钢、低合金钢等控制炉温1200~1250℃；高合金钢、高温合金等难熔样品控制炉温1250~1350℃。炉子升降温度应开始慢，逐步加速，以延长硅碳棒寿命。

（2）生铁、碳钢、中低合金钢可选用锡（片、粒）、铜片或氧化铜作助熔剂，用量

0.25～0.50g；高合金钢、高温合金选用锡＋纯铁粉（1＋1）、氧化铜＋纯铁粉（1＋1）或五氧化二钒＋纯铁粉（1＋1）作助熔剂，用量0.25～0.50g，所选用助熔剂的空白值应低而稳定。

（3）更换量气管、吸收器内溶液，或更换干燥剂、除硫剂后，均应先作几个高碳试样，使系统与二氧化碳达到一定平衡后开始样品分析。

（4）通氧速度要恰当。对卧式炉，开始通氧速度稍慢，待样品燃烧后适当加快通氧速度，将生成的二氧化碳驱至量气管内。氧气流速过小或过大都不利于试样燃烧和二氧化碳的吸收，一般保持在400～500mL/min。对立式炉，则应控制较大的氧气流量，即所谓的“前大氧，后控气”，通常钢样控制时间为60～90s，生铁、铁合金样为90～120s。

（5）分析高碳试样后，应通氧吸收一次，将系统中残留的CO_2驱尽，才可接着进行低碳样的分析。

（6）吸收器及水准瓶内溶液及混合气体的温度应基本一致，否则由于温差的不同，影响气体体积的变化，对分析结果产生较大的误差。产生温差的原因主要有：

1）混合气体没有得到充分冷却，吸收前后混合气体温度有差别。

2）连续分析时，量气管冷却水套内水量有限，使量气管的温度升高，而吸收器中吸收液量大，升温相对慢，致使吸收前后混合气体有温差。

3）定碳仪安装位置不当，与高温炉距离过近，各部位受热辐射影响不一致。温差的影响在夏天气温高时更明显。为此需注意对混合气体的冷却，冷凝管内最好通回流冷却水，注意测量装置的通风，在测量前后和过程中穿插进行空白试验，得到稳定的空白值，并从分析结果中扣除。

（7）当洗气瓶内硫酸体积明显增加，除硫管中二氧化锰变白时，应及时更换。

除硫剂的制备：

1）粒状活性二氧化锰制备：取20g硫酸锰溶于500mL水中，加10mL氨水（$\rho \approx$ 0.90g/mL），混匀。在不断搅拌下加约100mL过硫酸铵溶液（250g/L），煮沸10min，加数滴氨水，静置至澄清（如溶液不澄清，可再加适量过硫酸铵溶液煮沸）。抽滤，用氨水（5＋95）洗10次，热水洗2次。用硫酸（5＋95）洗10次，再用热水洗至无硫酸。沉淀于110℃干燥3～4h，取粒度为0.833～0.370mm（20～40目），贮于干燥器中备用。

2）粒状钒酸银制备：取12g钒酸铵（或偏钒酸铵）溶于400mL水中，取17g硝酸银溶于200mL水中，将两溶液均匀混合。用玻璃坩埚抽滤，用水洗净。沉淀于110℃干燥，取粒度为0.833～0.370mm（20～40目），贮于干燥器中备用。

（8）有多种型号的气体容量法定碳仪，半自动或自动碳硫测定仪，其基本原理一致，可按仪器说明书要求操作。一些碳硫自动测定仪是在除硫装置的位置安装测定硫的吸收器和滴定管，通过硫吸收器后的混合气体再通入定碳仪测量碳量。

（9）根据理想气体方程，可以计算1.00mg的碳生成的二氧化碳在0℃、101.32kPa（旧制760mmHg，1atm）的标准状态下的体积为1.8535mL。按气态方程$\frac{p_1 V_1}{T_1}=\frac{p_2 V_2}{T_2}$计算16℃在量气管酸性水液面上二氧化碳的体积$V_2$。式中$p_1=101.32\text{kPa}$，$V_1=1.8535\text{mL}$，$T_1=273.16\text{K}$；$p_2=(101.32-1.81)\text{kPa}$（1.81 kPa是16℃时酸性水液面上水的饱和蒸

气压），$T_2 = (273.16 + 16)$K。将数据代入方程得 $V_2 = 1.998$mL≈2.00mL。因此在一般定碳仪的量气管以 2.00mL 作为一个刻度单位，对 1g 试样，2.00mL 相当于 0.10% 的碳量。

（10）气体体积受温度和压力的影响很大，分析结果计算时需对测量的体积（或含量）进行温度和压力校正，换算为 16℃ 和 101.32kPa 时的体积（或含量）。根据气态方程，校正系数 f 是 16℃、101.32kPa 时的体积和测量条件（t,℃、p，kPa）的体积比。f 可表示为：

$$f = \frac{T_1 p_2}{p_1 T_2} = \frac{273.16 + 16}{101.32 + 1.81} \times \frac{p_w}{273.16 + t} = 2.906 \times \frac{p - p_w}{273.16 + t}$$

式中 p——测量时的大气压，kPa；

p_w——测量时水的饱和蒸气压，kPa；

t——量气管温度，℃。

分析结果计算时不必按上式校正系数 f，已专门制成校正系数表，根据测量时的温度、压力查表得校正系数。有时量气管内使用的是 260g/L 的氯化钠溶液，由于其溶液的水蒸气压不同，计算出的校正系数与酸性水略有不同，查表时应注意。旧制气压毫米汞柱单位与 kPa 单位可互换，毫米汞柱单位除以 7.50 即为 kPa 单位。

（11）瓷舟及熔剂须做空白试验。瓷舟应预先在马弗炉中 1000~1200℃ 下灼烧 1h，不等完全冷却就取出，放在盖子不涂凡士林油的干燥器中保存，空白值检查应小于 0.002% 的碳。

（12）试样应保证清洁，不含有机物和油垢等，若有油垢可用乙醚或乙醇清洗，烘干后再分析。

（13）量气瓶应保持清洁，瓶壁上不得沾有水珠，以免溶液不能顺利流下。

3.2.2 硫的测定——燃烧碘量滴定法

3.2.2.1 要点

试样在高温下通氧燃烧，将硫氧化成二氧化硫，用酸性淀粉溶液吸收，生成的亚硫酸被碘酸钾（或碘）标准滴定溶液滴定，根据消耗碘酸钾标准滴定溶液的体积，计算硫的质量分数。

方法适用于钢、铁及合金中 0.003%~0.20% 硫量的测定。

3.2.2.2 测定步骤

（1）分析前准备：连接和安装硫量测定装置，将炉温升至 1250~1300℃。通入氧气，其流量约 1500~2000L/min，检查整个装置的管路及活塞，使其严密不漏气，调节并保持装置在正常的工作状态；按试样分析步骤分析两个含硫较高的试样，使系统处于平衡状态。选择适当的标准物质按分析步骤操作，计算分析结果是否符合要求。在装置达到要求后才能进行试样分析。

（2）试样量：按试样硫含量称取不同量试样。硫含量 0.003%~0.05%，称取

0.5000g；硫含量0.05%～0.10%，称取0.2500g；硫含量大于0.10%，称取0.1000g。

（3）空白试验：试样分析前做瓷舟、助熔剂的空白试验，测量的空白值应小而稳定，空白试验滴定体积数不大于0.10mL。测量过程中也随时进行空白试验，以检查空白值的稳定性。

（4）试样分析：于吸收杯中放入一定量的淀粉吸收液（甲），通氧，用碘酸钾标准滴定溶液（0.010mol/L）滴定至吸收液呈稳定的淡蓝色，以此作为滴定的终点色泽。当硫含量小于0.01%时采用浓度为0.0025mol/L的碘酸钾标准滴定溶液（下同）。

将试样平铺于瓷舟中，均匀覆盖适量助熔剂。打开瓷管塞，用不锈钢长钩将瓷舟送入瓷管高温区，立即塞紧瓷管塞。预热0.5～1min，依次打开通氧活塞和吸收杯前活塞，待吸收液蓝色减退时，随即用碘酸钾标准滴定溶液滴定，使吸收液液面在通氧滴定过程中始终保持蓝色。当吸收液色泽褪色变慢时，相应降低滴定速度。间歇通氧，滴定至吸收液色泽与原调节的终点色泽一致，并在15s内不变为终点，关闭通氧活塞，读取滴定所消耗碘酸钾标准溶液的体积数。

打开瓷管塞，用长钩将瓷舟拉出，送入下一试样的瓷舟进行测定。观察试样是否熔融燃烧完全，如熔渣不平，断面有气孔，表明燃烧不完全，应重新进行测定。

3.2.2.3 分析结果的计算

按下式计算硫的质量分数（%）

$$w_{\mathrm{S}} = \frac{T(V - V_0)}{m} \times 100$$

式中 T——标准滴定溶液对硫的滴定度，g/mL；

V，V_0——分别为滴定试样和空白试验消耗碘酸钾标准滴定溶液的体积，mL；

m——试样量，g。

3.2.2.4 注释

（1）生铁、碳钢、低合金钢可选用五氧化二钒（预先在600℃灼烧2h，贮于磨口瓶中）、铜片或氧化铜作助熔剂，合金钢、高温合金等选用五氧化二钒＋纯铁（3＋1）或锡粒＋纯铁（1＋1）作助熔剂。根据称样量，加入0.2～0.5g助熔剂。所用助熔剂应具有低而稳定的空白值（硫含量小于0.0005%）。

（2）当测定高硫试样后再测定低硫试样时，应再做空白试验，直至空白值低而稳定，才进行低硫试样分析。

（3）所用瓷舟长88mm或97mm，使用前在1000℃高温炉中灼烧1h以上，冷却后贮于盛有碱石棉和无水氯化钙的未涂油脂的干燥器中备用，用于测定低硫的瓷舟应在1300℃的管式炉中通氧灼烧1～2min。分析时采用带盖的瓷舟可提高试样中二氧化硫的转化率。

（4）试样中的硫非100%转化为二氧化硫，管路中存在的氧化铁粉可将硫催化生成三氧化硫。因此在连续测定中要注意清除瓷管中的粉尘，并更换球形管中的脱脂棉，特别在分析生铁、高锰钢时，清除粉尘或更换脱脂棉后应作一个废样，以使系统处于平衡状态，并以标准物质校正，在瓷舟上加盖（可将瓷舟两头打掉，反扣在瓷舟上），可减少氧化铁粉的喷溅和对瓷管的沾污。

（5）滴定液也可使用碘标准滴定溶液，此时应使用淀粉吸收液（乙）。通常认为碘酸钾标准滴定溶液比碘标准溶液稳定，灵敏度较高，适用于低含硫量的测定。为防止碘的挥发，碘标准滴定溶液应贮于棕色瓶中。

（6）连续测定中，吸收液可放掉一半再补充一半新吸收液，对高硫试样应做一次更换一次。滴定过程中若吸收液液面全部褪色，二氧化硫气体有逃逸可能，影响分析结果的准确度。对高硫试样，可在吸收液中适当预置滴定液。

（7）通氧燃烧时，硫的转化率与测量条件有很大关系。提高燃烧温度有利于提高二氧化硫的生成率，炉温1400℃二氧化硫转化率达90%以上，1500℃可达到98%。使用高频炉加热，有利提高硫的转化率。常用的管式炉难以加热到1400℃以上。一般而言，电弧炉中硫的转化率低于管式炉和高频炉；加大氧气流量，有效提高试样的燃烧速度和温度，减少二氧化硫与粉尘接触时间，有利于提高硫的转化率。氧气流速通常控制在1.5～2L/min；选择合适的助熔剂也是保证分析结果准确度和精度的重要条件。采用五氧化二钒作助熔剂的效果较好，其优点是产生的粉尘少，硫的回收率高达90%。也有用五氧化二钒+纯铁（或五氧化二钒+纯铁+炭粉）混合助熔剂，可使生铁，碳钢和中、低合金钢样品硫的转化率接近一致。有报道用三氧化钼和锡粒作混合助溶剂也有良好效果。单独使用锡粒，助熔效果较好，但易产生大量粉尘，使二氧化硫的转化率下降。

（8）由于试样中二氧化硫转化率不是100%，分析结果不能用标准滴定溶液浓度直接计算，需用标准物质在同条件下测量并计算其滴定度。应采用硫含量相近、组成尽可能一致的标准物质求滴定度，同时尽量采用近期研制的标准物质。当标准物质和试样的称量相同时，滴定度 T 的单位可直接简化为%/mL，计算更方便。测量中应严格控制和保持分析条件一致，保证分析结果的准确度和精度。

（9）预热时间不宜过长，生铁、碳钢及低合金钢预热不超过30s；中、高合金钢，高温合金及精密合金预热1～1.5min。

（10）若滴定速度跟不上，会导致结果偏低，因此滴定高硫样品时，开始可适当加入一些碘酸钾标准溶液。

（11）为延长淀粉溶液使用期限，可加入0.03%硼酸或少量对羟基苯甲酸乙酯以防变质。

3.2.3 硅的测定——高氯酸脱水质量法

3.2.3.1 要点

试样以酸分解，加高氯酸蒸发冒烟，使硅酸脱水，经过滤洗涤后，灼烧成二氧化硅称量，再经硫酸-氢氟酸处理，使硅成四氟化硅挥发除去，由氢氟酸处理前后的质量差计算硅的质量分数。

3.2.3.2 分析步骤

（1）试样量：按表3-2称取试样，精确至0.0001g。

表3－2　试样量和高氯酸加入量

硅的质量分数/%	试样量/g	加入高氯酸量/mL
0.1～0.5	4.0000	60
>0.5～1.0	3.0000	50
>1.0～2.0	2.0000	40
>2.0	1.0000	30

（2）空白试验。随同试样做空白试验。

（3）试样处理。将试样置于300mL烧杯中，加入30～60mL适当比例的盐酸－硝酸混合酸，盖上表面皿，徐徐加热至试样完全溶解，稍冷，按表3－2加入高氯酸，并继续加热蒸发至冒高氯酸烟，盖好表面皿，继续加热使高氯酸烟回流15～25min。

（4）沉淀的分离：

1）取下稍冷，加10mL盐酸（1＋1），溶解盐类。加100mL热水，搅拌使可溶解性盐类溶解。加少量滤纸浆的中速滤纸过滤。用带橡皮头的玻璃棒将附着在烧杯壁上的硅胶仔细擦下，用热盐酸（1＋19）将全部沉淀转移至滤纸上，洗涤烧杯、沉淀及滤纸，洗至滤液无铁离子（用硫氰酸铵溶液（50g/L）检查），再以热水洗涤三次。

2）将沉淀分离后的滤液和洗液移入原烧杯中，加10mL高氯酸，加热浓缩至冒高氯酸烟并回流15min，以下同（1）操作。

（5）测量：将二次沉淀连同滤纸置于铂坩埚中，加热烘干并将滤纸灰化，将坩埚移于1000～1050℃高温炉中灼烧30～40min，取出，稍冷，置于干燥器中冷却至室温，称量。反复灼烧至恒量。

沿坩埚内壁加4～5滴硫酸（1＋1）润湿，加5mL氢氟酸，将坩埚置于电热板上低温加热蒸发至冒尽硫酸烟，再移入1000～1050℃的高温炉中灼烧20min。取出，稍冷，置于干燥器中冷却至室温，称量。反复灼烧至恒量。

3.2.3.3　分析结果的计算

按下式计算硅的质量分数（%）

$$w_{\mathrm{Si}}=\frac{(m_1-m_2)-(m_3-m_4)}{m}\times 0.4674\times 100$$

式中　m_1，m_3——分别为氢氟酸处理前试样和空白试验沉淀及铂坩埚的质量，g；

m_2，m_4——分别为氢氟酸处理后试样和空白试验残渣及铂坩埚的质量，g；

m——试样质量，g；

0.4674——二氧化硅换算为硅的换算因数。

3.2.3.4　注释

（1）可根据钢铁样品的品种选择合适的溶解酸。一般生铁、碳钢、硅钢和某些低合金钢可用硝酸（1＋1或1＋3）分解，低合金钢、高合金钢和高温合金可用王水或盐酸－过氧化氢分解。铬含量高的试样可先用盐酸溶解，再加硝酸氧化。

（2）试样含硼时对硅的沉淀有影响。一部分硼酸与硅酸共沉淀，灼烧时生成 B_2O_3，而在氢氟酸处理时硼可生成三氟化硼挥发，使硅的结果偏高。当试样硼含量大于1%或硼含量大于0.01%而硅又小于1.0%时应采取除硼步骤，当溶解酸蒸发至10mL左右时，加40mL甲醇，低温蒸发，使硼成为硼酸甲酯挥发除去，再加5mL硝酸、高氯酸处理。

（3）二氧化硅的灼烧温度不能低于1000℃，否则硅酸中少量水分不易除尽。

（4）钨和钼的氧化物在高温下可升华挥发。含钨、钼试样在灼烧过程中，需取出铂坩埚，用铂丝搅碎沉淀，以加速其挥发。用氢氟酸挥硅后的灼烧温度不高于800℃，含钼试样挥硅后的灼烧温度不高于600℃。

（5）含铌、钽、钛、锆的试样，在1000～1050℃灼烧后冷却铂坩埚，加1～1.5mL硫酸（1+1），低温加热蒸发至冒尽硫酸烟。增加硫酸的量是使铌、钽、钛、锆生成稳定的化合物。于800℃灼烧10min，冷却后称量。加氢氟酸挥硅后也于800℃灼烧至恒重。

（6）用氢氟酸处理二氧化硅沉淀时要加硫酸，其目的是防止氟化硅水解生成氟硅酸和硅酸，同时使硅酸中夹杂的金属氧化物生成硫酸盐。防止生成氟化物而挥发，而生成的硫酸盐在高温灼烧时又分解成氧化物，不影响测定。

（7）灰化过程中注意保护铂坩埚，应充分炭化后方可置于高温炉中在足够氧气下进行灼烧。

3.2.4　磷的测定——铋磷钼蓝分光光度法

3.2.4.1　要点

试样以硝酸、盐酸分解，高氯酸冒烟将磷氧化成正磷酸，在硫酸介质中磷与铋及钼酸铵形成黄色三元杂多酸，用抗坏血酸将其还原为铋磷钼蓝杂多酸，在分光光度计上700nm处测量吸光度，计算磷的质量分数。

方法适用于生铁、铸铁、低合金钢、合金钢中0.01%以上磷量的测定。铌、钨干扰磷的测定。砷的干扰可在试样分解时用盐酸－氢溴酸挥发除去，或在显色时用硫代硫酸钠隐蔽。

3.2.4.2　分析步骤

（1）试样量：称取0.2000～0.5000g试样（磷含量小于0.1%时称取0.50g），精确至0.0001g。

（2）空白试验：随同试样做空白试验。

（3）试样分解：将试样置于烧杯中，加15mL硝酸（1+2）或适当比例的盐酸－硝酸混合酸，加热溶解。加5mL高氯酸，加热蒸发冒高氯酸烟，取下稍冷，加入10mL氢溴酸－盐酸混合酸，加热蒸发冒高氯酸烟3～4min。取下，用水冲洗杯壁，并继续冒高氯酸烟至湿盐状。取下，稍冷，加20mL水溶解加热盐类，冷却至室温，移入100mL容量瓶中，用水稀释至刻度，混匀。

（4）显色：分取10.00mL试液两份分别置于两个50mL容量瓶中。

显色液：加5mL硫酸（1+4），加2.5mL硝酸铋溶液（10g/L）、5mL钼酸铵溶液

(30g/L)，混匀。用水吹洗瓶口及瓶壁，加5mL抗坏血酸溶液（20g/L），用水稀释至刻度，混匀。室温下放置20min。

参比液：同显色液操作，但不加钼酸铵溶液。

（5）测量：将显色溶液置于合适的吸收皿中，在分光光度计上波长700nm处测量吸光度，减去空白试验溶液的吸光度，在工作曲线上计算磷的质量分数。

（6）工作曲线绘制：称取与试样量相同的不含磷或已知磷含量的高纯铁，按分析步骤（3）操作做底液。分取10.00mL底液数份于一组50mL容量瓶中，分别加入0.00mL、1.00mL、2.00mL、3.00mL、4.00mL、5.00mL磷标准溶液（10.0μg/mL或5.0μg/mL），按分析步骤（4）显色液操作，以未加磷标准溶液的一份显色液作参比，测量吸光度，绘制工作曲线。

3.2.4.3 注释

（1）高铬、高镍铬不锈钢试样可用盐酸－硝酸混合酸分解，加8mL高氯酸，加热蒸发至冒高氯酸烟。待铬氧化后分次滴加盐酸将铬挥发除去，继续冒高氯酸烟至湿盐状，以下按分析步骤操作。

（2）高锰试样冒烟后用水稀释，如有二氧化锰沉淀，可滴加亚硝酸钠还原，并煮沸分解氮氧化物。

（3）砷干扰磷的测定。用盐酸－氢溴酸蒸发，砷还原为三溴化砷挥发除去。另外，如在显色时加硫代硫酸钠溶液，将五价砷还原为三价砷而消除干扰。按分析步骤（4），加硝酸铋溶液后加5mL硫代硫酸钠溶液（2g/L）和亚硫酸钠（2g/L）的混合溶液。硫代硫酸钠溶液中加亚硫酸钠是防止硫化物的析出。硫代硫酸钠溶液不能加入太多，否则影响显色液的稳定性。工作曲线中也加相应量的硫代硫酸钠溶液。

（4）铋磷钼蓝在硫酸介质中的稳定性高于在硝酸介质中的稳定性。

3.2.5 锰的测定——高碘酸钠（钾）氧化光度法

3.2.5.1 要点

试样经酸溶解后，在硫酸、磷酸介质中用高碘酸钠（钾）将锰氧化为紫色的高锰酸，测量其吸光度，计算锰的质量分数。

方法适用于钢铁中锰含量在0.01%以上的锰量测定。

3.2.5.2 分析步骤

（1）称量：按表3－3称取试样，精确至0.0001g。

表3－3 试样量和锰标准溶液量

质量分数/%	0.01～0.1	0.1～0.5	0.5～1.0	1.0～2.0
试样量/g	0.5000	0.2000	0.2000	0.1000
锰标准溶液浓度/μg·mL^{-1}	100	100	500	500

续表 3-3

锰标准溶液量/mL	0.50 2.00 3.00 4.00 5.00	2.00 4.00 6.00 8.00 10.00	2.00 2.50 3.00 3.50 4.00	2.00 2.50 3.00 3.50 4.00
吸收皿/cm	3	2	1	1

（2）空白试验：随同试样做空白试验。

（3）试样分解：将试样置于150mL锥形瓶中，加15mL硝酸（1+4）（高硅试样加3~4滴氢氟酸助溶），加10mL磷酸-高氯酸混合酸，加热蒸发至冒高氯酸烟，稍冷，加10mL硫酸（1+1），用水稀释至约40mL。

（4）氧化：加10mL高碘酸钠（钾）溶液（50g/L），加热至沸并保持2~3min（防止试液溅出），将锰氧化至紫红色的7价锰，冷却至室温，移入100mL容量瓶中，用不含还原物质水稀释至刻度，混匀。

（5）测量。按表3-3将部分显色溶液移入吸收皿中，向剩余的显色液中，边摇动边滴加亚硝酸钠溶液（10g/L）至紫红色刚好褪去，将此溶液移入另一吸收皿为参比，在分光光度计波长525nm处测量其吸光度。根据测得的试液吸光度，从工作曲线上计算试样中锰的质量分数。

（6）工作曲线的绘制。按表3-3移取锰标准溶液，分别置于数个150mL锥形瓶中，加10mL磷酸-高氯酸混合酸，以下按分析步骤（4）、（5）操作，测量其吸光度。以锰质量为横坐标，吸光度为纵坐标，绘制工作曲线。或取数个不同锰含量的同类的标准物质，按分析步骤操作，测量吸光度，绘制工作曲线。

3.2.5.3 注释

（1）根据不同的试样选用不同的溶解酸，生铁试样用硝酸（1+3）并滴加数滴氢氟酸助溶，试样溶解后用快速滤纸过滤于另一150mL锥形瓶中，用硝酸（2+98）洗涤原锥形瓶和滤纸；不锈钢用适当比例的盐酸-硝酸混合酸溶解，再加硫酸-磷酸冒烟处理（含2.5mL硫酸和2.5mL磷酸），以驱尽氯离子；高钨试样或难溶试样可用15mL磷酸-高氯酸溶解。

（2）氯离子对锰的氧化有影响，如采用盐酸分解试样，需冒硫磷酸或高氯酸烟将氯离子除尽。

（3）氧化显色也可在硝酸介质中进行，试样用10~15mL硝酸（1+3）分解，煮沸除去氮氧化物（氮氧化物可还原三价锰，需驱尽），再加高碘酸钾氧化。

（4）磷酸的存在对锰的氧化十分有利，Fe^{3+}与磷酸生成无色的配离子，消除Fe^{3+}颜色的影响；Mn^{2+}与磷酸配合，降低其氧化电位，有利于锰的氧化，并防止二氧化锰的生成，扩大锰的测量范围；磷酸的存在可提高高锰酸的稳定性。

（5）含钴试样用亚硝酸钠溶液（10g/L）褪色时，钴的微红色不褪，可按下述方法处理：不断摇动容量瓶，慢慢滴加亚硝酸钠溶液（10g/L），若试样微红色无变化时，将试液置于吸收皿中，测量吸光度，向剩余试液中再加亚硝酸钠溶液（10g/L），再次测量吸光度，直至两次吸光度无变化即可用此溶液作为参比液。

（6）紫红色的高锰酸溶液有两个吸收峰525nm和545nm，525nm的灵敏度稍高，$\varepsilon_{525nm}=2.4\times10^3$。一些方法在530nm测量吸光度，正好处于吸收曲线的斜坡上，采用525nm测量为好。

（7）测锰如酸度过大，达不到需要的颜色深度或颜色发黄，酸度小时反应快，但生成的高锰酸颜色不稳定，故测定少量锰时以5%～8%（体积分数）的硫酸酸度为宜。

3.2.6　铬的测定——过硫酸铵银盐氧化亚铁滴定法

3.2.6.1　要点

试样用酸溶解，在硫酸－磷酸介质中，以硝酸银为催化剂，过硫酸铵将铬氧化为6价，用硫酸亚铁铵标准滴定溶液滴定，计算铬的质量分数。钒同时被亚铁滴定，对含钒的试样，以亚铁－邻菲罗啉溶液为指示剂，加过量的硫酸亚铁铵标准溶液，用高锰酸钾溶液返滴，或按钒含量扣除相当的铬量计算铬的质量分数。

方法适用于钢铁中铬含量在0.2%以上铬量的测定。

3.2.6.2　分析步骤

（1）试样量：按表3－4称取试样，精确至0.0001g。含钨试样，称取的试样中钨含量、锰含量以不大于100mg为宜。

（2）试样分解：将试样置于500mL烧杯中，加入50mL硫酸－磷酸混合酸，加热至试样完全溶解（难溶于硫酸－磷酸混合酸的试样，可先用适量的盐酸及硝酸溶解后，再加硫酸－磷酸混合酸）。

表3－4　试样量

铬含量/%	试样量/g
0.10～2.0	3.0000～2.0000
2.0～10.0	2.0000～0.5000
10.0～30.0	0.5000～0.2000

高硅试样溶解时可滴加数滴氢氟酸，滴加硝酸氧化，直至激烈作用停止，继续蒸发冒硫酸烟（高碳、高铬及高铬钼试样，冒硫酸烟时滴加硝酸氧化至溶液清晰，碳化物全部破坏为止），冷却。

对含钒、钨的试样在溶样时应按表3－5补加磷酸，并加热蒸发至冒硫酸烟。

表3－5　磷酸和无水乙酸钠加入量

<table>
<tr><th colspan="2">试　样</th><th>补加磷酸量/mL</th><th>加无水乙酸钠量/g</th></tr>
<tr><td rowspan="2">含钨不含钒</td><td>试样中钨量小于30mg</td><td>10</td><td></td></tr>
<tr><td>试样中钨量30～100mg</td><td>20</td><td></td></tr>
<tr><td rowspan="2">含钒不含钨</td><td>试样小于1g</td><td>10</td><td>10</td></tr>
<tr><td>试样1～2g</td><td>15</td><td>15</td></tr>
<tr><td rowspan="2">钒钨共存</td><td>试样中钨量小于10mg</td><td>15～25</td><td>15～25</td></tr>
<tr><td>试样中钨量10～100mg</td><td>25～30</td><td>25～30</td></tr>
</table>

（3）氧化：用水稀释至200mL（生铁、铸铁试样用水稀释至100mL，以中速滤纸过滤，用水洗涤5~6次，并稀释至200mL），加5mL硝酸银溶液（10g/L）、20mL过硫酸铵溶液（200g/L），混匀，加热煮沸至溶液呈现稳定的紫红色（如试样中锰含量低，可加数滴硫酸锰溶液（40g/L）），继续煮沸5min以分解过量的过硫酸铵。取下，加5mL盐酸，煮沸至红色消失（若锰含量高，红色高锰酸未完全分解，再补加2~3mL盐酸，煮沸至红色消失），继续煮沸2~3min，使氯化银沉淀凝聚下沉。流水冷却至室温。

（4）滴定：

1）不含钒试样。用硫酸亚铁铵标准滴定溶液滴定至溶液呈淡黄色，加3滴苯代邻氨基苯甲酸（2g/L），在不断搅拌下继续滴定至溶液由玫瑰红色变为亮绿色为终点。

2）含钒试样。用硫酸亚铁铵标准滴定溶液滴定至6价铬的黄色转变为亮绿色前，加5滴亚铁-邻菲罗啉溶液，继续滴定至试液呈稳定的红色，并过量5mL。再加5滴亚铁-邻菲罗啉溶液，以浓度相近的高锰酸钾标准滴定溶液返滴定至红色初步消失，按表3-5加入无水乙酸钠，待乙酸钠溶解后，继续以高锰酸钾标准滴定溶液缓慢滴定至淡蓝色（铬高时为蓝绿色）为终点。

3.2.6.3 分析结果的计算

（1）按下式计算不含钒试样中铬的质量分数（%）

$$w_{Cr} = \frac{c_1 V_1 \times 17.33}{m \times 10^3} \times 100$$

或

$$w_{Cr} = \frac{VT}{m \times 10^3} \times 100$$

式中 c_1——硫酸亚铁铵标准滴定溶液的浓度，mol/L；

V_1——滴定所消耗硫酸亚铁铵标准滴定溶液体积，mL；

T——硫酸亚铁铵标准滴定溶液对铬的滴定度，mg/mL；

m——试样量，g；

17.33——1/3铬的摩尔质量，g/mol。

（2）按下式计算含钒试样中铬的质量分数（%）

$$w_{Cr} = \frac{(c_1 v_1 - c_2 v_2) \times 17.33}{m \times 1000} \times 100$$

或

$$w_{Cr} = \frac{T\ (v_1 - k v_2)}{m \times 1000} \times 100$$

式中 v_1——滴定所加硫酸亚铁铵标准滴定溶液体积，mL；

c_2——高锰酸钾标准滴定溶液的浓度，mol/L；

v_2——返滴定消耗高锰酸钾标准滴定溶液的体积减去亚铁-邻菲罗啉溶液的校正值后体积，mL；

k——高锰酸钾溶液相当于硫酸亚铁铵标准滴定溶液的体积比；

其余各项意义同上。

含钒试样也可按不含钒试样进行滴定操作，按下式计算铬的质量分数：

$$w_{Cr} = \frac{c_1 v_1 \times 17.33}{m \times 1000} \times 100 - 0.34 w_V$$

式中　w_V——试样中钒的质量分数，%；

其余各项意义同上。

3.2.6.4　注释

（1）试样称取量与其铬含量和滴定用硫酸亚铁铵标准滴定溶液的浓度有关，为保证滴定的准确度和精度，根据硫酸亚铁铵标准滴定溶液的浓度，称取合适的试样量，控制消耗的滴定溶液在20～50mL，对低含量的铬，滴定溶液不低于10mL。例如，使用0.05mol/L的滴定溶液，对1%的试样至少称取2g，对20%的试样称取0.2g；对低于1%的试样应采用0.010mol/L或0.03mol/L浓度的滴定溶液，使用0.010mol/L的滴定溶液时，0.1%的试样应称取2g。

（2）滴定分析中称取的试样量不必苛求一个整数量，但读数需精确至0.0001g。

（3）根据试样选择合适的溶解酸。对一些低合金钢可用硝酸（1+3）溶解，高镍铬钢用盐酸－过氧化氢或盐酸－硝酸混合酸溶解，高硅试样可滴加数滴氢氟酸助溶，然后再加硫酸－磷酸混合酸，蒸发至冒硫酸烟。对高钨试样，在用盐酸－过氧化氢或盐酸－硝酸混合酸溶解时加5mL磷酸，加热溶解，使钨与磷酸配合，再加7mL硫酸，加热蒸发至冒烟。不论用哪种方法分解试样，都应将试样中的碳化物分解完全，溶毕后试液应清亮透明。

（4）钒、铈在本测量条件下也被过硫酸铵氧化，本方法加入过量的硫酸亚铁铵溶液将铬、钒、铈还原至低价，再以高锰酸钾滴定过量的硫酸亚铁铵，则钒、铈重新被氧化至高价，从而消除了它们的干扰。如果已测定了试样中钒、铈的含量，则可用系数扣除法计算，1%的钒相当于0.34%的铬，1%的铈相当于0.124%的铬。通常钢中铈的含量很低，其系数也小，一般不考虑铈的影响。有试验指出，在该条件下9mg的铈不影响90mg铬的测定。

（5）本方法对含钒试样返滴定时采用亚铁－邻菲罗啉为指示剂，变色敏锐。滴定时加入无水乙酸钠，降低溶液的酸度，以提高指示剂的氧化还原电位，使终点变色敏锐。无水乙酸钠的量随磷酸量的增加而增加。对含钨、钒的试样，补加一定量的磷酸，使钨与磷酸生成稳定的配合物，磷酸的加入也与三价铁生成稳定的配合物，降低了Fe^{3+}/Fe^{2+}的氧化还原电位，相应提高了亚铁的还原能力。

（6）有些分析方法用高锰酸钾标准滴定溶液返滴定时，以过量高锰酸钾本身的微红色指示返滴定的终点。该方法对低铬的试样是合适的。但随着试液中铬量增加，在3价铬的绿色溶液中观察高锰酸的微红色终点较难判断，试液由绿色开始转变为稳定的暗绿色时已到终点。对高铬试液，当观察到试液呈微红色时，实际上高锰酸钾可能已过量，使结果偏低。曾有报道，在返滴定消耗高锰酸钾标准滴定溶液体积数中减去校正值V（mL，随铬量增高而增加）。其校正值可用以下步骤求得：将返滴定至微红色的试液煮沸1min，取下，流水冷却至室温，再以高锰酸钾标准滴定溶液滴定到与返滴定时终点深浅相同的微红色，其所消耗的高锰酸钾标准滴定溶液的体积数即为校正值V（例如对5%的铬，0.023mol/L高锰酸钾标准滴定溶液的体积校正值V达0.5mL）。

（7）过硫酸铵氧化铬时，溶液的酸度十分重要，它对分析结果的影响很大。一般认为硫酸浓度在3mol/L以下，以2mol/L为好。在10mL溶液中含3～8mL浓硫酸是适宜的，硫酸浓度过大，铬氧化迟缓，浓度小，易析出MnO_2沉淀。

（8）氧化铬时过剩的过硫酸铵一定要煮沸分解除去，否则会使结果偏高。

（9）加入盐酸还原高锰酸钾后应立即用流水冷却或加水调整温度，否则6价铬有被盐酸还原的可能，使结果偏低。

（10）N－苯代邻氨基苯甲酸具有还原性，如硫酸亚铁标准溶液滴定度以理论值计算时，则须加以校正。

钢铁中测定铬的常用方法，还有高锰酸钾氧化滴定法、原子吸收光谱法等。

3.3 技能实训：铋磷钼蓝分光光度法测定钢铁及合金中磷含量

3.3.1 原理

方法基于用铋来催化钼蓝反应，在室温下迅速显色，于分光光度计波长690nm处测量吸光度，该法显色范围较宽，易于掌握，有较高的灵敏度和稳定性。本法适用于各种矿石及钢铁、合金中磷的测定。

3.3.2 试剂与仪器

（1）铁溶液A（5mg/mL）。称取0.5000g纯铁（磷的质量分数小于0.0005%），用10mL盐酸（密度约为1.19g/mL）溶解后，滴加硝酸（密度约为1.42g/mL）氧化，加3mL高氯酸（密度约为1.67g/mL）蒸发至冒高氯酸烟并继续蒸发至湿盐状，冷却，用20mL硫酸（将密度约为1.84g/mL的硫酸缓缓加入水中，边加入边搅动，稀释为硫酸（1+1））溶解盐类，冷却至室温，移入1000mL容量瓶中，用水稀释至刻度，混匀。

（2）硝酸铋溶液（10g/L）。称取10g硝酸铋（$Bi(NO)_3 \cdot 5H_2O$），置于200mL烧杯中，加25mL硝酸（密度约为1.42g/mL），加水溶解后，煮沸驱尽氮氧化物，冷却至室温，移入1000mL容量瓶中，用水稀释至刻度，混匀。

（3）钼酸铵溶液（30g/L）。称取3g钼酸铵（$(NH_4)_6Mo_7O_{24} \cdot 4H_2O$）溶于水中，稀释至100mL，混匀。

（4）抗坏血酸溶液（20g/L）。称取2g抗坏血酸，置于100mL烧杯中，加入50mL水溶解，稀释至100mL，混匀。应现配现用。

（5）磷标准溶液。

1）磷储备液（100μg/mL）。称取0.4393g预先经105℃烘干至恒重的基准磷酸二氢钾（KH_2PO_4），用适量水溶解，加5mL硫酸（1+1），移入1000mL容量瓶中，用水稀释至刻度，混匀。

2）磷标准溶液（5.0μg/mL）。移取50.00mL磷储备液，置于1000mL容量瓶中，用水稀释至刻度，混匀。

（6）720型分光光度计及其配套仪器设备。

3.3.3 分析步骤

（1）试液的前处理。称取0.5000g钢试样（磷的质量分数在0.005%～0.050%），置于150mL烧杯中，加10～15mL盐酸－硝酸混合酸（将2份密度约为1.19g/mL的盐酸和

1份密度约为1.42g/mL的硝酸混匀)，加热溶解，滴加密度约为1.15g/mL的氢氟酸，加入量视硅含量而定。待试样溶解后，加10mL密度约为1.67g/mL的高氯酸，加热到冒高氯酸烟，取下，稍冷。加10mL氢溴酸-盐酸混合酸（将1份密度约为1.49g/mL的氢溴酸和2份密度约为1.19g/mL的盐酸混匀）除砷，加热至刚冒高氯酸烟，再加5mL氢溴酸-盐酸混合酸（将1份密度约为1.49g/mL的氢溴酸和2份密度约为1.19g/mL的盐酸混匀）再次除砷，继续蒸发至冒高氯酸烟（如试样中铬含量超过5mg，则将铬氯化至6价后，分次滴加密度约为1.19g/mL的盐酸除铬），至烧杯内部透明后回流3~4min（如试样中锰含量超过4mg，回流时间保持15~20min），蒸发至湿盐状，取下，冷却。

沿烧杯壁加入20mL硫酸（1+1)，轻轻摇匀，加热至盐类全部溶解，滴加100g/L亚硝酸钠溶液（称取10g亚硝酸钠溶于100mL水中）将铬还原至低价并过量1~2滴，煮沸驱除氮氧化物，取下，冷却。移入100mL容量瓶中，用水稀释至刻度，混匀。

(2) 标准曲线的绘制。用移液管分别移取0mL、0.50mL、1.00mL、2.00mL、3.00mL、5.00mL磷标准溶液，分别置于6个50mL容量瓶中，各加入10.00mL铁溶液、2.5mL硝酸铋溶液、5mL钼酸铵溶液，每加一种试剂必须立即混匀。用水吹洗瓶口或瓶壁，使溶液体积约为30mL，混匀。加5mL抗坏血酸溶液，用水稀释至刻度，混匀。根据室温不同，显色适当时间。

以零浓度标准溶液作参比，于720型分光光度计波长700nm处测量各标准溶液的吸光度。以磷的质量为横坐标，吸光度值为纵坐标，绘制标准曲线。

(3) 试液测定。

1) 显色液：移取10.00mL试液，置于50mL容量瓶中，加入2.5mL硝酸铋溶液、5mL钼酸铵溶液，每加一种试剂必须立即混匀。用水吹洗瓶口或瓶壁，使溶液体积约为30mL，混匀。加5mL抗坏血酸溶液，用水稀释至刻度，混匀。

2) 参比液：移取10.00mL试液，置于50mL容量瓶中，与显色液同样操作，但不加钼酸铵溶液，用水稀释至刻度，混匀。

3) 吸光度测量：将部分溶液1）移入合适的比色皿中，以参比液为参比，在分光光度计波长700nm处测量吸光度。减去随同试样所做空白试验的吸光度，从标准曲线上查出相应的磷含量。

3.3.4 数据处理

$$w = \frac{m_{标}}{m \times 1000} \times 100$$

式中 w——磷的含量，%；

$m_{标}$——从标准曲线上查得的磷的质量，mg；

m——称取试样量，g。

3.3.5 720型分光光度计操作规程

(1) 接通电源，仪器预热20min；

(2) 用波长选择旋钮设置所需的分析波长；

(3) 将参比和被测样品分别倒入比色皿中，分别插入比色皿槽中，盖上样品室盖；

（4）将 T = 0% 校具（黑体）置入光路中，在 T 方式下按“0% T”键，此时显示器显示“0.000”；

（5）将参比溶液推（拉）入光路中时，按“0A/100% T”键调 A = 0/T = 100%，此时显示器显示“BLA”，直至显示“100.0%”（T）或“0.000”（A）为止；

（6）将被测样品推入光路中，从显示器上得到被测样品的透射比或吸光度值。

习 题

1. 钢和铁有何区别，如何分类？
2. 简述钢铁中的合金元素及杂质对钢铁质量的影响。
3. 钢铁制样的一般规定和试样采取与制备时的注意事项是什么？
4. 碘量法测定硫的原理如何，其结果为何不能按理论因数计算？
5. 如何提高硫的转化率？
6. 铋磷钼蓝光度法测定磷的注意事项是什么？
7. 气体容量法测定碳的过程中应该注意哪些关键问题？

附　　录

附表 1　酸、碱的离解常数

(1) 酸的离解常数 (25℃　$I=0$)

酸	离解常数 K_a	pK_a
碳酸　H_2CO_3	$K_{a_1}=4.2\times10^{-7}$ $K_{a_2}=5.6\times10^{-11}$	6.38 10.25
铬酸　H_2CrO_4	$K_{a_1}=1.8\times10^{-1}$ $K_{a_2}=3.2\times10^{-7}$	0.74 6.50
砷酸　H_3AsO_4	$K_{a_1}=6.3\times10^{-3}$ $K_{a_2}=1.0\times10^{-7}$ $K_{a_3}=3.2\times10^{-12}$	2.20 7.00 11.50
亚硫酸　$H_2SO_3(SO_2+H_2O)$	$K_{a_1}=1.3\times10^{-2}$ $K_{a_2}=6.3\times10^{-8}$	1.90 7.20
醋酸　$CH_3COOH(HAc)$	$K_a=1.8\times10^{-5}$	4.74
氢氰酸　HCN	$K_a=6.2\times10^{-10}$	9.21
氢氟酸　HF	$K_a=6.6\times10^{-4}$	3.18
硫化氢　H_2S	$K_{a_1}=1.3\times10^{-7}$ $K_{a_2}=7.1\times10^{-15}$	6.88 14.15
亚硝酸　HNO_2	$K_a=5.1\times10^{-4}$	3.29
草酸　$H_2C_2O_4$	$K_{a_1}=5.9\times10^{-2}$ $K_{a_2}=6.4\times10^{-5}$	1.23 4.19
硫酸　H_2SO_4　HSO_4^-	$K_{a_2}=1.0\times10^{-2}$	1.99
磷酸　H_3PO_4	$K_{a_1}=7.6\times10^{-3}$ $K_{a_2}=6.3\times10^{-8}$ $K_{a_3}=4.4\times10^{-13}$	2.12 7.20 12.36
酒石酸　CH(OH)COOH │ CH(OH)COOH	$K_{a_1}=9.1\times10^{-4}$ $K_{a_2}=4.3\times10^{-5}$	3.04 4.37
柠檬酸　CH_2COOH │ C(OH)COOH │ CH_2COOH	$K_{a_1}=7.4\times10^{-4}$ $K_{a_2}=1.7\times10^{-5}$ $K_{a_3}=4.0\times10^{-7}$	3.13 4.76 6.40
甲酸（蚁酸）　HCOOH	$K_a=1.7\times10^{-4}$	3.77
苯甲酸　C_6H_5COOH	$K_a=6.2\times10^{-5}$	4.21
邻苯二甲酸　$C_6H_4(COOH)_2$	$K_{a_1}=1.3\times10^{-3}$ $K_{a_2}=3.9\times10^{-6}$	2.89 5.41

续附表1

酸	离解常数 K_a	pK_a
苯酚　C_6H_5OH	$K_a = 1.1 \times 10^{-10}$	9.95
硼酸　H_3BO_3	$K_a = 5.8 \times 10^{-10}$	9.24
一氯乙酸　$CH_2ClCOOH$	$K_a = 1.4 \times 10^{-3}$	2.86
二氯乙酸　$CHCl_2COOH$	$K_a = 5.0 \times 10^{-2}$	1.30
三氯乙酸　CCl_3COOH	$K_a = 0.23$	0.64
乳酸　$CH_3CHOHCOOH$	$K_a = 1.4 \times 10^{-4}$	3.86
亚砷酸　$HAsO_2$	$K_a = 6.0 \times 10^{-10}$	9.22
亚磷酸　H_2PO_3	$K_{a_1} = 5.0 \times 10^{-2}$	1.30
	$K_{a_2} = 2.5 \times 10^{-7}$	6.60
偏硅酸　H_2SiO_2	$K_{a_1} = 1.7 \times 10^{-10}$	9.77
	$K_{a_2} = 1.6 \times 10^{-12}$	11.8
氨基乙酸盐　$NH_3^+CH_2COOH$	$K_{a_1} = 4.5 \times 10^{-3}$	2.35
$NH_3^+CH_2COO^-$	$K_{a_2} = 2.5 \times 10^{-10}$	9.60
抗坏血酸 O═C—C（OH）═C（OH）CH—（环）CHOH—CH_2OH	$K_{a_1} = 5.0 \times 10^{-5}$	4.30
	$K_{a_2} = 1.5 \times 10^{-10}$	9.82
过氧化氢　H_2O_2	$K_a = 1.8 \times 10^{-12}$	11.75
次氯酸　HClO	$K_{a_1} = 3.0 \times 10^{-8}$	7.52
乙二胺四乙酸　H_6Y^{2+}	$K_{a_1} = 0.1$	0.9
H_5Y^+	$K_{a_2} = 3 \times 10^{-2}$	1.6
H_4Y	$K_{a_3} = 1 \times 10^{-2}$	2.0
H_3Y^-	$K_{a_4} = 2.1 \times 10^{-3}$	2.67
H_2Y^{2-}	$K_{a_5} = 6.9 \times 10^{-7}$	6.16
HY^{3-}	$K_{a_6} = 5.5 \times 10^{-11}$	10.26
氰酸　HCNO	$K_a = 1.2 \times 10^{-4}$	3.92
硫氰酸　HCNS	$K_a = 1.4 \times 10^{-1}$	0.85
次碘酸　HIO	$K_a = 2.3 \times 10^{-11}$	10.64
碘酸　HIO_3	$K_a = 1.7 \times 10^{-1}$	0.78
高碘酸　HIO_4	$K_a = 2.3 \times 10^{-2}$	1.64
硫代硫酸　$H_2S_2O_3$	$K_{a_1} = 5 \times 10^{-1}$	0.3
	$K_{a_2} = 1 \times 10^{-2}$	2
亚硒酸　H_2SeO_3	$K_{a_1} = 3.5 \times 10^{-3}$	2.46
	$K_{a_2} = 5.0 \times 10^{-8}$	7.30
亚碲酸　H_2TeO_3	$K_{a_1} = 3.0 \times 10^{-3}$	2.52
	$K_{a_2} = 2.0 \times 10^{-8}$	7.70

续附表1

酸	离解常数 K_a	pK_a
硅酸　H_2SiO_3	$K_{a_1}=1\times10^{-9}$	9
	$K_{a_2}=1\times10^{-13}$	13
丙酸　C_2H_5COOH	$K_a=1.34\times10^{-5}$	4.87
水杨酸　$C_6H_4OHCOOH$	$K_{a_1}=1.0\times10^{-3}$	3.00
	$K_{a_2}=4.2\times10^{-13}$	12.38
磺基水杨酸　$C_6H_3SO_3HOHCOOH$	$K_{a_1}=4.7\times10^{-3}$	2.33
	$K_{a_2}=4.8\times10^{-12}$	11.32
甘露醇　$C_6H_3(OH)_6$	$K_a=3\times10^{-14}$	13.52
邻菲罗啉　$C_{12}H_8N_2$	$K_{a_1}=1.1\times10^{-5}$	4.96
苹果酸　$COOHCHOHCH_2COOH$	$K_{a_1}=3.88\times10^{-4}$	3.41
	$K_{a_2}=7.8\times10^{-6}$	5.11
琥珀酸　$COOHCH_2CHCOOH$	$K_{a_1}=6.89\times10^{-5}$	4.16
	$K_{a_2}=2.47\times10^{-6}$	5.61
顺丁烯二酸　$COOHCH═CHCOOH$	$K_{a_1}=1\times10^{-2}$	2.00
	$K_{a_2}=5.52\times10^{-7}$	6.26
苦味酸　$HOC_6H_2(NO_2)_3$	$K_a=4.2\times10^{-1}$	0.38
苦杏仁酸　$C_6H_5CHOHCOOH$	$K_a=1.4\times10^{-4}$	3.85
乙酰丙酮　$CH_3COCH_2COCH_3$	$K_{a_1}=1\times10^{-9}$	9.0
8-羟基喹啉　C_9H_6ONH	$K_{a_1}=9.6\times10^{-5}$	9.81
	$K_{a_2}=1.55\times10^{-10}$	

（2）碱的离解常数

碱	离解常数 K_b	pK_b
氨水　$NH_3\cdot H_2O$	$K_b=1.8\times10^{-5}$	4.74
羟胺　NH_2OH	$K_b=9.1\times10^{-9}$	8.04
苯胺　$C_6H_5NH_2$	$K_b=3.8\times10^{-10}$	9.42
乙二胺　$H_2NCH_2CH_2NH_2$	$K_{b_1}=8.5\times10^{-5}$	4.07
	$K_{b_2}=7.1\times10^{-8}$	7.15
六亚甲基四胺（$CH_2)_6N_4$	$K_b=1.4\times10^{-9}$	8.85
吡啶　C_6H_5N	$K_b=1.7\times10^{-9}$	8.77
联氨(肼)　H_2NNH_2	$K_{b_1}=3.0\times10^{-6}$	5.52
	$K_{b_2}=7.6\times10^{-15}$	14.12
甲胺　CH_3NH_2	$K_b=4.2\times10^{-4}$	3.38
乙胺　$C_2H_5NH_2$	$K_b=5.6\times10^{-4}$	3.25
二甲胺　$(CH_3)_2NH$	$K_b=1.2\times10^{-4}$	3.93
二乙胺　$(C_2H_5)_2NH$	$K_b=1.3\times10^{-3}$	2.89

续附表1

碱	离解常数 K_b	pK_b
乙醇胺 $HOCH_2CH_2NH_2$	$K_b=3.2\times10^{-5}$	4.50
三乙醇胺 $(HOCH_2CH_2)_3N$	$K_b=5.8\times10^{-7}$	6.24
氢氧化锌 $Zn(OH)_2$	$K_b=4.4\times10^{-5}$	4.36
尿素 $CO(NH_2)_2$	$K_b=1.5\times10^{-14}$	13.82
硫脲 $CS(NH_2)_2$	$K_b=1.1\times10^{-15}$	14.96
喹啉 C_9H_7N	$K_b=6.3\times10^{-10}$	9.20

附表2 常用缓冲溶液的配制

pH值	配制方法
0	1mol/L HCl
1.0	0.1mol/L HCl
2.0	0.01mol/L HCl
3.6	$NaAc\cdot3H_2O$ 16g，溶于水，加6mol/L HAc 268mL，稀释至1L
4.0	$NaAc\cdot3H_2O$ 40g，溶于水，加6mol/L HAc 268mL，稀释至1L
4.5	$NaAc\cdot3H_2O$ 64g，溶于水，加6mol/L HAc 136mL，稀释至1L
5.0	$NaAc\cdot3H_2O$ 100g，溶于水，加6mol/L HAc 68mL，稀释至1L
5.7	$NaAc\cdot3H_2O$ 200g，溶于水，加6mol/L HAc 26mL，稀释至1L
7.0	NH_4Ac 154g，溶于水，稀释至1L
7.5	NH_4Cl 120g，溶于水，加15mol/L氨水2.8mL，稀释至1L
8.0	NH_4Cl 100g，溶于水，加15mol/L氨水7mL，稀释至1L
8.5	NH_4Cl 80g，溶于水，加15mol/L氨水17.6mL，稀释至1L
9.0	NH_4Cl 70g，溶于水，加15mol/L氨水48mL，稀释至1L
9.5	NH_4Cl 60g，溶于水，加15mol/L氨水130mL，稀释至1L
10.0	NH_4Cl 54g，溶于水，加15mol/L氨水294mL，稀释至1L
10.5	DH_4Cl 18g，溶于水，加15mol/L氨水350mL，稀释至1L
11.0	NH_4Cl 6g，溶于水，加15mol/L氨水414mL，稀释至1L
12.0	0.01mol/L NaOH
13.0	0.1mol/L NaOH

附表3 常用基准物质的干燥条件和应用范围

基准物质		干燥后组成	干燥条件/℃	标定对象
名 称	化学式			
碳酸氢钠	$NaHCO_3$	Na_2CO_3	270~300	酸
十水合碳酸钠	$Na_2CO_3\cdot10H_2O$	Na_2CO_3	270~300	酸
硼砂	$Na_2B_4O_7\cdot10H_2O$	$Na_2B_4O_7\cdot10H_2O$	放在含NaCl和蔗糖饱和水溶液的干燥器中	酸
碳酸氢钾	$KHCO_3$	K_2CO_3	270~300	酸

续附表3

基准物质		干燥后组成	干燥条件/℃	标定对象
名　称	化学式			
草酸	$H_2C_2O_4 \cdot 2H_2O$	$H_2C_2O_4 \cdot 2H_2O$	室温空气干燥	碱或 $KMnO_4$
邻苯二甲酸氢钾	$KHC_8H_4O_4$	$KHC_8H_4O_4$	110~120	碱
重铬酸钾	$K_2Cr_2O_7$	$K_2Cr_2O_7$	140~150	还原剂
溴酸钾	$KBrO_3$	$KBrO_3$	130	还原剂
碘酸钾	KIO_3	KIO_3	130	还原剂
铜	Cu	Cu	室温干燥器中保存	还原剂
三氧化二砷	As_2O_3	As_2O_3	室温干燥器中保存	氧化剂
草酸钠	$Na_2C_2O_4$	$Na_2C_2O_4$	130	氧化剂
碳酸钙	$CaCO_3$	$CaCO_3$	110	EDTA
锌	Zn	Zn	室温干燥器中保存	EDTA
氧化锌	ZnO	ZnO	900~1000	EDTA
氯化钠	NaCl	NaCl	500~600	$AgNO_3$
氯化钾	KCl	KCl	500~600	$AgNO_3$
硝酸银	$AgNO_3$	$AgNO_3$	225~250	氯化物

附表4　常用洗涤剂

名　称	配制方法	备　注
合成洗涤剂	将合成洗涤剂粉用热水搅拌配成浓溶液	用于一般的洗涤
皂角水	将皂角捣碎，用水熬成溶液	用于一般的洗涤
铬酸洗液	取重铬酸钾（LR）20g于500mL烧杯中，加40mL水，加热溶解，冷后，缓缓加入320mL浓硫酸（注意边加边搅拌），放冷后储于磨口细口瓶中	用于洗涤油污及有机物。使用时防止被水稀释。用后倒回原瓶，可反复使用，直至溶液变为绿色
高锰酸钾碱性洗液	取高锰酸钾（LR）4g，溶于少量水中，缓缓加入100mL 100g/L氢氧化钠溶液	用于洗涤油污及有机物。洗后玻璃壁上附着的 MnO_2 沉淀，可用粗亚铁或硫代硫酸钠溶液洗去
碱性酒精溶液	300~400g/L NaOH酒精溶液	用于洗涤油污
酒精-硝酸洗液		用于洗涤沾有有机物或油污的、结构较复杂的仪器。洗涤时先加入少量酒精于脏仪器中，再加入少量浓硝酸，即产生大量 NO_2，将有机物氧化而破坏

附表5　标准电极电位（18~25℃）

半反应	电极电位/V
$Li^+ + e \rightleftharpoons Li$	−3.045
$K^+ + e \rightleftharpoons K$	−2.924
$Ba^{2+} + 2e \rightleftharpoons Ba$	−2.90
$Sr^{2+} + 2e \rightleftharpoons Sr$	−2.89
$Ca^{2+} + 2e \rightleftharpoons Ca$	−2.76
$Na^+ + e \rightleftharpoons Na$	−2.7109

续附表 5

半反应	电极电位/V
$Mg^{2+} + 2e \rightleftharpoons Mg$	-2.375
$Al^{3+} + 3e \rightleftharpoons Al$	-1.706
$ZnO_2^{2-} + 2H_2O + 2e \rightleftharpoons Zn + 4OH^-$	-1.216
$Mn^{2+} + 2e \rightleftharpoons Mn$	-1.18
$Sn(OH)_5^{2-} + 2e \rightleftharpoons HSnO_2^- + 3OH^- + H_2O$	-0.96
$SO_4^{2-} + H_2O + 2e \rightleftharpoons SO_3^{2-} + 2OH^-$	-0.92
$TiO_2 + 4H^+ + 4e \rightleftharpoons Ti + 2H_2O$	-0.89
$2H_2O + 2e \rightleftharpoons H_2 + 2OH^-$	-0.828
$HSnO_2^- + H_2O + 2e \rightleftharpoons Sn + 3OH^-$	-0.79
$Zn^{2+} + 2e \rightleftharpoons Zn$	-0.7628
$Cr^{3+} + 3e \rightleftharpoons Cr$	-0.74
$AsO_4^{3-} + 2H_2O + 2e \rightleftharpoons AsO_2^- + 4OH^-$	-0.71
$S + 2e \rightleftharpoons S^{2-}$	-0.508
$2CO_2 + 2H^+ + 2e \rightleftharpoons H_2C_2O_4$	-0.49
$Cr^{3+} + e \rightleftharpoons Cr^{2+}$	-0.41
$Fe^{2+} + 2e \rightleftharpoons Fe$	-0.409
$Cd^{2+} + 2e \rightleftharpoons Cd$	-0.4026
$Cu_2O + H_2O + 2e \rightleftharpoons 2Cu + 2OH^-$	-0.361
$Co^{2+} + 2e \rightleftharpoons Co$	-0.28
$Ni^{2+} + 2e \rightleftharpoons Ni$	-0.246
$AgI + e \rightleftharpoons Ag + I^-$	-0.15
$Sn^{2+} + 2e \rightleftharpoons Sn$	-0.1364
$Pb^{2+} + 2e \rightleftharpoons Pb$	-0.1263
$CrO_4^{2-} + 4H_2O + 3e \rightleftharpoons Cr(OH)_3 + 5OH^-$	-0.12
$Ag_2S + 2H^+ + 2e \rightleftharpoons 2Ag + H_2S$	-0.0366
$Fe^{3+} + 3e \rightleftharpoons Fe$	-0.036
$2H^+ + 2e \rightleftharpoons H_2$	0.0000
$NO_3^- + H_2O + 2e \rightleftharpoons NO_2^- + 2OH^-$	0.01
$TiO^{2+} + 2H^+ + e \rightleftharpoons Ti^{3+} + H_2O$	0.10
$S_4O_5^{2-} + 2e \rightleftharpoons 2S_2O_3^{2-}$	0.09
$AgBr + e \rightleftharpoons Ag + Br^-$	0.10
$S + 2H^+ + 2e \rightleftharpoons H_2S$（水溶液）	0.141
$Sn^{4+} + 2e \rightleftharpoons Sn^{2+}$	0.15
$Cu^{2+} + e \rightleftharpoons Cu^+$	0.158
$BiOCl + 2H^+ + 3e \rightleftharpoons Bi + Cl^- + H_2O$	0.1583
$SO_4^{2-} + 4H^+ + 2e \rightleftharpoons H_2SO_3 + H_2O$	0.20

续附表5

半反应	电极电位/V
$AgCl + e \rightleftharpoons Ag + Cl^-$	0.22
$IO_3^- + 3H_2O + 6e \rightleftharpoons I^- + 6OH^-$	0.26
$Hg_2Cl_2 + 2e \rightleftharpoons 2Hg + 2Cl^-$ (0.1mol/L NaOH)	0.2682
$Cu^{2+} + 2e \rightleftharpoons Cu$	0.3402
$VO^{2+} + 2H^+ + e \rightleftharpoons V^{3+} + H_2O$	0.36
$Fe(CN)_6^{3-} + e \rightleftharpoons Fe(CN)_6^{4-}$	0.36
$2H_2SO_3 + 2H^+ + 4e \rightleftharpoons S_2O_3^{2-} + 3H_2O$	0.40
$Cu^+ + e \rightleftharpoons Cu$	0.522
$I_3^- + 2e \rightleftharpoons 3I^-$	0.5338
$I_2 + 2e \rightleftharpoons 2I^-$	0.535
$IO_3^- + 2H_2O + 4e \rightleftharpoons IO^- + 4OH^-$	0.56
$MnO_4^- + e \rightleftharpoons MnO_4^{2-}$	0.56
$H_3AsO_4 + 2H^+ + 2e \rightleftharpoons HAsO_2 + 2H_2O$	0.56
$MnO_4^- + 2H_2O + 3e \rightleftharpoons MnO_2 + 4OH^-$	0.58
$O_2 + 2H^+ + 2e \rightleftharpoons H_2O_2$	0.682
$Fe^{3+} + e \rightleftharpoons Fe^{2+}$	0.77
$Hg_2^{2+} + 2e \rightleftharpoons 2Hg$	0.7961
$Ag^+ + e \rightleftharpoons Ag$	0.7994
$Hg^{2+} + 2e \rightleftharpoons Hg$	0.851
$2Hg^{2+} + 2e \rightleftharpoons Hg_2^{2+}$	0.907
$NO_3^- + 3H^+ + 2e \rightleftharpoons HNO_2 + H_2O$	0.94
$NO_3^- + 4H^+ + 3e \rightleftharpoons NO + 2H_2O$	0.96
$HNO_2 + H^+ + e \rightleftharpoons NO + H_2O$	0.99
$VO_2^+ + 2H^+ + e \rightleftharpoons VO^{2+} + H_2O$	1.00
$N_2O_4 + 4H^+ + 4e \rightleftharpoons 2NO + 2H_2O$	1.03
$Br_2 + 2e \rightleftharpoons 2Br^-$	1.08
$IO_3^- + 6H^+ + 6e \rightleftharpoons I^- + 3H_2O$	1.085
$IO_3^- + 6H^+ + 5e \rightleftharpoons 1/2I_2 + 3H_2O$	1.195
$MnO_2 + 4H^+ + 2e \rightleftharpoons Mn^{2+} + 2H_2O$	1.23
$O_2 + 4H^+ + 4e \rightleftharpoons 2H_2O$	1.23
$Au^{3+} + 2e \rightleftharpoons Au^+$	1.29
$Cr_2O_7^{2-} + 14H^+ + 6e \rightleftharpoons 2Cr^{3+} + 7H_2O$	1.33
$Cl_2 + 2e \rightleftharpoons 2Cl^-$	1.3583
$BrO_3^- + 6H^+ + 6e \rightleftharpoons Br^- + 3H_2O$	1.44

续附表5

半 反 应	电极电位/V
$ClO_3^- + 6H^+ + 6e \rightleftharpoons Cl^- + 3H_2O$	1.45
$PbO_2 + 4H^+ + 2e \rightleftharpoons Pb^{2+} + 2H_2O$	1.46
$MnO_4^- + 8H^+ + 5e \rightleftharpoons Mn^{2+} + 4H_2O$	1.491
$Mn^{3+} + e \rightleftharpoons Mn^{2+}$	1.51
$BrO_3^- + 6H^+ + 5e \rightleftharpoons 1/2Br_2 + 3H_2O$	1.52
$Ce^{4+} + e \rightleftharpoons Ce^{3+}$	1.61
$HClO + H^+ + e \rightleftharpoons 1/2Cl_2 + H_2O$	1.63
$MnO_4^- + 4H^+ + 3e \rightleftharpoons MnO_2 + 2H_2O$	1.679
$H_2O_2 + 2H^+ + 2e \rightleftharpoons 2H_2O$	1.776
$Co^{3+} + e \rightleftharpoons Co^{2+}$	1.842
$S_2O_8^{2-} + 2e \rightleftharpoons 2SO_4^{2-}$	2.00
$O_3 + 2H^+ + 2e \rightleftharpoons O_2 + H_2O$	2.07
$F_2 + 2e \rightleftharpoons 2F^-$	2.87

附表6 条件电极电位

半 反 应	条件电位/V	介 质
$Ag(II) + e \rightleftharpoons Ag^+$	1.927	4mol/L HNO_3
	2.00	4mol/L $HClO_4$
$Ag^+ + e \rightleftharpoons Ag$	0.792	1mol/L $HClO_4$
	0.228	1mol/L HCl
	0.59	1mol/L NaOH
$H_3AsO_4 + 2H^+ + 2e \rightleftharpoons H_3AsO_3 + H_2O$	0.577	1mol/L HCl · $HClO_4$
	0.07	1mol/L NaOH
	-0.16	5mol/L NaOH
$Au^{3+} + 2e \rightleftharpoons Au^+$	1.27	0.5mol/L H_2SO_4（氧化金饱和）
	1.26	1mol/L HNO_3（氧化金饱和）
	0.93	1mol/L HCl
$Au^{3+} + 3e \rightleftharpoons Au$	0.30	7~8mol/L NaOH
$Bi^{3+} + 3e \rightleftharpoons Bi$	-0.05	5mol/L HCl
	0.00	1mol/L HCl
$Cd^{2+} + 2e \rightleftharpoons Cd$	-0.8	8mol/L KOH
	-0.9	CN 配合物
$Ce^{4+} + e \rightleftharpoons Ce^{3+}$	1.70	1mol/L $HClO_4$
	1.71	2mol/L $HClO_4$
	1.75	4mol/L $HClO_4$
	1.82	6mol/L $HClO_4$
	1.87	8mol/L $HClO_4$

续附表6

半 反 应	条件电位/V	介 质
$Ce^{4+} + e = Ce^{3+}$	1.61	1mol/L HNO_3
	1.62	2mol/L HNO_3
	1.61	4mol/L HNO_3
	1.56	8mol/L HNO_3
	1.44	1mol/L H_2SO_4
	1.43	2mol/L H_2SO_4
	1.42	4mol/L H_2SO_4
	1.28	1mol/L HCl
$Co^{3+} + e = Co^{2+}$	1.84	3mol/L HNO_3
Co（乙二胺）$_3^{3+}$ + e = Co（乙二胺）$_3^{2+}$	-0.2	0.1mol/L KNO_3 + 0.1mol/L 乙二胺
$Cr^{3+} + e = Cr^{2+}$	-0.40	5mol/L HCl
$Cr_2O_7^{2-} + 14H^+ + 6e = 2Cr^{3+} + 7H_2O$	0.93	0.1mol/L HCl
	0.97	0.5mol/L HCl
	1.00	1mol/L HCl
	1.09	
	1.05	2mol/L HCl
	1.08	3mol/L HCl
	1.15	4mol/L HCl
	0.92	0.1mol/L H_2SO_4
	1.08	0.5mol/L H_2SO_4
	1.10	2mol/L H_2SO_4
	1.15	4mol/L H_2SO_4
	1.30	6mol/L H_2SO_4
	1.34	8mol/L H_2SO_4
	0.84	0.1mol/L $HClO_4$
	1.10	0.2mol/L $HClO_4$
	1.025	1mol/L $HClO_4$
	1.27	1mol/L HNO_3
$CrO_4^{2-} + 2H_2O + 3e = CrO_2^- + 4OH^-$	-0.12	1mol/L NaOH
$Cu^{2+} + e = Cu^+$	-0.09	pH = 14
$Fe^{3+} + e = Fe^{2+}$	0.73	0.1mol/L HCl
	0.72	0.5mol/L HCl
	0.70	1mol/L HCl
	0.69	2mol/L HCl
	0.68	3mol/L HCl
	0.68	0.2mol/L H_2SO_4
	0.68	0.5mol/L H_2SO_4

续附表6

半反应	条件电位/V	介质
$Fe^{3+}+e=Fe^{2+}$	0.68	4mol/L H_2SO_4
	0.68	8mol/L H_2SO_4
	0.735	0.1mol/L $HClO_4$
	0.732	1mol/L $HClO_4$
	0.46	2mol/L H_3PO_4
	0.52	5mol/L H_3PO_4
	0.70	1mol/L HNO_3
	−0.7	pH = 14
	0.51	1mol/L HCl + 0.25mol/L H_3PO_4
$Fe(EDTA)^{-}+e=Fe(EDTA)^{2-}$	0.12	0.1mol/L EDTA，pH = 4 ~ 6
$Fe(CN)_6^{3-}+e=Fe(CN)_6^{4-}$	0.56	0.1mol/L HCl
	0.41	pH = 4 ~ 13
	0.70	1mol/L HCl
	0.72	1mol/L $HClO_4$
	0.72	0.5mol/L H_2SO_4
	0.46	0.01mol/L NaOH
	0.52	5mol/L NaOH
$I_3^-+2e=3I^-$	0.5446	0.5mol/L H_2SO_4
I_2（水）$+2e=2I^-$	0.6276	0.5mol/L H_2SO_4
$Hg_2^{2+}+2e=2Hg$	0.33	0.1mol/L KCl
	0.28	1mol/L KCl
	0.25	饱和 KCl
	0.66	4mol/L $HClO_4$
	0.274	1mol/L HCl
$2Hg^{2+}+2e=Hg_2^{2+}$	0.28	1mol/L HCl
$In^{3+}+3e=In$	−0.3	1mol/L HCl
	−8	1mol/L KOH
	−0.47	1mol/L Na_2CO_3
$MnO_4^-+8H^++5e=Mn^{2+}+4H_2O$	1.45	1mol/L $HClO_4$
$SnCl_6^{2-}+2e=SnCl_4^{2-}+2Cl^-$	0.14	1mol/L HCl
	0.10	5mol/L HCl
	0.07	0.1mol/L HCl
	0.40	4.5mol/L H_2SO_4
$Sn^{2+}+2e=Sn$	−0.20	1mol/L HCl · H_2SO_4
	−0.16	1mol/L $HClO_4$
Sb(Ⅴ)$+2e=$Sb(Ⅲ)	0.75	3.5mol/L HCl

续附表 6

半反应	条件电位/V	介质
$Mo^{4+} + e = Mo^{3+}$	0.1	4mol/L H_2SO_4
$Mo^{6+} + e = Mo^{5+}$	0.53	2mol/L HCl
$Tl^{+} + e = Tl$	−0.551	1mol/L HCl
Tl（Ⅲ）+2e ═ Tl（Ⅰ）	1.23~1.26	1mol/L HNO_3
	1.21	0.05mol/L，0.5mol/L H_2SO_4
	0.78	0.6mol/L HCl
U（Ⅳ）+e ═ U（Ⅲ）	−0.63	1mol/L HCl，$HClO_4$
	−0.85	0.5mol/L H_2SO_4
$VO_2^{+} + 2H^{+} + e = VO^{2+} + H_2O$	1.30	9mol/L $HClO_4$，4mol/L H_2SO_4
	−0.74	pH = 14
$Zn^{2+} + 2e = Zn$	−1.36	CN 配合物

附表 7　难溶化合物的溶度积（18~25℃）

难溶化合物	K_{sp}	pK_{sp}	难溶化合物	K_{sp}	pK_{sp}
$Al(OH)_3$ 无定形	1.3×10^{-33}	32.9	BiOOH①	4×10^{-10}	9.4
Al-8-羟基喹啉	1.0×10^{-29}	29.0	BiI_3	8.1×10^{-19}	18.09
Ag_3AsO_4	1×10^{-22}	22.0	BiOCl	1.8×10^{-31}	30.75
AgBr	5.0×10^{-13}	12.30	$BiPO_4$	1.3×10^{-23}	22.89
Ag_2CO_3	8.1×10^{-12}	11.09	Bi_2S_3	1×10^{-97}	97.0
AgCl	1.8×10^{-10}	9.75	$CaCO_3$	2.9×10^{-9}	8.54
Ag_2CrO_4	2.0×10^{-12}	11.71	CaF_2	2.7×10^{-11}	10.57
AgCN	1.2×10^{-16}	15.92	$CaC_2O_4\cdot H_2O$	2.0×10^{-9}	8.70
AgOH	2.0×10^{-8}	7.71	$Ca_3(PO_4)_2$	2.0×10^{-29}	28.70
AgI	9.3×10^{-17}	16.03	$CaSO_4$	9.1×10^{-6}	5.04
$Ag_2C_2O_4$	3.5×10^{-11}	10.46	$CaWO_4$	8.7×10^{-9}	8.06
Ag_3PO_4	1.4×10^{-16}	15.84	Ca-8-羟基喹啉	7.6×10^{-12}	11.12
Ag_2SO_4	1.4×10^{-5}	4.84	$CdCO_3$	5.2×10^{-12}	11.28
Ag_2S	2×10^{-49}	48.7	$Cd_2[Fe(CN)_6]$	3.2×10^{-17}	16.49
AgSCN	1.0×10^{-12}	12.00	$Cd(OH)_2$ 新析出	2.5×10^{-14}	13.60
Ag_2S_3	2.1×10^{-22}	21.68	$CdC_2O_4\cdot 3H_2O$	9.1×10^{-8}	7.04
$BaCO_3$	5.1×10^{-9}	8.29	CdS	7.1×10^{-28}	27.15
$BaCrO_4$	1.2×10^{-10}	9.93	$CoCO_3$	1.4×10^{-13}	12.84
BaF_2	1×10^{-6}	6.0	$Co_2[Fe(CN)_6]$	1.8×10^{-15}	14.74
$BaC_2O_4\cdot H_2O$	2.3×10^{-8}	7.64	$Co(OH)_2$ 新析出	2×10^{-15}	14.7
Ba-8-羟基喹啉	5.0×10^{-9}	8.30	$Co(OH)_3$	2×10^{-44}	43.7
$BaSO_4$	1.1×10^{-10}	9.96	$Co[Hg(SCN)_4]$	1.5×10^{-6}	5.82
$Bi(OH)_3$	4×10^{-31}	30.4	α-CoS	4×10^{-21}	20.4

续附表7

难溶化合物	K_{sp}	pK_{sp}	难溶化合物	K_{sp}	pK_{sp}
β-CoS	2×10^{-25}	24.7	MnS 无定形	2×10^{-10}	9.7
$Co_3(PO_4)_2$	2×10^{-35}	34.7	MnS 晶形	2×10^{-13}	12.7
$Cr(OH)_3$	6×10^{-31}	30.2	Mn-8-羟基喹啉	2.0×10^{-22}	21.7
CuBr	5.2×10^{-9}	8.28	$NiCO_3$	6.6×10^{-9}	8.18
CuCl	1.2×10^{-6}	5.92	$Ni(OH)_2$ 新析出	2×10^{-15}	14.7
CuCN	3.2×10^{-20}	19.49	$Ni_3(PO_4)_2$	5×10^{-31}	30.3
CuI	1.1×10^{-12}	11.96	α-NiS	3×10^{-19}	18.5
CuOH	1×10^{-14}	14.0	β-NiS	1×10^{-24}	24.0
Cu_2S	2×10^{-48}	47.7	γ-NiS	2×10^{-26}	25.7
CuSCN	4.8×10^{-15}	14.32	Ni-8-羟基喹啉	8×10^{-27}	26.1
$CuCO_3$	1.4×10^{-10}	9.86	$PbCO_3$	7.4×10^{-14}	13.13
$Cu(OH)_2$	2.2×10^{-20}	19.66	$PbCl_2$	1.6×10^{-5}	4.79
CuS	6×10^{-36}	35.2	PbClF	2.4×10^{-9}	8.62
Cu-8-羟基喹啉	2.0×10^{-30}	29.70	$PbCrO_4$	2.8×10^{-13}	12.55
$FeCO_3$	3.2×10^{-11}	10.50	PbF_2	2.7×10^{-8}	7.57
$Fe(OH)_2$	8×10^{-16}	15.1	$Pb(OH)_2$	1.2×10^{-15}	14.93
FeS	6×10^{-18}	17.2	PbI_2	7.1×10^{-9}	8.15
$Fe(OH)_3$	4×10^{-38}	37.4	$PbMoO_4$	1×10^{-13}	13.0
$FePO_4$	1.3×10^{-22}	21.89	$Pb_3(PO_4)_2$	8.0×10^{-43}	42.10
$Hg_2Br_2$②	5.8×10^{-23}	22.24	$PbSO_4$	1.6×10^{-8}	7.79
Hg_2CO_3	8.9×10^{-17}	16.05	PbS	8×10^{-28}	27.1
Hg_2Cl_2	1.3×10^{-18}	17.88	$Pb(OH)_4$	3×10^{-66}	65.5
$Hg_2(OH)_2$	2×10^{-24}	23.7	$Sb(OH)_3$	4×10^{-42}	41.4
Hg_2I_2	4.5×10^{-29}	28.35	Sb_2S_3	2×10^{-93}	92.8
Hg_2SO_4	7.4×10^{-7}	6.13	$Sn(OH)_2$	1.4×10^{-28}	27.85
Hg_2S	1×10^{-47}	47.0	SnS	1×10^{-25}	25.0
$Hg(OH)_2$	3.0×10^{-26}	25.52	$Sn(OH)_4$	1×10^{-56}	56.0
HgS 红色	4×10^{-53}	52.4	SnS_2	2×10^{-27}	26.7
黑色	2×10^{-52}	51.7	$SrCO_3$	1.1×10^{-10}	9.96
$MgNH_4PO_4$	2×10^{-13}	12.7	$SrCrO_4$	2.2×10^{-5}	4.65
$MgCO_3$	3.5×10^{-8}	7.46	SrF_2	2.4×10^{-9}	8.61
MgF_2	6.4×10^{-9}	8.19	$SrC_2O_4\cdot H_2O$	1.6×10^{-7}	6.80
$Mg(OH)_2$	1.8×10^{-11}	10.74	$Sr_3(PO_4)_2$	4.1×10^{-28}	27.39
Mg-8-羟基喹啉	4.0×10^{-16}	15.40	$SrSO_4$	3.2×10^{-7}	6.49
$MnCO_3$	1.8×10^{-11}	10.74	Sr-8-羟基喹啉	5×10^{-10}	9.3
$Mn(OH)_2$	1.9×10^{-13}	12.72	$Ti(OH)_3$	1×10^{-40}	40.0

续附表7

难溶化合物	K_{sp}	pK_{sp}	难溶化合物	K_{sp}	pK_{sp}
$TiO(OH)_2$③	1×10^{-29}	29.0	$Zn_3(PO_4)_2$	9.1×10^{-33}	32.04
$ZnCO_3$	1.4×10^{-11}	10.84	ZnS	2×10^{-22}	21.7
$Zn_2[Fe(CN)_6]$	4.1×10^{-16}	15.39	Zn-8-羟基喹啉	5×10^{-25}	24.3
$Zn(OH)_2$	1.2×10^{-17}	16.92			

① BiOOH，$K_{sp}=[BiO^+][OH^-]$；

② $(Hg_2)_mX_n$，$K_{sp}=[Hg_2^{2+}]^m[X^{-2m/n}]^n$；

③ $TiO(OH)_2$，$K_{sp}=[TiO^{2+}][OH^-]^2$。

附表8　常见化合物的俗称

类　别	俗　称	主要化学成分
硅化合物	石英	SiO_2
	水晶	SiO_2
	打火石、燧石	SiO_2
	玻璃	SiO_2
	砂石	SiO_2
	橄榄石	$MgSiO_4$
	硅锌石	$ZnSiO_4$
	硅胶	SiO_2
钠化合物	食盐	NaCl
	硼砂	$Na_2B_4O_7\cdot10H_2O$
	苏打、纯碱	Na_2CO_3
	小苏打	$NaHCO_3$
	海波	$Na_2S_2O_3\cdot5H_2O$
	红矾钠	$Na_2Cr_2O_7\cdot2H_2O$
	苛性钠、烧碱、火碱、苛性碱	NaOH
	芒硝	$Na_2SO_4\cdot10H_2O$
	硫化碱	Na_2S
	水玻璃	$Na_2SiO_3\cdot nH_2O$
钾化合物	钾碱、碱砂	K_2CO_3
	黄血盐	$K_4Fe(CN)_6\cdot3H_2O$
	赤血盐	$K_3Fe(CN)_6$
	苛性钾	KOH
	灰锰氧	$KMnO_4$
	钾硝石、火硝	KNO_3
	吐酒石	$K(SbO)C_4H_4O_6$

续附表 8

类 别	俗 称	主要化学成分
铵化合物	硝铵、钠硝石	NH_4NO_3
	硫铵	$(NH_4)_2SO_4$
	卤砂	NH_4Cl
钡化合物	重晶石	$BaSO_4$
	钡石	$BaSO_4$
	钡垩石	$BaCO_3$
锶化合物	天青石	$SrSO_4$
	锶垩石	$SrCO_3$
铬化合物	铬绿	Cr_2O_3
	铬矾	$Cr_2K_2(SO_4)_4 \cdot 24H_2O$
	铵铬矾	$Cr_2(NH_4)_2(SO_4)_4 \cdot 24H_2O$
	红矾	$K_2Cr_2O_7$
	铬黄	$PbCrO_4$
钙化合物	电石	CaC_2
	白垩	$CaCO_3$
	石灰石	$CaCO_3$
	大理石	$CaCO_3$
	文石、霰石	$CaCO_3$
	方解石	$CaCO_3$
	萤石、氟石	CaF_2
	熟石灰、消石灰	$Ca(OH)_2$
	漂白粉、氯化石灰	$Ca(OCl) \cdot Cl$
	生石灰	CaO
	无水石膏、硬石膏	$CaSO_4$
	烘石膏、熟石膏、巴黎石膏	$2CaSO_4 \cdot H_2O$
	重石	$CaWO_4$
	白云石	$CaCO_3 \cdot MgCO_3$
锰化合物	硫锰矿	MnS
	软锰矿	MnO_2
	黑石子	MnO_2
铝化合物	矾土	Al_2O_3
	刚玉	Al_2O_3
	明矾、铝矾	$K_2Al_2(SO_4)_4 \cdot 2H_2O$
	铵矾	$(NH_4)_2Al_2(SO_4)_4 \cdot 24H_2O$
	明矾石	$K_2SO_4 \cdot Al_2(SO_4)_3 \cdot 2Al_2O_3 \cdot 6H_2O$
	高岭土	$Al_2O_3 \cdot 2SiO_2 \cdot 2H_2O$
	铝胶	Al_2O_3
	红宝石	Al_2O_3
	群青、佛青	$Na_2Al_4Si_6S_4O_{33}$ 或 $Na_xAl_4Si_6S_4O_{23}$
	绿宝石	$3BeO，Al_2O_3，6SiO_2$

续附表 8

类　别	俗　称	主要化学成分
铁化合物	铁丹	Fe_2O_3
	赤铁矿	Fe_2O_3
	磁铁矿	Fe_3O_4
	菱铁矿	$FeCO_3$
	滕氏盐	$Fe_3[Fe(CN)_6]_2$
	普鲁氏盐	$Fe_4[Fe(CN)_6]_3$
	绿矾	$FeSO_4 \cdot 7H_2O$
	铁矾	$Fe_2K_2(SO_4)_4 \cdot 24H_2O$
	毒砂	$FeAsS$
	磁黄铁矿	FeS
	黄铁矿	FeS_2
	摩尔盐	$(NH_4)_2SO_4 \cdot FeSO_4 \cdot 6H_2O$
镁化合物	白苦土、烧苦土	MgO
	卤盐	$MgCl_2$
	泻利盐	$MgSO_4 \cdot 7H_2O$
	菱苦土	$MgCO_3$
	光卤石	$KCl \cdot MgCl_2 \cdot 6H_2O$
	滑石	$3MgO \cdot 4SiO_2 \cdot H_2O$
锌化合物	锌白	ZnO
	红锌矿	ZnO
	闪锌矿	ZnS
	炉甘石	$ZnCO_3$
	锌矾、白矾	$ZnSO_4 \cdot 7H_2O$
	锌钡白、立德粉	$ZnS + BaSO_4$
铅化合物	黄丹、密陀僧	PbO
	红铅、铅丹	Pb_3O_4
	方铅矿	PbS
	铅白	$2PbCO_3 \cdot Pb(OH)_2$
汞化合物	甘汞	Hg_2Cl_2
	升汞	$HgCl_2$
	三仙丹	HgO
	辰砂、米砂	HgS
	雷汞	$Hg(CNO)_2 \cdot \frac{1}{2}H_2O$

续附表 8

类别	俗称	主要化学成分
铜化合物	铜绿	$CuCO_3 \cdot Cu(OH)_2$
	孔雀石{绿青、石绿}	$CuCO_3 \cdot Cu(OH)_2$
	胆矾、铜矾	$CuSO_4 \cdot 5H_2O$
	赤铜矿	Cu_2O
	方黑铜矿	CuO
	黄铜矿	$CuFeS_2$
砷化合物	砒霜	As_2O_3
	雄黄	As_2S_2 或 As_4S_4
	雌黄	As_2S_3
锑化合物	锑白	Sb_2O_3 或 Sb_4O_6
	辉锑矿、闪锑矿	Sb_2S_3
有机化合物	火棉胶	硝化纤维
	石油醚	汽油的一种（沸程 30～70℃）
	玫瑰油	苯乙醇
	蚁酸	HCOOH

附表 9　常用指示剂

（1）酸碱指示剂

名　称	变色 pH 值范围	颜色变化	配制方法
百里酚蓝 0.1%	1.2～2.8 8.0～9.6	红→黄 黄→蓝	0.1g 指示剂与 4.3mL 0.05mol/L NaOH 溶液一起研匀，加水稀释成 100mL
甲基橙 0.1%	3.1～4.4	红→黄	将 0.1g 甲基橙溶于 100mL 热水
溴酚蓝 0.1%	3.0～4.6	黄→紫蓝	0.1g 溴酚蓝与 3mL 0.05mol/L NaOH 溶液一起研磨均匀，加水稀释成 100mL
溴甲酚绿 0.1%	3.8～5.4	黄→蓝	0.01g 指示剂与 21mL 0.05mol/L NaOH 溶液一起研匀，加水稀释成 100mL
甲基红 0.1%	4.8～6.0	红→黄	将 0.1g 甲基红溶于 60mL 乙醇中，加水至 100mL
中性红 0.1%	6.8～8.0	红→黄橙	将中性红溶于乙醇中，加水至 100mL
酚酞 1%	8.2～10.0	无色→淡红	将 1g 酚酞溶于 90mL 乙醇中，加水至 100mL
百里酚酞 0.1%	9.4～10.6	无色→蓝色	将 0.1g 指示剂溶于 90mL 乙醇中加水至 100mL
茜素黄 0.1% 混合指示剂	10.1～12.1	黄→紫	将 0.1g 茜素黄溶于 100mL 水中
甲基红－溴甲酚绿	5.1	红→绿	3 份 0.1% 溴甲酚绿乙醇溶液与 1 份 0.1% 甲基红乙醇溶液混合
百里酚酞－茜素黄 R	10.2	黄→紫	将 0.1g 茜素黄和 0.2g 百里酚酞溶于 100mL 乙醇中

续附表9

名　称	变色pH值范围	颜色变化	配制方法
甲酚红－百里酚蓝	8.3	黄→紫	1份0.1%甲酚红钠盐水溶液与3份0.1%百里酚蓝钠盐水溶液
甲基橙－靛蓝（二磺酸）	4.1	紫→绿	1份1g/L甲基橙水溶液与1份2.5g/L靛蓝（二磺酸）水溶液
溴百里酚绿－甲基橙	4.3	黄→蓝绿	1份1g/L溴百里酚绿钠盐水溶液与1份2g/L甲基橙水溶液
甲基红－亚甲基蓝	5.4	红紫→绿	2份1g/L甲基红乙醇溶液与1份2g/L亚甲基蓝乙醇溶液
溴甲酚绿－氯酚红	6.1	黄绿→蓝紫	1份1g/L溴甲酚绿钠盐水溶液与1份1g/L氯酚红钠盐水溶液
溴甲酚紫－溴百里酚蓝	6.7	黄→蓝紫	1份1g/L溴百里酚紫钠盐水溶液与1份1g/L溴百里酚蓝钠盐水溶液
中性红－亚甲基蓝	7.0	紫蓝→绿	1份1g/L中性红乙醇溶液与1份1g/L亚甲基蓝乙醇溶液
溴百里酚蓝－酚红	7.5	黄→紫	1份1g/L溴百里酚蓝钠盐水溶液与1份1g/L酚红钠盐水溶液
百里酚蓝－酚酞	9.0	黄→紫	1份1g/L百里酚蓝乙醇溶液与3份1g/L酚酞乙醇溶液
酚酞－百里酚酞	9.9	无色→紫	1份1g/L酚酞乙醇溶液与1份1g/L百里酚酞乙醇溶液
甲基黄0.1%	2.9～4.0	红→黄	0.1g指示剂溶于100mL 90%乙醇中
苯酚红0.1%	6.8～8.4	黄→红	0.1g苯酚红溶于100mL 60%乙醇中

（2）氧化还原指示剂

名　称	变色范围 $\varphi^{\ominus}$/V	颜色		配制方法
		氧化态	还原态	
二苯胺1%	0.76	紫	无色	将1g二苯胺在搅拌下溶于100mL浓硫酸和100mL浓磷酸，储于棕色瓶中
二苯胺黄酸钠0.5%	0.85	紫	无色	将0.5g二苯胺黄酸钠溶于100mL水中，必要时过滤
邻菲罗啉－Fe（Ⅱ）0.5%	1.06	淡蓝	红	将0.5g $FeSO_4 \cdot 7H_2O$ 溶于100mL水中，加2滴硫酸，加0.5g邻菲罗啉
N－邻苯氨基苯甲酸0.2%	1.08	紫红	无色	将0.2g邻苯氨基苯甲酸加热溶解在100mL 0.2% Na_2CO_3 溶液中，必要时过滤
淀粉1%				将淀粉加少许水调成浆状，在搅拌下加入100mL沸水中，微沸2min，放置，取上层溶液使用

续附表 9

(3) 金属指示剂

名　称	离解平衡及颜色变化	配制方法
铬黑 T（EBT）	H_2In^-（紫红）$\xleftrightarrow{pK_{a_2}=6.3}$ HIn^{2-}（蓝）$\xleftrightarrow{pK_{a_3}=11.55}$ In^{3-}（橙）	与 NaCl 1∶100 配制
二甲酚橙（XO）	H_3In^{4-}（黄）$\xleftrightarrow{pK=6.3}$ H_2In^{5-}（红）	0.5% 乙醇或水溶液
K－B 指示剂	H_2In（红）$\xleftrightarrow{pK_{a_1}=8}$ HIn^-（蓝）$\xleftrightarrow{pK_{a_2}=13}$ In^2（酒红）	0.2 酸性铬蓝 K 和 0.2 萘酚绿 B 溶于水
钙指示剂	H_2In^-（酒红）$\xleftrightarrow{pK_{a_1}=7.4}$ HIn^2（蓝）$\xleftrightarrow{pK_{a_2}=1.5}$ In^{3-}（酒红）	5% 乙醇溶液
吡啶偶氮萘酚（PAN）	H_2In^+（黄绿）$\xleftrightarrow{pK_{a_1}=1.9}$ HIn（黄）$\xleftrightarrow{pK_{a_2}=12.2}$ In^-（淡红）	1% 乙醇溶液
磺基水杨酸	H_2In（红紫）$\xleftrightarrow{pK_{a_1}=2.7}$ HIn^-（无色）$\xleftrightarrow{pK_{a_2}=13.1}$ In^{2-}（黄）	10% 水溶液
酸性铬蓝 K	红→黄	0.1% 乙醇溶液
PAR	红→黄	0.05% 或 0.2% 水溶液
钙镁试剂	H_2In^-（红）$\xleftrightarrow{pK_{a_1}=8.1}$ HIn^{2-}（蓝）$\xleftrightarrow{pK_{a_2}=12.4}$ In^{3-}（红橙）	0.05% 水溶液

附表 10　相对原子质量（1995 年国际原子量）

元素	符号	M_A	元素	符号	M_A	元素	符号	M_A
银	Ag	107.87	镉	Cd	112.41	镓	Ga	69.723
铝	Al	26.982	铈	Ce	140.12	钆	Gd	157.25
氩	Ar	39.948	氯	Cl	35.453	锗	Ge	72.61
砷	As	74.922	钴	Co	58.933	氢	H	1.0079
金	Au	196.97	铬	Cr	51.996	氦	He	4.0026
硼	B	10.811	铯	Cs	132.91	铪	Hf	178.49
钡	Ba	137.33	铜	Cu	63.546	汞	Hg	200.59
铍	Be	9.0122	镝	Dy	162.50	钬	Ho	164.93
铋	Bi	208.98	铒	Er	167.26	碘	I	126.90
溴	Br	79.904	铕	Eu	151.96	铟	In	114.82
碳	C	12.011	氟	F	18.998	铱	Ir	192.22
钙	Ca	40.078	铁	Fe	55.845	钾	K	39.098

续附表10

元素	符号	M_A	元素	符号	M_A	元素	符号	M_A
氪	Kr	83.80	铅	Pb	207.2	钽	Ta	180.95
镧	La	138.91	钯	Pd	106.42	铽	Tb	158.9
锂	Li	6.941	镨	Pr	140.91	碲	Te	127.60
镥	Lu	174.97	铂	Pt	195.08	钍	Th	232.04
镁	Mg	24.305	镭	Ra	226.03	钛	Ti	47.867
锰	Mn	54.938	铷	Rb	85.468	铊	Tl	204.38
钼	Mo	95.94	铼	Re	186.21	铥	Tm	168.93
氮	N	14.007	铑	Rh	102.91	铀	U	238.03
钠	Na	22.990	钌	Ru	101.07	钒	V	50.942
铌	Nb	92.906	硫	S	32.066	钨	W	183.84
钕	Nd	144.24	锑	Sb	121.76	氙	Xe	131.29
氖	Ne	20.180	钪	Sc	44.956	钇	Y	88.906
镍	Ni	58.693	硒	Se	78.96	镱	Yb	173.04
镎	Np	237.05	硅	Si	28.086	锌	Zn	65.39
氧	O	15.999	钐	Sm	150.36	锆	Zr	91.224
锇	Os	190.23	锡	Sn	118.71			
磷	P	30.974	锶	Sr	87.62			

附表11　不同标准溶液浓度的温度补正值　（mL/L）

温度/℃ \ 补正值 \ 标准溶液种类	0～0.05mol/L的各种水溶液	0.1～0.2mol/L各种水溶液	0.5mol/L HCl溶液	1mol/L HCl溶液	0.5mol/L ($1/2H_2SO_4$) 溶液 0.5mol/L NaOH溶液	0.5mol/L H_2SO_4 溶液 1mol/L NaOH溶液
5	+1.38	+1.7	+1.9	+2.3	+2.4	+3.6
6	+1.38	+1.7	+1.9	+2.2	+2.3	+3.4
7	+1.36	+1.6	+1.8	+2.2	+2.2	+3.2
8	+1.33	+1.6	+1.8	+2.1	+2.2	+3.0
9	+1.29	+1.5	+1.7	+2.0	+2.1	+2.7
10	+1.23	+1.5	+1.6	+1.9	+2.0	+2.5
11	+1.17	+1.4	+1.5	+1.8	+1.8	+2.3
12	+1.10	+1.3	+1.4	+1.6	+1.7	+2.0
13	+0.99	+1.1	+1.2	+1.4	+1.5	+1.8

续附表 11

补正值 温度/℃ \ 标准溶液种类	0~0.05mol/L 的各种水溶液	0.1~0.2mol/L 各种水溶液	0.5mol/L HCl 溶液	1mol/L HCl 溶液	0.5mol/L ($1/2H_2SO_4$) 溶液 0.5mol/L NaOH 溶液	0.5mol/L H_2SO_4 溶液 1mol/L NaOH 溶液
14	+0.88	+1.0	+1.1	+1.2	+1.3	+1.6
15	+0.77	+0.9	+0.9	+1.0	+1.1	+1.3
16	+0.64	+0.7	+0.8	+0.8	+0.9	+1.1
17	+0.50	+0.6	+0.6	+0.6	+0.7	+0.8
18	+0.34	+0.4	+0.4	+0.4	+0.5	+0.6
19	+0.18	+0.2	+0.2	+0.2	+0.2	+0.3
20	0.00	0.00	0.00	0.00	0.00	0.00
21	-0.18	-0.2	-0.2	-0.2	-0.2	-0.3
22	-0.38	-0.4	-0.4	-0.5	-0.5	-0.6
23	-0.58	-0.6	-0.7	-0.7	-0.8	-0.9
24	-0.80	-0.9	-0.9	-1.0	-1.0	-1.2
25	-1.03	-1.1	-1.1	-1.2	-1.3	-1.5
26	-1.26	-1.4	-1.4	-1.4	-1.5	-1.8
27	-1.51	-1.7	-1.7	-1.7	-1.8	-2.1
28	-1.76	-2.0	-2.0	-2.0	-2.1	-2.4
29	-2.01	-2.3	-2.3	-2.3	-2.4	-2.8
30	-2.30	-2.5	-2.5	-2.6	-2.8	-3.2
31	-2.58	-2.7	-2.7	-2.9	-3.1	-3.5
32	-2.86	-3.0	-3.0	-3.2	-3.4	-3.9
33	-3.04	-3.2	-3.3	-3.5	-3.7	-4.2
34	-3.47	-3.7	-3.6	-3.8	-4.1	-4.6
35	-3.78	-4.0	-4.0	-4.1	-4.4	-5.0
36	-4.10	-4.3	-4.3	-4.4	-4.7	-5.3

注：1. 本表数值是以20℃为标准温度以实测法测出。

2. 表中带有“+”、“-”号的数值是以20℃为分界。室温低于20℃的补正值均为“+”，高于20℃的补正值均为“-”。

3. 本表的用法：如1L（$c_{1/2H_2SO_4}=1mol/L$）硫酸溶液由25℃换算为20℃时，其体积修正值为-1.5mL，故40.00mL换算为20℃时的体积为 $V_{20}=\left(40.00-\frac{1.5}{1000}\times 40.00\right)=39.94mL$。

附表 12 测定碳时的校正系数

t/℃ \ p/mmHg	690	695	700	705	710	715	720	725	730	735	740	745	750	755	760	765	770	775	780
10	0.932	0.938	0.945	0.952	0.959	0.966	0.973	0.980	0.986	0.993	1.000	1.007	1.014	1.020	1.027	1.034	1.041	1.048	1.055
11	0.928	0.934	0.941	0.948	0.955	0.962	0.968	0.976	0.982	0.989	0.996	1.002	1.009	1.016	1.023	1.030	1.037	1.043	1.050
12	0.923	0.929	0.937	0.943	0.951	0.957	0.964	0.971	0.978	0.984	0.991	0.998	1.005	1.012	1.019	1.025	1.032	1.039	1.046
13	0.919	0.926	0.933	0.939	0.946	0.953	0.960	0.967	0.973	0.980	0.987	0.993	1.000	1.007	1.014	1.021	1.028	1.034	1.041
14	0.915	0.922	0.929	0.935	0.942	0.948	0.956	0.963	0.969	0.976	0.983	0.989	0.996	1.003	1.010	1.016	1.023	1.030	1.037
15	0.911	0.918	0.924	0.931	0.938	0.944	0.951	0.958	0.965	0.972	0.978	0.984	0.991	0.998	1.005	1.011	1.018	1.025	1.032
16	0.907	0.914	0.920	0.926	0.933	0.940	0.947	0.953	0.960	0.968	0.974	0.980	0.987	0.993	1.000	1.007	1.014	1.021	1.027
17	0.902	0.909	0.916	0.922	0.929	0.936	0.942	0.949	0.956	0.963	0.969	0.976	0.982	0.989	0.996	1.002	1.009	1.016	1.002
18	0.898	0.905	0.911	0.918	0.924	0.931	0.938	0.945	0.951	0.958	0.964	0.971	0.978	0.985	0.991	0.997	1.004	1.011	1.018
19	0.893	0.900	0.907	0.913	0.920	0.927	0.933	0.940	0.946	0.953	0.960	0.966	0.973	0.980	0.986	0.993	1.000	1.007	1.013
20	0.889	0.895	0.902	0.909	0.915	0.922	0.929	0.935	0.942	0.949	0.955	0.961	0.968	0.975	0.982	0.988	0.995	1.002	1.008
21	0.885	0.891	0.898	0.904	0.911	0.917	0.924	0.931	0.937	0.944	0.950	0.957	0.964	0.971	0.977	0.983	0.990	0.997	1.003
22	0.880	0.886	0.893	0.900	0.906	0.913	0.919	0.926	0.932	0.939	0.946	0.953	0.959	0.965	0.972	0.978	0.985	0.992	0.998
23	0.875	0.882	0.889	0.896	0.907	0.909	0.915	0.922	0.928	0.935	0.941	0.948	0.954	0.961	0.967	0.973	0.980	0.987	0.993
24	0.871	0.878	0.884	0.890	0.897	0.903	0.910	0.916	0.923	0.930	0.936	0.943	0.949	0.956	0.962	0.968	0.975	0.982	0.988
25	0.866	0.873	0.879	0.885	0.892	0.898	0.905	0.911	0.918	0.925	0.931	0.937	0.944	0.951	0.957	0.963	0.970	0.977	0.983
26	0.861	0.867	0.874	0.880	0.887	0.893	0.900	0.906	0.913	0.920	0.926	0.933	0.939	0.945	0.952	0.958	0.965	0.971	0.978
27	0.856	0.862	0.869	0.875	0.882	0.888	0.895	0.901	0.908	0.915	0.921	0.927	0.934	0.940	0.947	0.953	0.960	0.966	0.973
28	0.852	0.858	0.864	0.870	0.877	0.883	0.890	0.896	0.903	0.909	0.916	0.922	0.929	0.935	0.942	0.948	0.955	0.961	0.967
29	0.845	0.852	0.859	0.865	0.872	0.878	0.885	0.891	0.898	0.904	0.911	0.917	0.924	0.930	0.936	0.943	0.949	0.956	0.962
30	0.841	0.847	0.854	0.860	0.867	0.873	0.880	0.886	0.893	0.899	0.905	0.911	0.918	0.924	0.931	0.937	0.944	0.950	0.957
31	0.836	0.842	0.849	0.855	0.862	0.868	0.875	0.881	0.887	0.894	0.900	0.916	0.913	0.919	0.926	0.932	0.938	0.945	0.951
32	0.831	0.837	0.844	0.850	0.857	0.863	0.869	0.875	0.882	0.888	0.895	0.901	0.907	0.914	0.920	0.926	0.933	0.939	0.945
33	0.826	0.832	0.839	0.845	0.851	0.857	0.864	0.870	0.876	0.883	0.889	0.896	0.902	0.908	0.914	0.921	0.927	0.934	0.940
34	0.820	0.826	0.833	0.839	0.846	0.852	0.858	0.864	0.871	0.877	0.883	0.890	0.896	0.902	0.909	0.915	0.921	0.928	0.934
35	0.815	0.821	0.828	0.834	0.840	0.846	0.853	0.859	0.865	0.872	0.878	0.884	0.890	0.897	0.903	0.909	0.916	0.922	0.928

注：1mmHg = 133.322Pa。

附表 13　国家标准

职业功能	工作内容	技能要求	相关知识
样品交接	检验项目介绍	（1）能提出样品检验的合理化建议。 （2）能解答样品交接中提出的一般问题	（1）检验产品和项目的计量认证和审查认可（或验收）的一般知识。 （2）各检验专业一般知识
检验准备	明确检验方案	（1）能读懂较复杂的化学分析和物理性能检测的方法、标准和操作规范。 （2）能读懂较复杂的检（试）验装置示意图	（1）化学分析和物理性能检测的原理。 （2）分析操作的一般程序。 （3）测定结果的计算方法和依据
	准备实验用水、溶液	（1）能正确选择化学分析、仪器分析及标准溶液配制所需实验用水的规格；能正确储存实验用水。 （2）能根据不同分析检验需要选用各种试剂和标准物质。 （3）能按标准和规范配制各种化学分析用溶液；能正确配制和标定标准滴定溶液；能正确配制标准杂质溶液、标准比对溶液（包括标准比色溶液、标准比浊溶液）；能准确配置 pH 标准缓冲液	（1）实验室用水规格及储存方法。 （2）各类化学试剂的特点及用途；常用标准物质的特点及用途。 （3）标准滴定溶液的制备方法；标准杂质溶液、标准比对溶液的制备方法
	检验实验用水	能按标准或规范要求检验实验用水的质量，包括电导率、pH 值范围、可氧化物、吸光度、蒸发残渣等	实验室用水规格及检验方法
	准备仪器设备	（1）能按有关规程对玻璃量器进行容量校正。 （2）能根据检验需要正确选用紫外－可见分光光度计；能按有关规程检验分光光度计的性能，包括波长准确度、光电流稳定度、透射比正确度、杂散光、吸收池配套性等。 （3）能正确选用常见专用仪器设备： 1）阿贝折光仪、旋光仪、卡尔·费休水分测定仪、闭口杯闪点测定仪、沸程测定仪； 2）冷原子吸收测汞仪、白度测定仪； 3）颗粒强度测定仪； 4）卡尔·费休水分测定仪； 5）白度测定仪、附着力测定仪、光泽计、摆杆式硬度计、冲击试验器、柔韧性测定器； 6）转鼓、库仑测硫仪，恩氏黏度计； 7）抗折（压）试验机、恒温恒湿标准养护箱、水泥胶砂搅拌机、胶砂水泥振动台、手动脱膜器	（1）玻璃量器的校正方法。 （2）分光光度计的检验方法。 （3）各检验类别常见专用仪器的工作原理、结构和用途
采样	制定采样方案	能按照产品标准和采样要求制定合理的采样方案，对采样的方法进行可行性实验	化工产品采样知识
	实施采样	能对一些采样难度较大的产品（不均匀物料、易挥发物质、危险品等）进行采样	

续附表13

职业功能	工作内容	技能要求	相关知识
检测与测定	分离富集、分解试样	能按标准或规程要求，用液－液萃取、薄层（或柱）层析、减压浓缩等方法分离富集样品中的待测组分，或用规定的方法（如溶解、熔融、灰化、消化等）分解试样	化学检验中的分离富集、分解试样知识
	化学分析	能用沉淀滴定法、氧化还原滴定法、目视比色（或比浊）法、薄层色谱法测定化工产品的组分： （1）能测定化学试剂中的硫酸盐、磷酸盐、氯化物以及澄清度、重金属、色度。 （2）能测定肥皂中的干皂含量和氯化物、洗涤剂中的4A沸石含量。 （3）能测定化肥中的氮、磷、钾含量。 （4）能测定农药的有效成分（用化学分析法或薄层色谱法，如氧乐果）。 （5）能测定“环境标志产品”水性涂料的游离甲醛、重金属含量。 （6）能测定煤焦油中的甲苯不溶物。 （7）能测定水泥中的三氧化二铁、三氧化二铝、氧化钙	（1）沉淀滴定、氧化还原滴定、目视比色、薄层色谱分析的方法。 （2）相关国家标准中各检验项目的相应要求
	仪器分析	能用电位滴定法、分光光度法等仪器分析法测定化工产品的组分： （1）能用卡尔·费休法测定化学试剂中的水分。 （2）能用冷原子吸收法测定化妆品中的汞；能用分光光度法测定化妆品中的砷和洗涤剂中的各种磷酸盐。 （3）能用电位滴定法测定过磷酸钙中的游离酸；能用卡尔·费休法测定化肥的水分；能用分光光度法测定尿素中的缩二脲含量。 （4）能用电位滴定法和紫外－可见分光光度法测定农药的有效成分；能用卡尔·费休法测定农药中的水分。 （5）能用库仑滴定法测定煤炭中的硫含量；能用分光光度法测定硫酸铵中的铁含量。 （6）能用分光光度法测定可溶性二氧化硅含量	（1）电位滴定法、分光光度法有关知识。 （2）相关国家标准中各检验项目的相应要求
	检测物理参数和性能	能检测化工产品的物理参数和性能： （1）能测定化学试剂的折射率、比旋光度；能测定溶剂的闪点和沸程。 （2）能测定洗涤剂的去污力。 （3）能测定化肥的颗粒平均抗压强度。 （4）能测定农药乳油的稳定性。 （5）能测定涂料的闪点和涂膜的光泽、硬度、附着力、柔韧性、耐冲击性、耐热性；能测定染料的色光和强度；能用仪器法测定白度。 （6）能测定焦炭的机械强度和焦化产品的馏程、黏度。 （7）能用抗折（压）强度实验机测定水泥的胶砂强度	相关国家标准中各检验项目的相应要求

续附表 13

职业功能	工作内容	技能要求	相关知识
检测与测定	微生物学检验	从事B类检验的人员能测定化妆品中的粪大肠菌、金黄色葡萄球菌、绿脓杆菌等微生物指标	微生物学及检验方法
	进行对照试验	（1）能将标准试样（或管理试样、人工合成试样）与被测试样进行对照试验。 （2）能按其他标准分析方法（如仲裁法）与所用检验方法做对照试验	消除系统误差的方法
测后工作	进行数据处理	（1）能由对照试验结果计算出校正系数，并据此校正测定结果，消除系统误差。 （2）能正确处理检验结果中出现的可疑值。当查不出可疑值出现的原因时，能采用 Q 值检验法和格鲁布斯法判断可疑数值的取舍	实验结果的数据处理知识
	校核原始记录	能校核其他检验人员的检验原始记录，验证其检验方法是否正确，数据运算是否正确	对原始记录的要求
	填写检验报告	能正确填写检验报告，做到内容完整、表述准确、字迹（或打印）清晰、判定无误	对检验报告的要求
	分析检验误差的产生原因	能分析一般检验误差产生的原因	检验误差产生的一般原因
修验仪器设备	排除仪器设备故障	能够排除所用仪器设备的简单故障	常用仪器设备的工作原理、结构和常见故障及其排除方法
安全实验	安全事故的处理	能对突发的安全事故果断采取适当措施，进行人员急救和事故处理	意外事故的处理方法和急救知识

参考文献

[1] 周鸿雁．冶金工业分析 [M]．北京：化学工业出版社，2011.
[2] 郭小蓉．化工分析 [M]．北京：化学工业出版社，1999.
[3] 黄运显，孙维贞．常见元素化学分析方法 [M]．北京：化学工业出版社，2007.
[4] 刘珍．化验员读本（化学分析）上册 [M]．北京：化学工业出版社，2010.
[5] 刘珍．化验员读本（仪器分析）下册 [M]．北京：化学工业出版社，2009.
[6] 刘淑萍，吕朝霞，等．冶金分析与实验方法 [M]．北京：冶金工业出版社，2009.
[7] 宋卫良．冶金化学分析 [M]．北京：冶金工业出版社，2008.
[8] 化学检验作业指导书．吉林吉恩镍业股份有限公司（内部资料），2005.
[9] 王海舟．冶金分析丛书 [M]．北京：科学出版社，2003.
[10] 李龙泉，等．定量化学分析 [M]．合肥：中国科技大学出版社，2002.
[11] 黄晓云．无机物化学分析 [M]．北京：化学工业出版社，2000.
[12] 王海舟．钢铁及合金分析 [M]．北京：科学出版社，2004.
[13] 徐南平，等．钢铁冶金实验技术和研究方法 [M]．北京：冶金工业出版社，1995.
[14] 刘淑萍，等．分析化学实验教程 [M]．北京：冶金工业出版社，2004.
[15] 王明德，江崇球．分析化学 [M]．北京：高等教育出版社，1988.
[16] 周巧龙，李久进．冶金工业分析前沿 [M]．北京：科学出版社，2004.
[17] 吉分平．工业分析 [M]. 2 版．北京：化学工业出版社，2008.
[18] 王海舟．炉渣分析 [M]．北京：科学出版社，2006.
[19] 于世林，苗凤琴．分析化学 [M]. 4 版．北京：化学工业出版社，1997.
[20] 王令今，王桂花．分析化学计算基础 [M]. 2 版．北京：化学工业出版社，2002.
[21] 陈必有，等．工厂分析化验手册 [M]．北京：化学工业出版社，2002.
[22] 夏玉宇．化学实验室手册 [M]．北京：化学工业出版社，2005.
[23] 林树昌，胡乃非．分析化学 [M]．北京：高等教育出版社，1994.

冶金工业出版社部分图书推荐

书　名	作　者	定价(元)
我国金属矿山安全与环境科技发展前瞻研究	古德生　等	45.00
硫化矿自燃预测预报理论与技术	阳富强　吴　超	43.00
复杂构造煤层采掘突出敏感指标临界值研究	姚向荣	20.00
现代金属矿床开采科学技术	古德生	260.00
采矿工程师手册（上、下册）	于润沧	395.00
矿山安全工程（本科国规教材）	陈宝智	30.00
系统安全评价与预测（第2版）（本科国规教材）	陈宝智	26.00
噪声与振动控制（本科教材）	张恩惠	30.00
防火与防爆工程（本科教材）	解立峰	45.00
磁电选矿（第2版）（本科教材）	袁致涛　王常任	39.00
矿山充填力学基础（第2版）（本科教材）	蔡嗣经	30.00
化工安全（本科教材）	邵　辉	35.00
重大危险源辨识与控制（本科教材）	刘诗飞	32.00
矿井通风与防尘（高职高专教材）	陈国山	25.00
矿山安全与防灾（高职高专教材）	陈国山	27.00
安全系统工程（高职高专教材）	林友　王育军	24.00
矿石可选性试验（高职高专教材）	于春梅	30.00
煤矿钻探工艺与安全（高职高专教材）	姚向荣	43.00
炼钢厂生产安全知识（职业技能培训教材）	邵明天	29.00
凿岩爆破技术（职业技能培训教材）	刘念苏	45.00
冶金煤气安全实用知识（职业技能培训教材）	袁乃收	29.00
矿山通风与环保（职业技能培训教材）	陈国山	28.00
地下采矿技术（职业技能培训教材）	陈国山	36.00
矿山爆破技术（职业技能培训教材）	戚文革	38.00
钢铁冶金原理（第4版）（本科教材）	黄希祜	82.00
现代冶金工艺学（钢铁冶金卷）（本科国规教材）	朱苗勇	49.00
钢铁冶金学教程（本科教材）	包燕平	49.00
钢铁冶金学（炼铁部分）（第3版）	王筱留	60.00
炉外精炼教程（本科教材）	高泽平	39.00
物理化学（高职高专教材）	邓基芹	28.00
无机化学（高职高专教材）	邓基芹	36.00
煤化学（高职高专教材）	邓基芹	25.00
冶金专业英语（高职高专国规教材）	侯向东	28.00
冶金原理（高职高专教材）	卢宇飞	36.00
金属材料及热处理（高职高专教材）	王悦祥	35.00
冶金炉热工基础（高职高专教材）	杜效侠	37.00
炼铁技术（高职高专教材）	卢宇飞	29.00
炼铁工艺及设备（高职高专教材）	郑金星	49.00
高炉冶炼操作与控制（高职高专教材）	侯向东	49.00